U0180144

面向射频隐身的机载网络化雷达资源协同优化技术

时晨光 汪 飞 周建江 李海林 著

电子工业出版社
Publishing House of Electronics Industry
北京·BEIJING

内 容 简 介

本书以机载网络化雷达为研究对象，以提升其射频隐身性能为目标，详尽阐述了面向射频隐身的机载网络化雷达资源协同优化技术的理论方法与应用，并且介绍了作者在面向射频隐身的机载网络化雷达资源协同优化技术领域已公开发表的系列研究成果。本书主要内容包括：面向射频隐身的机载网络化雷达驻留时间与信号带宽协同优化、面向射频隐身的机载网络化雷达辐射功率与驻留时间协同优化、面向射频隐身的机载网络化雷达辐射资源协同优化、面向射频隐身的机载网络化雷达辐射资源与航迹协同优化、面向射频隐身的机载网络化雷达波形自适应优化设计、基于 HLA 的机载网络化雷达射频隐身软件仿真系统和机载网络化雷达射频隐身半物理试验仿真系统。

本书介绍的在面向射频隐身的机载网络化雷达资源协同优化技术领域的研究成果，对于从事射频隐身技术和网络化雷达资源管理研究工作的工程技术人员具有重要参考价值，且本书内容新颖、可读性强，适合高等院校信号与信息处理及相关专业的高年级本科生和研究生阅读，也可作为相关领域的教师、科研人员及工程技术人员的参考书。

图书在版编目（CIP）数据

面向射频隐身的机载网络化雷达资源协同优化技术 / 时晨光等著. —北京：电子工业出版社，2023.6

ISBN 978-7-121-45105-8

Ⅰ.①面… Ⅱ.①时… Ⅲ.①机载雷达－射频－隐身技术 Ⅳ.①TN959.73②TN974

中国国家版本馆 CIP 数据核字（2023）第 030048 号

责任编辑：杜　军　　　　特约编辑：田学清
印　　刷：天津嘉恒印务有限公司
装　　订：天津嘉恒印务有限公司
出版发行：电子工业出版社
　　　　　北京市海淀区万寿路 173 信箱　　　邮编：100036
开　　本：787×1092　　1/16　　印张：15　　字数：373 千字　　彩插：6
版　　次：2023 年 6 月第 1 版
印　　次：2023 年 6 月第 1 次印刷
定　　价：99.00 元

凡所购买电子工业出版社图书有缺损问题，请向购买书店调换。若书店售缺，请与本社发行部联系，联系及邮购电话：（010）88254888，88258888。

质量投诉请发邮件至 zlts@phei.com.cn，盗版侵权举报请发邮件至 dbqq@phei.com.cn。

本书咨询联系方式：dujun@phei.com.cn。

序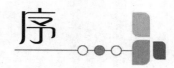

　　射频隐身是打赢未来信息化战争的必要能力。射频隐身技术是实现战争信息化与智能化的核心基础之一。随着作战维度的不断增加，通过采用射频隐身技术获得战场信息主动权、实现跨作战域高维度的协同与融合是掌控战争进程的终极制胜目标。近年来，无源探测系统性能大幅提升，无源探测模式发生了颠覆性变革，射频隐身对抗呈现出低-零功率、全频段、体系协同等典型特征。受探测威力、处理能力和天线孔径等诸多因素制约，单平台机载雷达性能缺陷日益凸显，网络化雷达协同探测已成为机载雷达技术发展的重要方向。因此，如何在未来战争的高威胁、强博弈对抗环境中获取实时战场态势信息、夺取打击先机，又不被敌方无源探测系统发现，是世界各军事强国非常重视和努力探索的方向之一。

　　本书作者长期从事武器装备射频隐身技术研究，积累了较为丰富的研究成果。本书正是作者及其研究团队对多年相关成果的总结，是一本系统介绍机载网络化雷达射频隐身技术最新研究成果的学术著作。

　　本书以面向射频隐身的机载网络化雷达资源协同优化为主要内容，在对近年来机载网络化雷达与射频隐身技术研究新方法、新成果全面梳理的基础上，建立了多平台飞行器射频辐射特征协同管控机制，提出了机载网络化雷达时域资源管控、功率域资源管控、射频多域资源综合管控、雷达自适应波形优化等创新性方法，开发了机载网络化雷达射频隐身软件仿真系统，并搭建了可应用于多平台协同射频隐身效能验证的半物理试验仿真系统。本书学术思想新颖、前瞻性强、内容翔实、阐述清晰、结构严谨，所涉及的机载网络化雷达与射频隐身技术的工作原理、实现方法等，对工程应用具有一定参考价值。

　　本书的出版是对现有机载雷达技术丛书体系的有益补充，将为机载网络化雷达射频隐身技术的发展与应用提供基础理论和关键技术支撑。

2022 年 12 月

前言

为了应对中俄军事力量的崛起，特别是中国在反预警、反卫星、反航母等方面"反介入/区域拒止"能力的不断增强，着眼于未来强对抗战场环境下的军事优势，美军提出了全新的分布式作战理念，并开展了相应的分布式作战理念研究。分布式作战主要强调空间上的分布、功能上的分散，能够动态调配或重组作战资源，进而形成作战优势。近年来的多次高技术局部战争已经证实，只有将多种力量融于一体、不同类型的武器系统紧密协同、不同类型的兵种取长补短，才可以使整体军事实力得以充分发挥。

机载网络化雷达基于"网络赋能"的思想，将多部不同体制、不同频段、不同极化方式、不同工作模式的机载雷达在不同空域合理部署，通过平台间数据链路相互连接形成网络，由融合中心统一调配而构成一个有机整体。借助多维和多源信息融合技术，机载网络化雷达将网内各雷达节点所获取的探测信息经综合处理后生成最终的雷达情报，其组网模式按照作战需求灵活调整各雷达工作状态，充分发挥各自优势，能够显著提高战场态势重构的精确度，明显改善雷达系统在协同探测、协同跟踪、协同突防、协同制导、协同任务规划等方面的性能，是"体系中心战"作战理论的重要抓手。

未来空中作战体系更多是在具有极大威胁的对抗环境中执行渗透打击等作战任务。在这种情况下，射频隐身对抗能力是未来隐身平台开展体系协同的基本能力，是提高作战体系生存能力和突防能力的重要手段。射频隐身技术通过控制己方射频信号的辐射特征，缩短敌方无源探测系统对有源电子设备的有效作用距离，从而提高射频装备及其搭载平台的生存能力，并实施对敌目标探测、跟踪、识别、打击等作战任务。机载网络化雷达若不采用合理的射频辐射管控技术控制电磁波的辐射，则极易被几百千米外的敌方无源探测系统发现，这将使搭载平台的雷达隐身和红外隐身失去意义。在多域综合的复杂作战环境中，隐身作战平台面临战场态势感知与作战意图暴露的突出矛盾：为获取实时战场态势，平台应主动辐射功率，接收目标回波信息，而主动辐射又会被敌方无源探测系统发现，从而容易暴露己方作战意图。因此，为实现在隐藏作战意图的条件下获取实时战场态势，迫切需要建立科学、合理的射频辐射特征协同管控机制，在满足联合探测跟踪任务需求的情况下，提升飞行器射频隐身性能和体系作战效能，夺取电磁频谱控制的主动权和制信息权。针对上述问题，本书重点讨论了面向射频隐身的机载网络化雷达资源协同优化技术，在全面梳理总结国内外相关领域最新研究成果的基础上，分析了机载网络化雷达辐射资源分配及平台航迹规划策略对多目标跟踪精度、射频隐身性能的影响规律，揭示了各雷达射频辐射参数及平台运动参数与多目标跟踪精度和射频隐身性能之间的内在函数关系，提出了一系列机载网络化雷达射频隐身资源协同优化算法。根据目标特性先验知识和电磁频谱环境的多维感知信息，对机载网络化雷达的功率域、时域、频域和空域等射频资源进行自适应动态优化配置，进而在满足预先设定的多目标协同探测跟踪性能条件下，提升其射频隐身能力。另外，作者还开发了基于 HLA 的机载网络化雷达射频隐身软件仿真系统，并搭建了一种可应用于多平台协同射频隐身效能验证的半物理试验仿真系统。本书旨在为网络化雷达资源管理与射频隐身技术领域的广大科研工作者、工程技术人员提供参考，希望吸引更多优秀的专业人才加入相关领域的研究工作，推动射频隐身技术向更高层次发展。本书的撰写特点如下。

（1）从机载网络化雷达射频隐身需求入手，力求对机载网络化雷达射频隐身技术领域的相关研究基础进行较为全面的介绍，包括研究背景及意义、机载网络化雷达与射频隐身技术的基本概念、发展动态及特点，并概述了网络化雷达系统与射频隐身相关关键技术的国内外研究现状。

（2）对面向射频隐身的机载网络化雷达资源协同优化技术进行深入分析，构建了机载网络化雷达多域资源管控模型，重点讨论了面向射频隐身的机载网络化雷达驻留时间与信号带宽协同优化、面向射频隐身的机载网络化雷达辐射功率与驻留时间协同优化、面向射频隐身的机载网络化雷达辐射资源协同优化、面向射频隐身的机载网络化雷达辐射资源与航迹协同优化和面向射频隐身的机载网络化雷达波形自适应优化设计，并通过仿真实验加深读者对相关理论的理解，具有重要的理论研究意义和工程实用价值。

（3）本书介绍了基于 HLA 的机载网络化雷达射频隐身软件仿真系统，并搭建了机载网络化雷达射频隐身半物理试验仿真系统，包括软件仿真系统，半物理试验仿真系统组成，半物理试验仿真系统波形的产生、接收与分析，半物理试验仿真系统及试验结果分析。与本书前面的内容是相辅相成、互相补充的。

（4）本书对机载网络化雷达射频隐身技术的具体描述力求结合实际应用，且配有丰富的仿真实验和结果分析，便于读者快速掌握书中给出的理论方法，为读者提供有益的借鉴，具有重要的参考价值。本书以作者及其研究团队的代表性研究成果为基础，较为完整地描述了面向射频隐身的机载网络化雷达资源协同优化的相关理论技术。

本书由南京航空航天大学时晨光、汪飞、周建江和李海林联合撰写，系统梳理了作者及其研究团队在面向射频隐身的机载网络化雷达资源协同优化技术领域的代表性研究成果。可以说，本书是作者及其研究团队集体智慧的结晶。其中，时晨光和汪飞负责统稿，周建江和李海林负责审阅。此外，雷达成像与微波光子技术教育部重点实验室的丁琳涛、王奕杰、仇伟等研究生对本书中的大量理论进行了数学推导和仿真验证，石兆、闻雯、张巍巍、陈春风、代向荣、董璟、唐志诚、王健、林文斌、吴家乐、窦山岳、于伟强、孙萍、陈义源、黄晓彦等研究生参与了书稿编辑整理和校阅等工作。

衷心感谢中国工程院贲德院士在百忙之中认真审阅了书稿，给予了宝贵意见和建议，并为本书作序。感谢英国莱斯特大学工程学院 Jonathon A. Chambers 教授（IEEE Fellow）、杜伦大学工程学院 Sana Salous 教授（IET Fellow）和赫尔瓦特大学工程与物理科学学院 Mathini Sellathurai 教授在雷达信号处理与目标跟踪等研究过程中给予作者深入的指导与帮助。感谢西安电子科技大学严俊坤教授、电子科技大学易伟教授和程婷副教授、江苏科技大学张贞凯教授就相关问题与作者进行的学术交流和讨论。

本书在撰写的过程中，参考了众多学者的论著及研究成果，中国电子科技集团公司、中国航空工业集团公司所属研究所和相关高校的科技工作者也给予作者许多有益启发和宝贵意见，在此向他们表示诚挚的谢意。另外，向所有的参考文献作者及为本书出版付出辛勤劳动的同志表示感谢。

同时，本书是在国家自然科学基金面上项目（编号：62271247，61371170，61671239）、国家自然科学基金青年基金项目（编号：61801212）、装备预研重点实验室基金（编号：6142401200402）、国防基础科研计划资助项目（编号：JCKY2021210B004）、航空科学基金（编号：20200020052002，20200020052005）、2021 年度江苏省科协青年科技人才托举工程、江苏省基础研究计划（自然科学基金）青年基金项目（编号：BK20180423）、国防科技创新特区项目、南京航空航天大学前瞻布局科研专项资金和雷达成像与微波光子技术教育部重点实验室（南京航空航天大学）等资助下取得的成果结晶，特此致谢。

由于作者精力和水平有限，关于机载网络化雷达射频隐身技术研究的诸多方面，本书未能全部涉及。另外，由于面向射频隐身的机载网络化雷达资源协同优化技术研究仍处于起步阶段，机载雷达技术和体制一直在不断升级改进，加之射频隐身技术需求与应用也处于快速迭代之中，因此，书中难免存在不妥或疏漏之处，恳请业界专家、学者及广大读者批评指正，可通过邮箱联系我们：scg_space@163.com。

作　者
2023 年 3 月

目录

第1章

绪　论

1.1　研究背景及意义

当今世界正处于和平与发展的历史趋势中，大规模全要素冲突的战争很难爆发。但是区域性的不确定性因素仍然较多，特别是霸权主义国家依靠具有战略意义的高价值作战平台，威慑其他国家以形成军事实力上的压制和胁迫，进而影响国家安全与利益。在海洋方面，航母战斗群作为能够影响甚至决定区域局势的独立战斗序列，是具备战略制衡和摄控作用的关键作战单元；在天空方面，预警机群是活动的空中雷达站和空中指挥控制中心，是抢夺战争信息权进而全面领先对手的必要因素。

为避免军事威慑和形成反介入/区域拒止的非对称作战能力，针对高价值目标智能化联合作战必须具备稳定可靠的探测与打击能力。与此同时，当今及未来智能化联合作战还具有如下特点：①战场涉及的资源、作战活动、作战样式多，作战要素、信息和作战活动之间的关系复杂；②战场广阔，战场资源种类多、属性各异、地域分散；③在信息化、智能化、集群化条件下作战行动的快节奏，作战情况的多变性，作战任务的不确定性和突发性，使得战斗过程中资源管理、决策方案动态生成和实时调整的时间非常有限；④多样化的作战样式和激烈化的敌我对抗双方，加上海量战场态势信息，使得资源配置与决策过程复杂化[1]。受平台基础限制，单平台雷达的探测性能及规模化打击能力已远远难以适应新战争形势和作战任务的需求。因此，在进入立体、全维、全域作战时代的今天，机载网络化雷达是现代高技术战争与信息战的必然要求，同时也是未来精确打击武器系统发展的必然趋势。从战争形态的演变与发展规律可以看出，体系对抗与作战系统网络化是当今及未来高技术战争的特点，信息战和电磁战将贯穿战争始终，依赖网络化的战场系统，通过多平台机载网络化雷达信息融合为指挥员提供实时、透明的空间感知。机载网络化雷达可从多视角、多维度提取目标特征信息，使作战部队能够完全掌握满足战术和战略任务需要的所有数据[2-5]。另外，机载网络化雷达通过采取合理有效的协同策略，借助作战资源统筹管理配置，提高了战斗机编队的战场生存能力与突防能力，在察打一体、饱和攻击等战术应用中具有独特优势。因此，机载网络化雷达是未来战术体系对抗发展的必然趋势，它能够充分发挥各种探测资源、探测体制优势，提升信息获取的准确性、稳健性及武器平台的态势感知能力，并在复杂电磁频谱环境中形成对敌作战优势。

然而，随着智能材料与电子技术的发展，各种先进的敌方无源探测系统与无源探测模式对我军雷达系统形成了越来越严峻的现实威胁[6-8]。无源态势感知、电子情报（Electronic Intelligence，ELINT）系统、信号情报（Signal Intelligence，SIGINT）系统、电子支援措施（Electronic Support Measures，ESM）、雷达告警接收机（Radar Warning Receiver，RWR）、反辐射导弹（Anti-Radiation Missile，ARM）等无源探测系统自身不辐射电磁波，而是通过接收敌方雷达辐射的电磁波来实时获得雷达位置和身份属性等参数，具有作用距离远、隐蔽性强、不易被发现等优点，极大地威胁着雷达系统的战场生存能力和突防能力[9]。射频隐身技术是指雷达、数据链、高度表、电子对抗等有源电子设备射频辐射信号的目标特征减缩控制技术，目的是增大敌方无源探测系统截获、分选、识别、定位的难度，实现有源电子设备相对于敌方无源探测系统的"隐身"。雷达探测系统是否具有射频隐身性能，不仅取决于雷达的工作模式和敌方无源探测系统的工作性能，还与它们两者之间的空间几何位置关系和博弈对抗密切相关。与雷达隐身、红外隐身、声隐身等技术不同，射频隐身技术需要在满足目标探测跟踪性能和作战任务要求的条件下，最大限度地降低雷达系统的射频辐射特征。

2016 年，美国国防高级研究计划局（Defense Advanced Research Projects Agency，DARPA）开展了可扩展到数百个节点且能在干扰环境下高效工作的传感器组网方案研究，认为传感器网络要采用新的射频隐身技术以提升其在对抗环境下的生存能力[10]。2017 年 10 月，美国战略与预算评估中心发布了《决胜灰色地带——运用电磁战重获局势掌控优势》研究报告，这是该中心继 2015 年 12 月推出《决胜电磁波——重塑美国在电磁频谱领域的优势地位》之后围绕电磁战的又一研究力作[11]。报告指出，为了重新获得美国对灰色地带局势的掌控优势，不仅要采用"系统之系统"作战，通过实现大型传感器阵列和有源或无源对抗装备的网状网络互连，扩大传感器的作用范围及在对抗区域边缘作业平台的覆盖范围，还要利用无源辅助工作模式，在对抗空间中保持"静默"。当前，美军正通过网络化技术，实现各射频装备共享传感数据和电磁作战方案，明确各装备执行的具体任务及其相应的部署位置，并能够使用低截获概率（Low-Probability of Intercept，LPI）数据链与相邻的射频装备进行通信与协调行动，从而实现电磁作战行动的网络化和多域化。2018 年 11 月，BAE 系统公司宣布获得 DARPA 价值 920 万美元的合同，以开展"射频机器学习系统"项目研究。BAE 系统公司将开发新的由数据驱动的机器学习算法，以识别不断增长的射频信号，利用特征学习技术鉴别信号，为美军提供更好的射频环境感知技术。2020 年 4 月，德国亨索尔特公司宣布，已成功研制了一种基于人工智能的模块化机载电子战系统，被称为"利器攻击"，该系统采用数字化硬件和人工智能算法来探测雷达威胁，并采取针对性的对抗措施，能够在不同作战距离拒止敌方的火控雷达，保证作战飞机的行动自由。2021 年 1 月，俄罗斯哈巴罗夫斯克边疆区政府表示，第五代苏-57 系列战斗机的第一架已转交南部军区某航空团，表明苏-57 战斗机开始正式在俄空天军服役，俄罗斯也由此成为世界上第三个正式装备自主研发隐身战斗机的国家。另外，近年来，亚太地区尤其是东北亚地区的安全形势日益紧张，日本、韩国、澳大利亚等多个国家开始大量采购、装备第五代战机，美国也在该地区部署了数量众多的五代机，F-22 和 F-35 隐身战斗机编队多次出现在美日韩举行的联合军演中，对亚太地区的安全局势构成了严重威胁。

由此可见，射频隐身技术已经受到了国际诸多军事强国的高度重视，具有重要的战略意义和军事应用价值。机载网络化雷达若不采用合理的射频辐射控制技术管控电磁波的辐射，极易被几百千米外的敌方无源探测系统发现，这也使搭载平台的雷达隐身和红外隐身失去了意义[12-14]。为了提升机载网络化雷达在对抗敌方无源探测系统时的效益，形成对敌作战优势，开展面向射频隐身的机载网络化雷达资源协同优化技术研究势在必行，且该技术的研究具有重要的现实意义和广阔的应用前景。

1.2 机载网络化雷达概述

机载网络化雷达是基于"网络赋能"的思想，将不同体制、不同频段、不同极化方式、不同工作模式且部署在不同空域的多部机载雷达通过机间数据链路联网，将系统内各雷达探测信息进行融合处理，提高覆盖区域的综合探测能力及各部雷达的战场生存能力，持续为己方提供战场实时态势感知信息，形成全方位、立体化的分布式协同作战体系[15-19]。机载网络化雷达弥补了单平台雷达先天探测能力不足的缺陷，可按照实际作战需要灵活调整网络内各雷达节点的工作状态与工作模式，实现时域、频域、空域的协同工作，从而完成对目标的探测、跟踪、定位、识别、打击等功能。

机载网络化雷达借鉴了无线多输入多输出（Multiple-Input Multiple-Output，MIMO）通信的分集思想，通过利用分集增益能够有效对抗目标雷达散射截面（Radar Cross Section，RCS）起伏、抑制杂波与干扰、提高分辨率等，从而提升雷达系统的目标检测、跟踪、识别和参数估计等性能，并具有较强的抗摧毁能力、抗干扰能力、反隐身能力和抗低空/超低空突防能力[20]。同时，机载网络化雷达还具有空间分集、波形分集、频率分集和极化分集等优势，大大拓展了雷达的应用范围[21]。研究表明，分集增益是机载网络化雷达性能优势的根源，传统的单基地相控阵雷达只能从单一视角和维度对目标进行探测，获得的感兴趣目标特征信息较少。而机载网络化雷达能够从多视角、多维度提取目标特征信息，并通过多维信息联合处理获得目标更全面、更本质的特征[22, 23]。此外，机载网络化雷达还具有一些独特优势，如功能性更强、冗余性更好、任务执行更高效及经济性更优等。

在网络化雷达系统或分布式 MIMO 雷达概念出现之前，英、俄、美、法、澳大利亚等国已经对双/多站雷达体制开展了一定的研究，并取得了显著成果[24-28]。1939 年 9 月，英国在英格兰东南沿海地区建造了世界上最早的对空警戒雷达网络——"本土链"雷达网，该网络由 20 个地面雷达站组成，如图 1.1 所示。"本土链"雷达网工作频率为 22～28MHz，最大目标探测距离为 250km。在第二年夏天抗击纳粹德国大规模空袭英国的"不列颠空战"中，英国正是靠"本土链"雷达网在每次德军空袭时赢得了二十分钟宝贵的预警时间。

图 1.1 "本土链"雷达网

1961 年，苏联采用 3 部单基地脉冲雷达构建了非相参多基地雷达系统，对反弹道导弹试验中的弹头和拦截器进行精确跟踪，该系统具有独立的信号接收和点迹级的信息融合特点[29]。苏联还在莫斯科周围部署了"橡皮套鞋"反弹道导弹系统，该系统采用单基地雷达组网方式，由 7 部"鸡笼"远程警戒雷达、6 部"狗窝"远程目标精确跟踪/识别雷达和 13 部导弹阵地雷达组成，主要用于拦截洲际弹道导弹或低轨卫星，保护克里姆林宫不受核攻击威胁[30]。苏联"狗窝"雷达阵地如图 1.2 所示。

20 世纪 60 年代，美国建立并应用于国土防御体系中的 SPASUR 系统就是一部多基地远程监视防御雷达系统，担负远、中、近程的战略防御任务[31]。从 1978 开始，美国林肯实验室和 DARPA 联合开展了组网雷达研究计划，该计划包含 5 部远程监视雷达。由远程监视雷达组成的系统将所有雷达的输出信息通过窄带数据链路传输到作战信息融合中心，从而实现战场实时、透明的信息共享[29]。美国"铺路爪"远程预警雷达如图 1.3 所示。

图 1.2 苏联"狗窝"雷达阵地

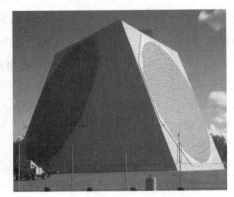

图 1.3 美国"铺路爪"远程预警雷达

20 世纪 70 年代末，为了解决雷达探测隐身目标和提高雷达的抗 ARM 能力，法国航空航天局提出了采用 MIMO 天线的综合脉冲孔径雷达（Synthetic Impulse and Aperture Radar，

SIAR）系统。由于该系统采用米波波长大孔径稀疏布阵，宽脉冲发射，并用数字方法综合形成天线阵波束和窄脉冲，故它综合性能优良，不仅具有米波雷达在反隐身和抗 ARM 能力等方面的优点，还克服了传统米波雷达角分辨率差、测角精度低和抗干扰能力不足的缺点。法国的 SIAR 系统如图 1.4 所示[32]。另外，法国 CETAC 防空指挥中心将虎-G 远程警戒雷达与霍克、罗兰特和响尾蛇导弹连的制导雷达及高炮连的火控雷达联网，以实现空情预警、目标探测与跟踪、威胁评估、指挥控制、火力分配等功能，并且能够用于对近程防空系统和超近程防空系统的战术控制。

图 1.4　法国的 SIAR 系统

澳大利亚的"金达莱"作战雷达网络（JORN）是世界著名的超视距网络化雷达系统，如图 1.5 所示，自建成以来一直处于不断的升级改造中[33]。2019 年 3 月，随着澳大利亚国防部官方宣称，澳大利亚国防科学家已成功开发出可覆盖整个高频段的颠覆性"共用孔径"接收机，并确定将其直接应用于"金达莱"作战雷达网络的重大升级，这标志着"金达莱"作战雷达网络第六阶段的升级工作已正式步入实质性阶段。除采用新型接收机外，本阶段的升级还将对探测仪和应答器网络、系统界面等进行重要改造。

图 1.5　澳大利亚的"金达莱"作战雷达网络

经历了多次升级改造后，"金达莱"作战雷达网络在处理速度、数字化程度、灵敏度和精确度等方面有了长足的进步。目前，该雷达网络可同时对 3700km 的海岸线和 $9×10^6 km^2$ 的海域实施监视，涵盖爪哇岛部分地区、巴布亚新几内亚全境直至印度洋中部，作战范围达 1000～3000km。有分析资料显示，如果天气条件良好，该雷达网络甚至可探测到 4000km 以外区域，向北可覆盖朝鲜半岛。

2019 年 10 月，俄罗斯军方表示，将在未来五年内建成三座"沃罗涅日"远程预警雷达，俄北部的沃尔库塔、俄西北部的奥列涅戈尔斯克和俄西南部的塞瓦斯托波尔，预计分别于 2021 年、2022 年和 2025 年建成。"沃罗涅日"是俄罗斯自主研发的第三代大型相控阵反导预警雷达，是俄罗斯导弹预警雷达网中的骨干装备，包含 M 型、VP 型和 DM 型 3 种型号，如图 1.6 所示，其中，M 型和 VP 型均工作于米波段，而 DM 型工作于分米波段，对目标的定位精度略高。"沃罗涅日"系列雷达的性能与美国"铺路爪"远程预警雷达相似。3 部"沃罗涅日"雷达服役后，俄罗斯将建成以"沃罗涅日"系列雷达为基础的导弹预警网络，强化对北极和欧洲方向的预警能力，实现国土边境全面预警覆盖。

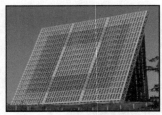

（a）"沃罗涅日-M"

（b）"沃罗涅日-VP"

（c）"沃罗涅日-DM"

图 1.6　第三代大型相控阵反导预警雷达

2021 年 5 月，俄罗斯空天军的新型"叶尼塞"（Yenisei）雷达正式服役[34]。该雷达采用全数字化有源相控阵体制，结合主动探测和被动探测，具备防空预警、反导探测和无线电侦测能力，如图 1.7 所示。与旧型"叶尼塞"雷达相比，新型"叶尼塞"雷达包括主雷达和无源定位器两部分，无源定位器与主雷达长距离分置，可有效应对敌方对主雷达的干扰，且敌方干扰强度越大，无源定位精度越高。旋转模式下该雷达可实现对空探测距离 600km、高度 100km；扇区扫描模式下该雷达可以跟踪弹道导弹，并向 S-400/S-500 系统的火控雷达传送目标指示信息。

同年 7 月，美国海军研究实验室宣布完成"灵活分布式阵列雷达"（FlexDAR）首轮外场试验。FlexDAR 样机如图 1.8 所示。试验中，使用了两部异地部署的 FlexDAR，验证了多波束同时收发、天线副瓣电平、数据吞吐等技术指标，证实 FlexDAR 在探测距离、跟踪精度、电子防护等方面达到了预定目标。FlexDAR 具有雷达通信电子战多功能集成、信号级分布式协同探测、软件定义等特点。两部雷达协同后，每部雷达的探测距离可以提升 0.4 倍，覆盖范围增加 1 倍。此次试验的成功，标志着经过多年的探索性研究，这种创新型的网络化、分布式、多功能雷达技术取得了突破性进展。

图 1.7　"叶尼塞"雷达

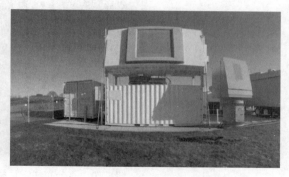

图 1.8　FlexDAR 样机

2021 年 11 月，美国海军研究实验室开展了海上组网雷达协同探测演示试验。试验中，两部 SPY-6 雷达模拟器通过分布式探测功能实现对目标的协同探测，生成了完整的目标态势信息。SPY-6 雷达由美国雷声公司研制，是美海军下一代舰载防空反导雷达（AMDR）系统中的 S 波段雷达，用于远距离搜索探测、空中威胁与导弹识别等，如图 1.9 所示。AMDR 将替代"宙斯盾"系统中的 SPY-1 雷达，未来将装备美海军几乎所有主战舰艇。通过组网协同，SPY-6 雷达可实现更大范围的探测覆盖，提升对目标航迹跟踪的精度和连续性，提高对机动目标、密集编队目标的跟踪识别能力，改善对隐身目标、弹道导弹、高超声速目标的探测能力。

图 1.9　SPY-6 雷达

同年 12 月，DARPA 启动了"分布式雷达成像技术"项目，旨在演示验证以编队飞行的合成孔径雷达卫星簇能够实现的先进能力。"分布式雷达成像技术"项目示意图如图 1.10 所示。该项目包含编队飞行与数据收集、算法研究两个技术领域，通过两颗以上编队飞行的合成孔径雷达卫星采集数据，演示验证处理算法。分布式合成孔径雷达相比传统单基地雷达具有以下优点：一是视角多样，可获取目标多角度散射信息；二是可灵活调整发射端和接收端的基线距离，满足高程和距离测量精度要求；三是可同时实现高分、宽幅成像。该项目研发的技术将赋能太空领域"马赛克战"概念的实现。

图 1.10　"分布式雷达成像技术"项目示意图

近年来，网络化雷达系统也吸引了越来越多的国内科研机构与团队开展研究工作，清华大学[35,36]、西安电子科技大学[37,38]、电子科技大学[39,40]、南京理工大学[41]、国防科学技术大学[42]等多所高校的专家、学者从 2007 年至今，在网络化雷达系统及分布式 MIMO 雷达目标检测、协同跟踪、参数估计、目标成像和信号设计等诸多方面开展了理论与试验平台研究。

 ## 1.3　国内外研究现状

1.3.1　网络化雷达系统研究现状

网络化雷达作为一种有别于传统单基地相控阵雷达的新体制雷达，在目标检测、目标跟踪、目标识别、参数估计及分辨能力等方面具有潜在的优势，受到了国内外众多学者和研究机构的高度关注。本节将从网络化雷达系统目标检测、目标跟踪、目标参数估计、波形设计及资源管理方面进行阐述。

1）目标检测

目标检测的目的是确定雷达系统量测值到底是目标回波信号还是噪声、干扰信号，且目标检测是目标距离、方位、速度等参数估计，目标跟踪，目标识别的前提。其中，目标检测器的设计与分析是良好检测性能的必要保证。与传统相控阵雷达的目标检测类似，当假设检验中概率密度函数完全已知时，在一定的虚警率条件下，使得检测概率最大化的检测器为最佳接收机，即满足 Neyman-Pearson 准则得到的似然比检验；当概率密度函数不完全已知时，可先采用最大似然估计对未知参数进行估计，然后用广义似然比检验（Generalized Likelihood Ratio Test，GLRT）设计检测器[22]。2011 年，Wang 等学者研究了杂波环境中分布式 MIMO 雷达的目标检测问题，分别提出了集中式 MIMO-GLRT 检测器[43]和分布式 MIMO-GLRT 检测器[44]。其中，集中式 MIMO-GLRT 检测器需要各接收机将接收到的雷达回波信号发送到融合中心进行集中处理，而分布式 MIMO-GLRT 检测器只需将局部检验统计量发送到融合中心进行处理。仿真结果表明，文中所提到的分布式检测器不仅可以近似达到集中式检测器的性能，还极大地降低了对数据传输带宽的要求和能量消耗。2014年，Hack 等学者在文献[45]中将有源网络化雷达的目标检测问题推广到外辐射源网络化雷达中，首次研究了基于外辐射源信号的 MIMO 网络化雷达系统的目标检测性能，并取得了良好的效果。Ali 等学者[46]将集中式 MIMO 雷达应用于传感器网络的联合目标检测与定位中，并采用最小均方误差（Minimum Mean-Square Error，MMSE）接收机降低干扰与硬件实现复杂度。2015 年，Li 等学者[47]研究了收发站运动情况下分布式 MIMO 雷达的动目标检测性能，在考虑平台运动的情况下，针对稀疏杂波模型和参数自回归杂波模型，分别提出了两种 GLRT 检测器。

目标检测问题的关键在于获得最大信噪比（Signal-to-Noise Ratio，SNR）。通常，对于发射功率一定的网络化雷达或分布式 MIMO 雷达，最大信噪比的获得取决于目标回波信号的处理方式及系统发射机和接收机相对目标的几何位置关系[22]。对于传统相控阵雷达，目标 RCS 随雷达视线角的变化较为剧烈，而目标 RCS 闪烁将引起虚警和漏警，从而降低雷达系统的检测性能。网络化雷达系统利用其分集增益，通过不同视线角接收的目标回波信号能量叠加，较好地克服了目标 RCS 起伏带来的性能损失，保证了目标检测性能的稳健性和可靠性。2006 年，Fishler 等学者[48]研究了单脉冲处理模式下分布式 MIMO 雷达、多输入单输出（Multiple-Input Single-Output，MISO）雷达、单输入多输出（Single-Input Multiple-Output，SIMO）雷达和相控阵雷达的目标检测性能，指出在检测概率高于80%且系统信噪比相同时，由于分布式 MIMO 雷达具有空间分集优势，其检测性能明显优于其他三种雷达体制。2011 年，Song 等学者[49]对比了发射正交波形和相同波形的分布式 MIMO 雷达检测性能。仿真结果表明，在高信噪比条件下，发射正交信号的目标检测性能优于发射相同信号的目标检测性能，而在低信噪比和特殊系统结构条件下，发射相同信号的目标检测性能优于发射正交信号的目标检测性能。2015 年，宋靖等学者[50]研究了基于多脉冲发射的分布式全相参雷达性能，通过推导输出信噪比增益的数学表达式，并结合相关参数估计的克拉默-拉奥下界（Cramer-Rao Lower Bound，CRLB），得到了输出信噪比增益上界的数值解。分析指出，增加脉冲数或发射天线数可以提高系统的输出信噪比增益。当输入信噪比较小时，输出信噪比增益随接收天线数的增加而降低；当输入信噪比较大时，输出信噪比增益随接收天线数的增加而升高。2017 年，程子扬等学者[51]根据分布式 MIMO 雷达收发站间的几何位置关系，推导了低信噪比条件下相位随机 MIMO 雷达和幅相随机 MIMO 雷达的平方律检测器结构，并分析了这两种非相参检测器的检测性能。仿真结果指出，相比于传统的单站相控阵雷达，相位随机 MIMO 雷达和幅相随机 MIMO 雷达可达到高于 10dB 的改善增益。需要说明的是，除空间分集以外，波形分集、频率分集和极化分集同样可以达到提升目标检测性能的效果。

2018 年，为解决多基地雷达中局部雷达站同融合中心之间通信带宽受限的问题，曹鼎等学者[52]提出了基于删失数据的分布式融合检测方法，在局部雷达站具有多通道接收系统的条件下，计算了杂波背景下动目标回波信号的似然比函数，并根据其自身传输通道的通信限制设置局部门限，剔除低于局部门限的似然比，同时将高于局部门限的似然比向融合中心传输。在此基础上，融合中心基于 Neyman-Pearson 准则，利用接收到的删失数据计算全局检验统计量，从而将其与全局门限进行比较获得全局判决。仿真结果表明，所提方法能够在大幅降低通信率的情况下，获得比"或"准则更好的检测性能。同年，Hassanien 等学者[53]研究了非均匀杂波环境下分布式 MIMO 雷达动目标检测算法，并设计了相应的 GLRT 检测器，获得了良好的目标检测性能。2019 年，孙文杰等学者[54]针对非均匀干扰环境中分布式 MIMO 雷达的距离扩展运动目标检测问题进行了研究，由于难以通过训练数据对干扰的协方差矩阵进行估计，作者提出了一种无训练数据的距离扩展目标知识辅助-GLRT 检测器。仿真结果表明，所提检测器性能明显优于传统的有训练数据的协方差矩阵类检测器。2022 年，为提高组网雷达的分布式恒虚警率（Constant False Alarm Rate，CFAR）检测性能，龚树凤等学者[55]基于模糊逻辑和最大选择筛选平均检测器，提出了自适应多传感器分布式模糊 CFAR 检测算法，通过表决和反馈模块，能够控制传输到融合中心的数据量，并自适应选取相关的雷达数据进行融合，从而在一定程度上实现了雷达资源管理。

2）目标跟踪

网络化雷达系统由于自由度的增加，相较于传统相控阵雷达在目标跟踪精度、抗干扰性能等方面具有明显优势。2001 年，徐洪奎等学者[56]提出了一种基于快速卡尔曼滤波的组网雷达机动目标跟踪算法。融合中心根据每部雷达接收机量测得到的目标距离，采用改进卡尔曼滤波方法对目标运动状态进行迭代计算，不仅实现了对近距离高速机动目标的精确跟踪，还降低了计算复杂度。2009 年，Godrich 等学者在文献[57]中研究了不同分布式 MIMO 雷达结构对目标跟踪性能的影响。研究表明，目标跟踪精度与系统中雷达发射机、接收机数目的乘积，目标相对于各发射机和接收机的几何位置关系有关，即增加雷达发射机和接收机的数目、尽量从多个视角对目标进行照射，能够获得更高的目标跟踪精度。2013 年，Hachour 等学者[58]提出了基于信条分类的多传感器多目标联合跟踪与分类算法，根据目标运动状态及加速度信息，采用信条分类器获得目标所属的类型集合。2014 年，针对提高火控雷达跟踪精度和反隐身、反低空/超低空突防等作战需求，罗浩等学者[59]研究了火控组网雷达系统的传感器分配问题，分别提出了单部火控雷达对单目标进行跟踪、多部火控雷达对单目标进行跟踪和多部火控雷达对单目标间歇跟踪 3 种算法，并进行了仿真对比和分析，验证了所提算法的可行性和有效性。在以单站雷达为主的组网雷达系统中，由于各异地、分散部署的雷达接收机处的目标信噪比不同，这使得系统中所有雷达无法同时探测到目标的存在。针对此问题，2016 年，Liu 等学者[60]提出了基于目标跟踪信息的组网雷达系统协同航迹起始算法，该算法根据目标运动状态的先验信息，在保证一定虚警率的前提下，降低未探测到目标的雷达检测器门限，并引导雷达波束对准目标将出现的方位，从而提高目标航迹起始概率。同年，Yan 等学者[61]定量研究了数据融合对多雷达系统目标跟踪的影响。2018 年，针对目标个数未知时双基地 MIMO 雷达角度跟踪问题，张正言等学者[62]提出了基于改进自适应非对称联合对角化的目标个数与角度联合跟踪算法，引入主成分顺序估计思想和改进信息论准则，估计出目标个数，并实现了目标参数的自动匹配和关联。2019 年，针对复杂战场环境下机动目标跟踪难题，王树亮等学者[63]提出了基于信息熵准则的认知雷达目标跟踪算法，构建了描述目标跟踪性能的不确定性信息熵模型，考虑距离和速度的互相关信息，选取状态感知熵最小作为代价函数进行波形选择。另外，受人脑三阶段记忆信息处理机制的启发，将人类记忆嵌入交互式多模型（Interacting Multiple Model，IMM）算法中，对模型实时概率进行存储和提取，通过时变调整因子来加权模型转移概率，从而弱化了不匹配模型的不利竞争。同年，王经鹤等学者[64]提出了组网雷达多帧检测前跟踪算法，首先在本地节点进行多帧检测前跟踪，然后将检测得到的点迹序列传输到融合中心进行融合处理，充分利用目标空时相关性积累目标能量，改善了弱小目标的检测性能和航迹跟踪精度。

针对欺骗干扰环境下组网雷达目标跟踪技术，2007 年，赵艳丽等学者[65]研究了多假目标欺骗干扰下组网雷达目标跟踪技术，首先对所有量测数据进行预处理，将问题简化为单雷达多目标跟踪，然后根据目标优先级进行数据关联，从而有效剔除假目标，并确保对真目标的精确跟踪。2015 年，Yang 等学者[66]研究了欺骗干扰下组网雷达系统的目标跟踪性能，并分析了不同系统参数对目标跟踪性能的影响。在压制干扰环境下，2012 年，李世忠等学者[67]提出了一种基于分布式干扰的组网雷达目标跟踪算法，该算法包含分布式干扰下的量测模型和基于 IMM 的序贯滤波跟踪两部分，仿真验证了所提算法的有效性。2014 年，胡子军等学者[68]则针对无源相参组网雷达系统高速机动多目标跟踪问题，提出了一种基于扩展多模型概率假设密度滤波器的粒子滤波算法，实时初始化位置随机且高速运动的新目标，从而实现对个数时变的高速机动多目标的有效跟踪。上述网络化雷达系统对目标跟踪的研究主要在雷达自身的局部坐标系中，很少考虑地球曲率对干扰条件下网络化雷达目标跟踪的影响。2015 年，贺达超等学者[69]考虑到地球曲率对系统跟踪性能的影响，提出了一种压制干扰下基于无偏转换测量卡尔曼滤波（Unbiased Converted Measurement Kalman Filtering，UCMKF）的雷达网目标跟踪算法，该算法首先将网络中各雷达的量测数据统一到地心直角坐标系中进行数据压缩，然后采用基于 UCMKF 的序贯滤波方法对压缩后的数据进行跟踪，仿真实验验证了在大功率集中式压制干扰下，所提算法可保证组网雷达系统对目标跟踪的连续性和稳定性，为复杂电磁环境下组网雷达系统的目标跟踪奠定了基础。

3）目标参数估计

强大的目标参数估计能力是网络化雷达系统的优势之一，而分集增益正是该优势的本质原因。与传统相控阵雷达一样，网络化雷达系统通常估计的目标参数有距离、方位和速度等。然而，由于网络化雷达系统具有分集优势，其目标参数估计性能明显优于传统雷达。一般地，可采用 CRLB 表征目标参数估计性能。2010 年，He 等学者[70]研究了分布式非相参 MIMO 雷达的目标位置与速度参数估计性能，推导了目标位置与速度联合估计 CRLB，指出 MIMO 雷达的目标参数估计性能受发射天线数与接收天线数乘积的影响，两者乘积值越大，目标参数估计性能越好。之后，在上述研究的基础上，他们继续分析了分布式相参 MIMO 雷达的目标参数估计性能[71]，并对比了非相参和相参两种工作模式下的 MIMO 雷达性能。相参 MIMO 雷达需要收发天线间满足精确的时间同步、空间同步和相位同步，实现难度较大，而非相参 MIMO 雷达只需满足时间同步和空间同步即可。分析表明，当收发天线数乘积值足够大时，非相干模式下目标参数估计性能逼近相干模式下目标参数估计性能，从而可通过增加收发天线数来弥补非相干模式的性能劣势。

2013 年，马鹏等学者[72]利用组网雷达系统的空间分集增益，提出了一种目标参数估计与检测联合算法。该算法可在假设目标存在的情况下进行位置估计，同时对目标进行检测。仿真结果表明，所提算法明显优于常规的距离门检测算法。同年，郑志东等学者[73]研究了收发站运动情况下双基地 MIMO 雷达系统的多目标参数估计性能，推导了多目标参数估计 CRLB 表达式，并分析了收发站运动时不同参数对发射角/接收角估计 CRLB 的影响。2014 年，宋靖等学者[74]针对"全发任意收"的分布式全相参雷达结构，推导了多脉冲条件下相干参数估计 CRLB，并分析了相干参数估计性能与发射脉冲数及收发天线数之间的关系。仿真结果指出，增加发射脉冲数或收发天线数，可降低相干参数估计 CRLB。2015 年，张洪纲等学者[75]针对低信噪比环境，提出了基于多信号分类（Multiple Signal Classification，MUSIC）法的宽带分布式全相参雷达参数估计算法。2018 年，针对双基地 MIMO 雷达收发角及多普勒联合频率估计问题，程院兵等学者[76]基于参数流型矩阵的多维范德蒙德结构特征，提出了一种低运算量的三维参数联合估计算法。2019 年，徐保庆等学者[77]提出了基于实值处理的联合波束域双基地 MIMO 雷达测角算法，通过凸优化进行空域滤波器设计，能够灵活控制空域滤波器的带宽并抑制旁瓣电平，从而提高了双基地 MIMO 雷达的测角精度。2021 年，针对空域有色噪声导致现有 MIMO 雷达算法性能下降甚至完全失效的问题，师俊朋等学者[78]考虑到匹配滤波后无噪协方差矩阵的低秩特性、色噪声协方差矩阵的稀疏特性及 MIMO 雷达数据的多维结构特性，提出了基于张量分析的双基地 MIMO 雷达角度估计算法，实现了空域色噪声背景下波离角和波达角的联合估计。

2014 年，Gogoneni 等学者[79]将目标参数估计问题研究拓展到外辐射源组网雷达系统中，推导了基于通用移动通信系统（Universal Mobile Telecommunications System，UMTS）信号的组网雷达目标参数估计修正克拉默-拉奥下界（Modified Cramer-Rao Lower Bound，MCRLB），并对比了非相干和相干两种模式下的目标参数估计性能差异。2015 年，Filip 等学者[80]针对欧洲 L 波段数字航空通信系统 1 型，探讨了基于该信号的非相干外辐射源组网雷达系统目标位置与速度参数估计性能。上述关于外辐射源雷达系统参数估计 CRLB 的推导都只针对瑞利起伏目标模型下的相参和非相参两种模式。针对上述研究存在的不足，2016 年，Javed 等学者[81]将基于 UMTS 外辐射源组网雷达系统的瑞利目标参数估计 MCRLB 推广到更具一般性的莱斯起伏目标模型，即目标存在一个反射系数较大的散射点和大量反射系数较小且相近的散射点。研究指出，由于目标主散射分量的存在使得目标 RCS 增加，从而增大了雷达接收机端的输入信噪比，提升了系统的目标参数估计精度。

4）波形设计

网络化雷达系统性能很大程度上依赖于其自身发射的波形。雷达发射波形设计流程图如图 1.11 所示。其中，优化准则的确定与雷达任务有关，是波形优化设计的前提。目前，常用的雷达波形优化设计准则有以下几种：一是以模糊函数（Ambiguity Function，AF）为准则，二是以信息论为准则，三是以最大化信干噪比（Signal to Interference plus Noise Ratio, SINR）为准则[22]。

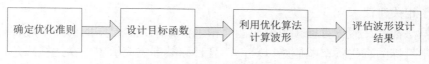

图 1.11　雷达波形设计流程图

Antonio 等学者[82]将传统雷达的模糊函数推广到 MIMO 雷达中，推导了不同形式的模糊函数表达式，分析了雷达收发天线几何结构、目标运动参数及发射波形对系统分辨能力的影响，为基于模糊函数的 MIMO 雷达波形设计应用奠定了基础。Chen 等学者[83]进一步研究了 MIMO 雷达模糊函数的基本性质，在此基础上，他们提出了一种正交调频信号优化设计算法。仿真结果指出，相比传统线性调频（Linear Frequency Modulation, LFM）信号，所设计的波形减小了模糊函数旁瓣，具有更好的距离和速度分辨率。

2007 年，Yang 等学者[84]以信息论为准则，研究了分布式 MIMO 雷达在目标识别与分类中的雷达波形设计问题，分别提出了两种基于不同准则的波形设计算法：一种是在给定系统资源约束下，最大化随机目标响应与接收回波信号之间的互信息（Mutual Information, MI）；另一种是在统计意义下最小化随机目标响应的最小均方误差。分析表明，在相同的功率约束条件下，所提的两种波形设计准则是等价的。2010 年，Tang 等学者[85]研究了色噪声背景下基于信息论的 MIMO 雷达波形设计算法，分别提出了基于互信息和相对熵的优化准则。针对多站雷达接收机性能曲线不具有闭式解析表达式的情况，Naghsh 等学者[86]采用信息论中的 Bhattacharyya 距离、Kullback-Leibler（KL）散度、J 散度和互信息作为目标检测性能的衡量指标，提出了一系列基于相应准则的多基地雷达编码设计算法，并建立了一种统一的框架对优化模型进行求解。2015 年，Nguyen 等学者[87]研究了面向目标跟踪的多基地雷达自适应波形参数选择算法，该算法根据目标机动运动状态，从雷达发射参数集合中自适应地选择最优的波形参数，以最小化目标跟踪均方误差（Mean-Square Error, MSE），从而提升目标跟踪性能。2019 年，Tang 等学者[88]进一步提出了密集频谱环境下基于互信息准则的分布式 MIMO 雷达波形设计算法。

信干噪比是表征雷达系统目标检测性能的重要指标，提高信干噪比对雷达系统检测性能的提升起着关键作用。2016 年，Daniel 等学者[89]提出了基于信干噪比最大化的 MIMO 雷达发射波形和接收滤波器联合优化迭代算法。该算法不仅可实现对多个扩展目标的发射波形进行联合优化，还可以最大化各目标响应与接收回波信号之间的互信息之和。同年，Panoui 等学者[90]将多个 MIMO 雷达网络之间的交互作用建模为一个势博弈模型，利用博弈论方法来优化各雷达网络的最优发射波形，根据纳什均衡（Nash Equilibrium, NE）最大化每个 MIMO 雷达网络的信干噪比。2018 年，针对分布式 MIMO 雷达正交相位编码信号和其失配滤波器组分开设计输出的距离旁瓣电平过高的问题，徐磊磊等学者[91]提出了一种正交相位编码信号和失配滤波器组联合设计方法，以约束信噪比损失和最小化失配滤波器组输出的距离旁瓣电平为目标，构建了联合设计准则，并采用双最小 p 范数算法进行求解。

2021 年，刘永军等学者[92]立足于分布式多功能一体化系统，分析了现有一体化波形设计和处理的优缺点，探究了分布式多功能一体化系统的关键科学问题，并就面临的诸多基础性挑战给出了相关建议。

上述算法都是在假设目标频率响应能够精确估计或先验已知的前提下进行的。然而，由于实际中目标的真实频率响应难以获得，且目标频率响应敏感于雷达视线角，以上算法很难在应用中保持稳健性和可靠性。为了解决这个问题，2007 年，Yang 等学者[93]在文献[84]的基础上，提出了目标频率响应不确定集合，并探讨了在目标频率响应不确定情况下的 MIMO 雷达稳健波形设计方法。2012 年，Jiu 等学者[94]提出了针对扩展目标检测的稳健发射波形与接收滤波器联合设计方法，以提升系统最差情况下的输出信干噪比。在网络化雷达波形优化设计中，需要根据不同的应用场景选择合适的优化准则和目标函数，对波形进行综合设计，从而提升雷达系统性能。2018 年，Shi 等学者[95]提出了频谱共存环境下面向射频隐身的正交频分复用（Orthogonal Frequency Division Multiplexing，OFDM）雷达稳健波形设计算法，考虑通信系统发射信号、目标相对于雷达和通信系统的频率响应及路径传播损耗等信息先验已知，根据经目标散射到达雷达接收机的通信信号可分为有用信号、干扰信号和无用信号，并给出了相应的面向射频隐身的 OFDM 雷达稳健波形设计准则，即在保证一定互信息阈值和通信系统信道容量的条件下，通过优化设计 OFDM 雷达波形，计算最小化最差情况下的雷达总发射功率。仿真结果表明，利用经目标散射到达雷达接收机的通信信号可有效提升雷达系统的射频隐身性能。另外，OFDM 雷达稳健发射波形可确保雷达系统的射频隐身性能在目标真实频率响应未知的情况下具有最优下界。

5）资源管理

资源管理对于雷达装备应用及提升作战性能至关重要，是雷达系统论证设计、研制和作战使用的核心问题之一。网络化雷达资源管理技术是指根据战场实时态势生成的不同作战任务（如目标搜索、目标检测、目标定位、目标跟踪、电子对抗等），在给定雷达辐射功率、发射波束数目、驻留时间、重访时间、信号带宽及通信能力等资源约束下，对各雷达节点射频资源进行最优化配置的技术[96]。雷达资源管理的本质是针对各种作战任务，建立数学优化模型，并根据预先设定的系统资源和性能需求，确定约束条件，以实现系统资源的优化配置，为不同作战任务提供支撑，其难点在于构建包含雷达系统资源要素的多维优化函数及优化模型的稳健、快速求解。

理论上，为了提升目标探测、定位、跟踪性能，可以通过将每部雷达的发射功率最大化来达到。但在实际中，网络化雷达系统通常都存在一个预期的性能目标，如目标定位精度或跟踪精度。在这种情况下，最大化系统的发射功率可能会导致系统资源利用率低。因此，国内外学者对网络化雷达系统资源优化问题进行了大量研究。2010 年，Godrich 等学者[97]在分布式 MIMO 雷达平台下，提出了两种功率分配算法：一种是在 MIMO 雷达系统总发射功率一定的条件下，通过优化各雷达功率分配，提升目标的定位精度；另一种则是在满足给定目标定位精度要求的条件下，调整各雷达功率分配，使得系统总发射功率最小。2014 年，Sun 等学者[98]借助博弈论对基于目标定位的分布式 MIMO 雷达资源优化管理问题进行建模，推导了目标位置参数的贝叶斯费舍尔信息矩阵（Fisher Information Matrix，FIM），提出了一种基于合作博弈的最优功率分配算法，利用沙普利值代表每部雷达发射机的贡献来分配功率资源。仿真结果表明，所提算法可获得比平均功率分配更优的目标定位精度，且目标定位精度由目标位置的先验信息和目标相对于雷达发射机、接收机的几何位置关系决定。之后，他们又提出了一种基于发射天线选择与功率联合优化的分布式 MIMO 雷达目标定位算法[99]。冯涵哲等学者[38]提出了一种基于多目标定位的分布式 MIMO 雷达快速功率分配算法，该算法以多目标定位误差的 CRLB 为代价函数，采用交替全局优化算法搜索 Pareto 解集来实现优化模型的快速求解。Garcia 等学者[100]在研究了发射功率和信号带宽联合优化算法时首次将信号带宽因素考虑进来，进一步提升了系统的定位精度。然而，上述文献仅针对目标的位置参数进行资源分配，并未考虑运动目标的速度估计性能。2016 年，胡捍英等学者[101]提出了发射功率与信号有效时宽联合优化算法，采用连续参数凸估计方法对优化模型进行求解，从而最小化目标速度估计 CRLB 的最大值。仿真结果表明，信号有效时宽对目标速度参数估计性能的影响大于发射功率。2017 年，孙扬等学者[102]在总结前人工作的基础上，将阵元因素也考虑进来，给出了阵元、发射功率和信号带宽联合优化模型，并分析了三者对目标定位精度的影响。

2012 年，Chavali 等学者[103]将功率分配思想应用于目标跟踪场景中，研究了基于资源调度与功率分配的认知雷达网络多目标跟踪算法。随后，严俊坤等学者[104]提出了一种多基认知雷达三维目标跟踪算法，通过自适应地调节系统发射功率，最小化下一时刻目标跟踪精度的贝叶斯克拉默-拉奥下界（Bayesian Cramer-Rao Lower Bound，BCRLB），从而在功率资源有限的条件下达到更好的跟踪性能。之后，他们又提出了针对多雷达多目标跟踪的聚类与功率联合分配算法[105]，在每一采样时刻选择一定数目的雷达对各目标进行聚类优化，并针对每个子类中的雷达进行功率分配，以在资源有限的约束下进一步提升系统性能。2015 年，Chen 等学者[106]研究了基于合作博弈功率分配的分布式 MIMO 雷达目标跟踪算法。2016 年，李艳艳等学者[37]在文献[104]的基础上，以最小化目标跟踪的 BCRLB 为目标，对分布式 MIMO 雷达的发射功率和信号带宽进行联合优化分配，从而进一步提高了机动目标的跟踪精度。针对集中式 MIMO 网络化雷达系统，Yan 等学者[107]提出了一种波束选择与功率分配联合优化算法，在每一时刻，系统中各雷达采用同时多波束工作模式对多目标进行跟踪，通过求解优化模型，得到每部雷达产生的波束数目、各波束分配及其相应的发射功率，从而最小化目标跟踪 BCRLB 的最大值。2017 年，针对分布式 MIMO 雷达能量资源受限的情况，鲁彦希等学者[108]提出了多目标跟踪分布式 MIMO 雷达收发站联合选择优化算法，以发射站和接收站资源为约束条件，以最小化跟踪性能最差的目标后验克拉默-拉奥下界（Posterior Cramer-Rao Lower Bound，PCRLB）为优化目标，对分布式 MIMO 雷达收发站进行联合优化选择。2018 年，宋喜玉等学者[109]还考虑了发射功率约束，建立了多目标跟踪下分布式 MIMO 雷达收发阵元选择与功率分配联合优化模型。仿真结果表明，该模型能够在任意雷达布阵场景下实现雷达系统资源的充分利用。2020 年，Zhang 等学者[110]提出了面向认知目标跟踪的大规模网络化 MIMO 雷达子阵选择与功率分配联合优化算法，在满足给定射频资源约束要求的条件下，通过联合优化子阵选择与各节点功率分配，降低多目标跟踪的预测条件 CRLB，从而提升系统的目标跟踪性能。同年，Yi 等学者[111]提出了分布式多目标跟踪场景下网络化共址 MIMO 雷达发射波束与功率联合调度算法。针对运动平台传感器位置难以精确给定的问题，Sun 等学者[112]研究了面向多目标跟踪和数据压缩的网络化雷达功率分配与量测选择联合优化算法，以同时最小化各目标跟踪精度和所选择的量测数为优化目标，建立了多目标优化模型，并采用基于稀疏增强的连续凸规划算法进行求解。Bell 等学者[113]则针对多目标跟踪与分选场景，给出了任务和信息驱动下的雷达资源配置评价模式。Du 等学者[114]针对多目标逆合成孔径雷达成像问题，提出了一种组网雷达时间与孔径资源协同分配策略，在保证成像分辨率的条件下，最大限度地降低组网雷达时间资源消耗，同时提高成像任务总量。2021 年，Su 等学者[115]分析了雷达波形参数与射频资源配置对机动目标跟踪性能的影响，定义了基于归一化能量消耗、时间消耗和多目标跟踪性能的代价函数，在此基础上，构建了针对机动目标跟踪的网络化共址 MIMO 雷达发射波形与空时资源联合管控模型，并采用改进的粒子群优化（Particle Swarm Optimization，PSO）算法对上述模型进行求解。随着人工智能技术的不断进步，雷达趋于多功能与智能化发展，已有不少学者将深度学习等思想应用到雷达资源管理领域[116, 117]，并取得了一定成果。Shi 等学者[118]从深度学习的角度对目标跟踪下多雷达系统节点选择与功率分配模型进行研究，通过雷达系统与目标的动态交互，对雷达选择与功率分配进行自适应联合优化，以达到最小化系统总辐射功率的目的。

1.3.2　射频隐身技术研究现状

由近年的高技术局部战争的经验教训可知，夺取战场制电磁权、获得制空权对战争的胜利起着决定性作用。要在战争中做到先敌发现、先敌打击、先敌摧毁，就必须大力发展射频隐身技术。美国在射频隐身技术方面的研究走在了世界前列。据已解密的公开资料，20 世纪 70 年代，美国最先开始进行射频隐身技术的相关研究[14]。射频隐身技术试验最早出现在美国的 F-117A 隐身攻击机上，当时美国已经意识到雷达隐身、红外隐身、射频隐身等整体隐身性的重要性，此后，射频隐身技术成为美国的研究重点[8]。1973 年，美国启动了 "Have Blue" 项目，开展了 LPI 雷达系统的试飞试验，并将不同型号雷达进行评估对比。试验结果表明，采用射频隐身技术的雷达具有更低的被截获概率。此后，美国完成了第一套机载 LPI 雷达试验，试验中使用的是法国的幻影飞机 Cyrano 系列雷达，隐身后的雷达具有 9 个发射波束、320MHz 信号带宽及-55dB 的天线副瓣电平。试验结果表明，拥有射频隐身性能的雷达，被无源探测系统截获的距离大大降低，约为不采取射频隐身技术截获距离的 1/100。在这一阶段，美国还没有掌握成熟的射频隐身技术。

20 世纪 80 年代后期，射频隐身技术得到了较大发展。美国在 B-2 隐身轰炸机上装备了 APQ-181 相控阵雷达，该雷达具有五级功率控制和发射波形选择功能，其射频隐身性能明显优于传统机载雷达，这说明美国已部分掌握了射频隐身技术。

从 20 世纪末到 21 世纪初，美国对 F-22 和 F-35 战斗机进行系统更新，将射频隐身技术应用于机载雷达、机间数据链、导航、敌我识别、电子对抗等机载电子设备上，综合一体化隐身理论得到了应用。F-22 战斗机上装备了"多功能先进数据链"，该系统具有 6 副点扫描波束切换智能天线，能够采用窄波束"锁链模式"发射，使其射频隐身性能得到进一步提升。F-35 战斗机装备的 AN/APG-81 机载雷达，将电子对抗和有源相控阵雷达进行高度融合，实现了航空器射频隐身性能综合化。这也标志着美国已经完全掌握了射频隐身技术，并具备作战能力，可将多种射频隐身雷达及数据链系统应用到实际战场环境中。

我国对机载雷达、通信等航空电子设备的 LPI 技术研究起步较早，取得了一定的研究成果，但在射频隐身技术方面的研究还与国外存在较大差距[119]。目前，中国电子科技集团有限公司的 10 所、14 所、29 所、38 所，中国航空工业集团有限公司的 601 所、611 所、607 所，南京航空航天大学，西安电子科技大学，电子科技大学，国防科学技术大学，空军工程大学，南京理工大学等研究机构和高等院校先后对射频隐身技术进行了深入研究，并在基础理论方面取得了丰硕的成果。本节将结合射频隐身技术的主要技术途径，从射频隐身表征参量、最低辐射能量控制、定向雷达天线设计、射频隐身信号波形设计及多传感器协同与管理 5 个方面进行阐述。

1）射频隐身表征参量

科学的表征射频隐身指标体系是开展射频隐身技术研究的前提和基础。射频隐身表征参量分为射频目标特征参量和射频隐身性能参量。其中，射频目标特征参量只与射频传感器自身的射频特性有关，与敌方无源探测系统的性能参数无关；而射频隐身性能参量除与射频传感器自身的射频特性有关外，还取决于敌方无源探测系统的性能参数。目前已公开发表的射频隐身性能参量主要包括截获因子、截获圆等效半径（Circular Equivalent Vulnerable Radius，CEVR）、截获球等效半径（Spherical Equivalent Vulnerable Radius，SEVR）、截获概率。射频目标特征参量主要包括射频辐射强度（Radio Frequency Intensity，RFI）和信号波形特征不确定性。

关于射频隐身性能的表征参量，最早可以追溯到 1985 年美国的施里海尔（Schleher）在国际雷达会议上发表的论文"Low Probability of Intercept Radar"。论文基于雷达的目标探测距离和无源探测系统对雷达信号的截获距离首次提出了截获因子的概念，称为施里海尔截获因子[120]。施里海尔截获因子定义为无源探测系统最大截获距离与雷达最大探测距离之比，可用 α 描述如下

$$\alpha = \frac{R_{\mathrm{I}}}{R_{\mathrm{D}}} \tag{1.1}$$

式中，R_{I} 表示无源探测系统的最大截获距离；R_{D} 表示雷达的最大探测距离。若施里海尔截获因子小于 1，则无源探测系统的最大截获距离小于雷达自身的最大探测距离，此时雷达信号不易被截获，该雷达系统称为 LPI 雷达系统；反之，若施里海尔截获因子大于 1，则雷达信号容易被截获；若施里海尔截获因子等于 1，此时系统处于临界状态。因此，在电磁对抗

中施里海尔截获因子越小，对雷达越有利，雷达系统的生存能力也就越强。

美国的 Schrick 等学者[121]和 Denk [122]均在施里海尔截获因子的基础上，比较了雷达系统与无源探测系统各自的特点和优势，通过具体实例给出了 LPI 雷达系统设计中需要注意的问题，并对未来截获接收机的性能进行了展望。2001 年，Liu 等学者[123]对影响施里海尔截获因子的各个参数进行了具体分析，在此基础上给出了理想 LPI 雷达系统的设计建议。2006 年，Schleher[124]基于 Pilot-LPI 雷达系统和不同的无源探测系统，对影响施里海尔截获因子的性能参数进行了分析，并通过仿真实验计算了不同条件下无源数字截获接收机对 Pilot-LPI 雷达的截获距离。

美国的 Wu[125]于 2005 年提出了采用 CEVR 评价雷达低截获性能的方法。CEVR 定义为一个圆形区域的半径，在这个圆形区域内雷达发射信号很容易被敌方截获接收机所截获，其数学表达式为

$$
\begin{aligned}
\text{CEVR} &= \sqrt{\sum \text{Area}\left[\left(\frac{P_r}{N_0}\right)_{\text{reqd}} < \left(\frac{P_r}{N_0}\right)_{\text{revd}}\right] \Big/ \pi} \\
&= f\left[\left(\frac{P_r}{N_0}\right)_{\text{reqd}}, \left(\frac{P_r}{N_0}\right)_{\text{revd}}\right]
\end{aligned}
\tag{1.2}
$$

式中，$(P_r/N_0)_{\text{revd}}$ 表示截获接收机接收到的信噪比；$(P_r/N_0)_{\text{reqd}}$ 表示截获接收机在满足一定发现概率下所需的输入信噪比；Area 表示满足条件 $(P_r/N_0)_{\text{reqd}} < (P_r/N_0)_{\text{revd}}$ 的圆形区域的面积。在该圆形区域内，雷达所发射的信号很容易被敌方截获接收机所截获，称该圆形区域为易受攻击区域，由此可计算出 CEVR。

随着战场环境的日益复杂和军事需求的日益多样化，雷达射频隐身设计必须同时考虑来自地面、机载甚至星载截获接收机的威胁。基于此，澳大利亚的 Dishman 等学者[126]于 2007 年提出采用 SEVR 来评价雷达的 LPI 性能。SEVR 定义为截获接收机能截获到雷达发射信号的三维空间球体的等效半径，即

$$
\text{SEVR} = \sqrt[3]{\frac{3V_{\text{det}}}{4\pi}}
\tag{1.3}
$$

式中，V_{det} 表示在指定发现概率下截获接收机的实际探测体积，其定义为

$$
V_{\text{det}} = \frac{1}{3}\int_{-\pi/2}^{\pi/2}\int_{-\pi}^{\pi} r_{\text{det}}^3(\theta,\varphi)\cos\varphi\,\mathrm{d}\theta\,\mathrm{d}\varphi
\tag{1.4}
$$

式中，θ 表示目标相对于雷达天线的方位角；φ 表示目标相对于雷达天线的俯仰角；r_{det} 表示在保证截获接收机灵敏度条件下的最大探测距离。

CEVR 和 SEVR 的表征方法虽然为复杂电磁环境下雷达射频隐身性能评价提供了途径，但 CEVR 和 SEVR 相对施里海尔截获因子而言，其计算非常复杂，实际应用十分困难，后

续关于雷达射频隐身研究中未见用 CEVR 和 SEVR 作为评价其射频隐身性能的文献。

2004 年，美国的 Lynch[6]从截获概率的角度评价了雷达的射频隐身性能，并对截获概率计算公式进行了近似，其具体表达式为

$$p_{I} = \left(1 - \exp\left\{-\left[A_{F} \cdot D_{I} \cdot \frac{\min(T_{OT}, T_{I})}{T_{I}}\right]\right\}\right) \cdot p_{F} \cdot p_{D}$$

$$\approx A_{F} \cdot D_{I} \cdot p_{F} \cdot p_{D} \cdot \frac{T_{OT}}{T_{I}} \tag{1.5}$$

式中，A_{F} 表示雷达天线波束覆盖面积；D_{I} 表示截获接收机密度；p_{F} 表示截获接收机的频域截获概率；p_{D} 表示截获接收机的功率域截获概率；T_{OT} 表示雷达发射机对截获接收机的照射时间；T_{I} 表示截获接收机的搜索时间。由式（1.5）可以看出，截获接收机密度越大，截获概率越高；截获接收机搜索时间越短，截获概率越高。因此，降低雷达发射机主瓣波束宽度、减少波束驻留时间可以有效降低其截获概率。

2010 年，杨红兵等学者[127]考虑到天线空域扫描方式捷变对机载雷达射频隐身性能的影响，提出了信号截获率的表征方法。信号截获率将施里海尔截获因子与截获概率相结合，统一表示为

$$A = \begin{cases} 1 - \sum_{i=0}^{K-1} P\{X = i\}, & \alpha \geqslant 1 \\ \alpha\left(1 - \sum_{i=0}^{K-1} P\{X = i\}\right), & \alpha < 1 \end{cases} \tag{1.6}$$

式中，α 表示施里海尔截获因子；$P\{X = i\}$ 表示机载雷达在 n 次天线扫描中被截获接收机截获 i 次的概率。当施里海尔截获因子大于或等于 1 时，截获接收机的最大截获距离大于机载雷达的最大探测距离，此时机载雷达射频隐身性能主要取决于截获接收机截获机载雷达所需的照射时间；当施里海尔截获因子小于 1 时，机载雷达射频隐身性能将由截获因子及雷达天线扫描方式的捷变性共同决定。

由于射频辐射强度只与机载有源射频传感器自身的辐射特性有关，与敌方无源探测系统的性能参数无关，因此它可以作为机载有源射频传感器的射频目标特征参量。射频辐射强度的定义为

$$RFI = \frac{P_{T} G_{TI}}{4\pi} \tag{1.7}$$

式中，P_{T} 表示射频辐射源的峰值功率；G_{TI} 表示射频辐射源在截获接收机方向上的天线增益。射频辐射强度的物理含义为单位立体角内的射频辐射功率。

2013 年，朱银川[128]提出利用信息论中的熵来表征射频信号的不确定性，如信号载频 $f = \{f_1, f_2, \cdots, f_a\}$ 的熵可以描述为

$$H(f) = -\sum_{i=1}^{a} p(f_i) \log\left[p(f_i)\right] \tag{1.8}$$

式中，$p(f_i)$ 表示信号载频 f_i 所对应的概率密度函数。

整个射频传感器的不确定性熵为

$$H(A_1) = H(f) + H(\tau) + H(T) + \cdots \tag{1.9}$$

式中，τ 表示信号脉宽；T 表示脉冲重复周期；$H(\cdot)$ 表示不同雷达发射参数所对应的射频不确定性熵。整个传感器平台的不确定性熵为

$$H(A) = H(A_1) + H(A_2) + \cdots + H(A_M) \tag{1.10}$$

式中，A_1、A_2、$\cdots$、A_M 分别表示传感器平台上的 M 个射频传感器；$H(A_M)$ 表示射频传感器 A_M 所对应的不确定性熵。对于多个传感器平台的不确定性熵的计算也类似于式（1.10）。在已知信号特征参数概率分布时，可由式（1.9）计算该特征参数的不确定性熵，进而计算射频传感器及整个传感器平台的不确定性熵，且熵值越大，平台的射频隐身性能越好。

2014 年，赵宜楠等学者[129]对分布式 MIMO 雷达的 LPI 性能进行了分析，提出了能够定量衡量双基地雷达 LPI 性能的评估指标，并将其推广到组网雷达的情况。通过绘制 LPI 等值线分析图，可以发现分布式 MIMO 雷达的 LPI 性能不仅与雷达发射参数有关，还与系统中发射机与接收机的空间位置关系有关。另外，相比于单基地雷达，空间分集增益是分布式 MIMO 雷达实现 LPI 性能的关键因素。

2017 年，针对雷达信号射频隐身性能评估中对敌方无源探测系统的依赖性和评估方法的通用性问题，何召阳等学者[130]提出了一种基于自身辐射信号特征的雷达信号波形域射频隐身性能定量评估方法。该方法不需要考虑敌方截获接收机装备体制和复杂的战场环境因素，只对雷达自身辐射信号的周期、占空比和脉内参数等进行计算分析，即可有效评估雷达信号波形的射频隐身性能。

2018 年，曾小东[131]提出了基于层次分析法的射频隐身性能评估方法，综合考虑了多种因素对系统射频隐身性能的影响，从指标的模糊化处理到各指标权重的确定，不仅考虑了专家的定性分析，还通过将指标量化并进行科学计算，得出了合理的评估结果。

2020 年，杨诚修等学者[132]针对突防场景下飞行器集群作战的射频隐身性能评估问题，提出了基于正态波动犹豫模糊集相关系数的评估方法。该方法在分析飞行器集群与单平台射频隐身性能评估不同的基础上，结合犹豫模糊集与正太波动犹豫模糊集的相关理论，推导了隶属度参考点公式，并通过计算参考点集与待评估场景之间的相关系数，对飞行器集群的射频隐身性能进行定量评价，仿真实验验证了该评估方法的有效性。

2021 年，高超等学者[133]提出了一种基于瞬时时宽带宽积的 LPI 波形射频隐身性能评估方法，从无源探测系统截获原理与 LPI 信号波形时频分布特性出发，构建了瞬时时宽带宽积表征因子，并利用该方法对 4 种波形进行了仿真对比。仿真结果表明，所提方法对雷达 LPI 波形的射频隐身性能具有良好的度量作用。同年，魏保华等学者[134]针对地空导弹武器平台的射频隐身问题，研究了其性能内涵与度量问题，分别从辐射源自身与敌方截获接收机对辐射信号的截获性能出发，构建了地空导弹武器平台单个辐射源射频隐身性能的系列度量指标，并提出了武器平台整体射频隐身性能度量的综合方法，从而为提升其战场生存能力和实战能力提供重要支撑。

2）最低辐射能量控制

最低辐射能量控制可以有效降低有源电子设备被敌方无源探测系统截获的概率，是实现射频隐身的主要技术途径之一。雷达、数据链等有源电子设备发射机根据不同的工作模式和执行任务的要求，自适应地调节其发射功率，使雷达、数据链等采用低峰值功率或连续波发射，并尽可能地减少发射时间，从而降低敌方无源探测系统的截获概率和截获距离。

（1）搜索模式下的雷达辐射能量控制主要围绕搜索时间、发射功率、波束编排、扫描方式等参数进行优化设计。1996 年，美国的 Duncan[135]研究了以最小化目标搜索时间为目的的雷达波束编排方式，并分析了雷达搜索模式和系统参数对搜索性能的影响。1997 年，英国的 Billam[136]分析了雷达扫描方式和波位间距对雷达发射功率和搜索时间的影响，并进一步研究了发射功率和搜索时间之间的平衡问题。美国的 Abdel-Samad 等学者[137]通过优化设计雷达波束形成和天线收发模式，提升了雷达系统在高斯白噪声环境下对静态目标的搜索性能。2000 年，徐斌等学者[138]提出了相控阵雷达自适应搜索算法，分析了搜索帧周期和目标强度与平均发现一个目标所消耗的雷达资源和平均搜索时间的关系，通过两步搜索方法实现区域最优搜索，降低了区域的搜索帧周期。2002 年，美国的 Zatman[139]提出了一种基于单个宽发射波束和多个窄接收波束的雷达目标搜索算法，将目标搜索和目标跟踪很好地结合起来。2003 年，Matthiesen[140]研究了如何通过调整雷达波束指向、设计搜索时间和搜索空域来优化目标检测性能，并分析了相应的雷达资源消耗问题。同年，王雪松等学者[141]提出了基于波位编排的雷达搜索算法。周颖等学者[142]利用图论提出了波位编排的边界约束算法，从而解决了复杂空域中边界的动态性和非线性难题；另外，他们还从最大化加权检测概率的角度，提出了相控阵雷达最优搜索随机规划算法[143]。2005 年，英国的 Gillespie 等学者[144]通过改变雷达脉冲重复周期和波束驻留时间，提升目标搜索性能，并采用启发式方法对波束扫描方式进行调度管理。2011 年，张贞凯等学者[145]为了提高雷达射频隐身性能，首次研究了基于射频隐身的雷达搜索技术，分析了波束宽度、平均发射功率和驻留时间对雷达搜索性能的影响，在保证一定检测概率的前提下，使雷达能量消耗最小化，并采用带精英策略的非支配排序遗传算法对优化模型进行求解。仿真结果表明，与现有算法相比，所提算法能够在保证良好目标检测性能的条件下发射最少的能量。2014 年，张杰等学者[146]基于无源探测系统的截获概率，研究了雷达任务能力和目标机动性能对波束驻留时间和波位间隔等参量的关系，并在目标检测性能和射频隐身性能的约束下，建立了雷达系统最优搜索控制模型。2015 年，李寰宇等学者[147]提出了一种基于联合截获威胁的射频隐身性能表征指标，在此基础上，他们研究了联合截获威胁下的目标搜索算法，从而更好地满足机载雷达射频隐身性能的多域设计要求。2020 年，针对跟踪任务抢占雷达总资源导致搜索性能下降的问题，刘一鸣等学者[148]考虑了雷达扫描过程中产生的波束展宽效应，提出了以空域覆盖系数为优化函数的资源受限时的搜索性能优化模型，分别给出了波束宽度调整、观测空域调整和波束宽度与观测空域联合调整 3 种方案，并通过仿真实验对比了 3 种调整方案的搜索性能。针对雷达采取间歇辐射的射频隐身管控措施，王亚涛等学者[149]以双站测向交叉定位为例，研究了辐射时间比、测量误差、导航误差、基线长度、初始距离等因素与定位性能的影响关系。仿真结果表明，雷达采用较小的辐射时间比将使得测向交叉定位系统无法正常实现跟踪收敛。2021 年，王奥亚等学者[150]提出了一种机载静默射频噪声掩护方法，通过干扰机向敌方雷达发射静默噪声干扰，提高敌方雷达接收机获得的参考单元和检测单元背景噪声水平，从而使敌方雷达的检测性能降低，同时避免射频掩护电磁信号被敌方电子侦察设备截获。同年，裴云等学者[151]借鉴电磁机动作战的思想，从电磁作战环境中机载有源相控阵雷达与敌方电子侦察系统机动对抗的视角，分析了机载雷达射频隐身与电磁机动的内涵，探讨了机载雷达射频隐身的电磁机动敏捷性、电磁机动信息熵。在此基础上，总结了 3 种空战电磁机动策略及其对应的电磁机动工作模式，从而进一步拓展了机载雷达电磁作战研究的视野及思路。

（2）跟踪模式下的雷达辐射能量控制主要围绕重访时间间隔、发射功率、波束驻留时间等参数开展研究。1990 年，美国的 Gilson[152]根据目标的机动特性，建立了雷达跟踪模式下的功率消耗与目标跟踪精度、重访时间间隔及信噪比的函数模型。1993 年，德国的 Keuk等学者[153]研究了相控阵雷达目标跟踪中的参数控制问题，通过优化波束调度、信噪比和目标检测门限，达到最小化雷达辐射能量的目的。之后，美国的 Daeipour 等学者[154]采用 IMM 方法，提出了机动目标跟踪的自适应重访时间间隔算法，即在保证一定目标跟踪性能的条件下，选择最大的重访时间间隔对目标进行跟踪。然而，他们所提的算法并未考虑目标跟踪过程中的虚警和电子对抗措施（Electronic Counter Measures，ECM）问题，Blair 等学者[155]在其基础上研究了存在虚警和 ECM 情况下相控阵雷达自适应波束控制问题。Kirubarajan 等学者[156]将目标跟踪与雷达资源管理结合起来，并建立了一种统一的框架。上述工作主要研究了相控阵雷达在目标跟踪过程中的自适应重访时间间隔和发射功率控制问题，而 Zwaga 等学者[157]首次研究了目标跟踪过程中的雷达波束驻留时间问题，在满足给定的目标跟踪性能要求的情况下，最小化相控阵雷达的时间资源消耗。2005 年，Kuo 等学者[158]研究了相控阵雷达波束驻留时间调度，从而提高了雷达系统效率。2010 年，鉴福升等学者[159]通过对重访时间间隔和驻留时间联合控制，提出了基于 IMM 的电控扫描雷达资源分配算法。2012 年，张贞凯等学者[160]针对基于射频隐身的功率控制问题，提出了目标跟踪时的功率分级准则。该准则可在满足一定检测概率的前提下，根据 RCS 及其位置，实现功率的分级发射。李寰宇等学者[161]则研究了电波频率对飞机射频隐身性能的影响，分析了截获距离与电波频率之间的关系，指出通过改变电波频率可以提高射频隐身性能。2013 年，刘宏强等学者[162]建立了单目标跟踪时机载雷达的射频隐身优化模型，实现了自适应重访时间间隔与发射功率的联合控制。2015 年，他们又提出了基于射频隐身的雷达单次辐射能量控制算法[163]，研究指出，雷达可根据目标运动状态及战场态势信息，自适应地选择最小功率策略或最小驻留策略对目标进行跟踪，从而实现最佳的射频隐身性能。2017 年，张贞凯等学者[164]提出了多目标跟踪时基于目标特征的雷达自适应功率分配算法，该算法基于 IMM 数据关联算法与协方差控制的思想，根据目标运动状态及 RCS 的不同，在满足给定目标跟踪精度要求的条件下，自适应地分配雷达发射功率，同时提高了雷达可跟踪目标数量及其射频隐身性能。2019 年，张昀普等学者[165]研究了基于部分可观测马尔可夫决策过程的主/被动传感器调度算法，以预先设定的目标跟踪精度为约束，以最小化系统辐射代价为优化目标，设计了一种改进分布式拍卖算法，对优化模型进行求解，并进行仿真实验验证。2020 年，Shi 等学者[166]提出了多目标跟踪下面向射频隐身的组网雷达辐射功率与信号带宽联合优化分配算法，该算法在满足给定多目标跟踪精度和系统辐射资源要求的条件下，通过对雷达节点选择、辐射功率和信号带宽进行联合优化，最小化组网雷达的总辐射功率，从而达到提升系统射频隐身性能的目的。

MIMO 雷达作为一种新兴的雷达体制，已受到国内外诸多学者的广泛关注。2012 年，漆杨[167]基于 MIMO 技术原理，从发射功率上对比了 MIMO 雷达与传统相控阵雷达主瓣及副瓣的抗截获性能，分别采用时频分析技术和谱相关技术讨论了 MIMO 雷达发射线性调频信号与相位编码信号时的抗识别性能，并基于时差定位技术分析了 MIMO 雷达的抗定位性能。理论推导与仿真实验均表明，在保证相同探测能力的条件下，MIMO 雷达具有比传统相控阵雷达更优越的射频隐身性能。2013 年，蔡茂鑫等学者[168]分别从时域、频域、空域和功率域等角度分析了影响 MIMO 雷达截获概率的重要因素，并提出了针对集中式 MIMO 雷达的截获概率计算模型。2014 年，廖雯雯等学者[169]针对集中式 MIMO 雷达目标跟踪中的射频隐身优化问题，提出了基于射频隐身的 MIMO 雷达目标跟踪算法，通过自适应地调整天线划分子阵数、驻留时间、平均发射功率和重访时间间隔，优化系统射频隐身性能。杨少委等学者[170]则研究了目标搜索模式下 MIMO 雷达的射频隐身优化算法。仿真结果表明，相比传统相控阵雷达，在同样的目标跟踪精度或探测性能条件下，MIMO 雷达具有更好的射频隐身性能。2022 年，赵晓彤等学者[171]提出了低截获单基地非均匀阵列 MIMO 雷达的改进 MUSIC 算法，通过对 MIMO 雷达匹配滤波后的接收信号进行降维处理、白化处理、时频分析、时频点筛选、正交联合对角化等信号处理，实现了低信噪比、低信号持续时间下的辐射源方向角估计。

近年来，针对数据链的最低辐射能量研究也取得了一定的进展。2013 年，杨宇晓等学者[172]针对数据链的射频隐身问题，提出了基于空间信息的数据链最优辐射能量控制算法，通过对发射功率和开机时刻优化设计，以达到最小化数据链辐射能量的目的，并用混沌粒子群算法对优化模型进行求解。之后，他们从数据链是否能进行信息交互的角度，分别研究了基于射频隐身的数据链合作功率控制方法和非合作功率控制方法[173]。2014 年，王正海[174]针对战术数据链的高速数据传输和射频隐身问题，提出了数据链辐射时间、辐射功率和辐射波形联合优化控制算法，从而同时实现数据链的高速通信与射频隐身。2015 年，刘淑慧[175]分别从时域、频域、空域、功率域及发射波形等角度分析了影响机载数据链射频隐身性能的因素。谢桂辉等学者[176]根据通信距离和截获距离等先验信息，对编码码率、调制方式、消息序列长度、扩频因子等通信信号参数进行优化设计，以提升机载数据链的射频隐身性能。文献[177]则通过最大化通信信号发射时刻、工作频率、波形等参数的不确定性，进一步提升数据链的抗分选识别能力。贺刚等学者[178, 179]研究了基于博弈的数据链功率与速率联合控制算法。2020 年，杨宇晓等学者[180]提出了一种基于四维超混沌的射频隐身跳频通信设计方法，在四维超混沌系统的基础上，利用超混沌系统生成的双通道超混沌序列，实现了跳频通信系统的频率序列和周期序列联合不确定设计方法。仿真结果表明，与传统混沌系统相比，四维超混沌系统复杂度更低，在相同有限精度条件下，其周期性明显减弱，且具有更优的射频隐身性能。

3）定向雷达天线设计

相控阵天线设计的好坏直接影响到雷达射频隐身性能的优劣。随着近年来波束形成技术研究的进展，通过特定的波束形成算法，在保证雷达功能和作战任务的前提下，自适应地降低目标方向的发射天线增益，或在截获接收机方向形成波束零陷，可有效提高雷达的射频隐身性能。

对此，国内外学者和研究机构进行了大量研究。2007 年，胡梦中等学者[181]利用遗传算法，实现了一维、二维和三维天线阵的超低副瓣多波束形成问题。2010 年，刘姜玲等学者[182]通过分析正交激励信号对阵列辐射能量及其低截获性能的影响，分析了正交激励下的阵列波束形成原理，并推导了等效阵列天线方向图。仿真结果表明，所提阵列与常规阵列的主瓣宽度、副瓣电平、方向性系数等参数基本一致，从而验证了该阵列的可行性。美国的Lawrence[183]提出了一种基于 LPI 的雷达发射波束形成算法，通过对低增益的方向图进行加权合成，在不影响目标检测性能的条件下，降低了雷达峰值发射增益，从而极大地缩短了ESM 的截获距离，提升了雷达的 LPI 性能和战场生存能力。2012 年，李寰宇等学者[184]提出采用联合截获概率指标评估飞机射频隐身性能，计算了不同环境下天线波束的覆盖区大小，并结合联合截获概率分析了天线波束宽度对飞机射频隐身性能的影响。肖永生等学者[185]在分析机载雷达发射波束扫描方式对飞机射频隐身性能影响的基础上，提出了一种波束伪随机捷变扫描算法。Wang 等学者[186]提出了基于距离−角度信息的频率分集阵列雷达波束形成算法，分析指出，与传统相控阵雷达相比，频率分集阵列雷达具有更好的 SINR 性能和抗干扰、抗杂波特性。2013 年，张贞凯等学者[187]针对机载雷达的射频隐身问题，提出了基于射频隐身的宽带发射波束形成算法，该算法可根据目标距离和 RCS 确定主瓣方向功率大小和工作阵元数，并考虑敌方截获接收机位置信息的角度误差，对发射波束进行自适应零陷设计。2014 年，巴基斯坦的 Basit 等学者[188]在文献[186]的基础上，结合相控阵雷达与认知雷达的特点，提出了一种认知发射波束形成算法，将雷达接收机对敌方截获接收机距离和方位的估计反馈给雷达发射机，据此对发射天线方向图进行加权合成，并利用遗传算法进行求解。同年，李文兴等学者[189]结合投影变换与对角加载技术，提出了一种零陷展宽算法，该算法运算简单，且具有较强的稳健性，解决了现有算法在展宽零陷时零陷深度变浅、旁瓣升高的问题。2016 年，Huang 等学者[190]则将频率分集思想应用于集中式 MIMO 雷达中，提出了基于 LPI 性能的频率分集 MIMO 雷达波束形成算法，该算法通过阵列权重设计，可最小化目标位置处的能量并最大化雷达接收机处的能量，从而在保证雷达自身检测概率的情况下降低无源探测系统的截获概率。

然而，目前已有的自适应波束形成文献大都以相控阵雷达为研究对象，虽然相控阵天线可以灵活地对空间进行波束扫描，但只能实现定向辐射而无法实现定点辐射。频控阵天线可以很好地弥补相控阵雷达的这个缺点[191, 192]。2017 年，Wang 等学者[193]给出了基于频控阵的射频隐身雷达自适应波束形成算法，通过对各阵元的频偏进行编码，使阵列的瞬时辐射功率在距离−方位角二维空间中尽可能均匀分布，并通过相位调制降低发射信号被敌方无源探测系统截获的概率，在接收端恢复出高增益的发射阵列方向图。2020 年，Chen 等学者[194, 195]提出了基于 4-D 天线阵列的 LPI 系统发射波束形成算法，能够充分发挥 MIMO 阵列与相控阵的优势，利用时间调制策略同时提升目标探测与 LPI 性能。2021 年，窦山岳等学者[196]针对飞行器高度表在多普勒波束锐化（Doppler Beam Sharpening，DBS）模式下的射频隐身需求，设计了基于频控阵的 DBS 高度表，分析了频控阵阵元间频率增量、脉冲重复频率、脉冲宽度等参数对 DBS 工作模式的影响，建立了基于频控阵的 DBS 高度表射频隐身优化模型。仿真结果表明，相比于传统相控阵和 MIMO 阵列，基于频控阵的 DBS 高度表具有更优越的射频隐身性能。

4）射频隐身信号波形设计

射频隐身信号波形设计不仅要满足一定的雷达性能和作战任务要求，还要保证雷达发射信号波形的抗检测、抗分选识别性能，这是射频隐身信号波形设计与基于参数估计和分辨理论的雷达信号波形设计方法及基于信息论的雷达信号波形设计方法的最大不同之处。射频隐身信号波形设计的实质是在满足雷达功能和性能要求的基础上，设计具有射频辐射峰值功率低、信号时频域不确定性大的雷达信号波形。

根据现有文献，目前射频隐身信号波形设计主要集中在伪随机编码连续波信号波形设计、频率跳变波形设计、相位编码波形设计、具有超低旁瓣的波形设计及混合波形设计等方面。2003 年，Sun 等学者[197]分别研究了超宽带信号和随机信号的特点，并将两者结合，提出了一种超宽带随机混合信号，提升了雷达检测性能和参数估计性能，同时借助于信号参数的随机性，有助于提升雷达信号的低截获特性。2004 年，Witte 等学者[198]研究了超低旁瓣雷达信号波形，该非线性调频信号具有−70dB 的旁瓣，但对多普勒频移十分敏感。2005 年，Dietl 等学者[199]针对双通道信道模型，研究了基于波束形成和空时分组编码的混合波形设计方法，并分析比较了最优线性预编码和正交空时分组编码的信噪比。2008 年，法国的 Kassab R 等学者[200]提出了准连续波雷达的模糊函数和信号波形设计算法，较好地解决了准连续波雷达回波信号的遮蔽问题。然而他们均未对所设计波形的低截获特性进行理论上的分析和仿真验证。2010 年，Geroleo 等学者[201]研究了基于线性调频连续波（Linear Frequency Modulation Continuous Wave，LFMCW）雷达信号的低截获性能。

近年来，我国学者通过波形组合方法设计了一系列具有射频隐身特性的雷达信号波形。2001 年，孙东延等学者[202]提出了一种将三相编码和线性步进调频相结合的混合雷达波形，不仅克服了相位编码对多普勒频移的敏感性，还降低了信号的截获概率。2002 年，姬长华等学者[203]根据 LPI 雷达信号的特点，分析了信号的相关函数和模糊函数，并介绍了混合信号设计与综合的基本原理，为射频隐身雷达信号的工程应用指明了方向。程嵩[204]则分析了施里海尔截获因子与雷达信号参数的关系，探讨了直接序列扩频信号在低截获性能方面的不足，并提出了一种具有大时宽带宽积的雷达信号。仿真结果表明，具有大时宽带宽积的信号可有效降低敌方无源探测系统的截获概率。2004 年，Hou 等学者[205]分析了双曲跳频-巴克码雷达信号的自模糊和互模糊函数，并通过仿真实验验证了该信号的低截获特性。2006 年，张艳芹等学者[206]研究了基于线性调频和 Taylor 四相编码的混合调制雷达信号，分析了该信号的距离分辨率、速度分辨率和低截获性能，指出所设计的信号是具有"图钉型"模糊函数的 LPI 信号。2007 年，武文等学者[207]提出了基于正切调频与二相巴克码的混合调制雷达信号设计方法，并对该信号的频谱旁瓣进行了抑制，但未定量地分析其低截获性能。2008 年，林云等学者[208]利用步进频率雷达信号高距离分辨率的特点，提出了一种参差脉冲重复间隔步进频率信号，并分析了该信号的处理流程和 LPI 特性。2009 年，郭贵虎等学者[209]针对频移键控（Frequency Shift Keying，FSK）信号和相移键控（Phase Shift Keying，PSK）信号的高分辨率、大时宽带宽性、抗干扰性和低截获性，设计了一种新的 FSK/PSK 混合信号。仿真结果表明，该混合信号具有良好的距离速度分辨率和测距测速性能，相比单一 FSK 或 PSK 信号，其低截获性能得到了较大提升。

2011 年，杨红兵等学者[210]在总结前人研究成果的基础上，提出了基于对称三角线性调频连续波（Symmetrical Triangular Linear Frequency Modulation Continuous Wave，STLFMCW）的雷达信号，设计了该信号的实现原理及处理流程，并采用施里海尔截获因子分析了具有不同距离分辨率 STLFMCW 的射频隐身性能。研究结果表明，该信号具有良好的目标分辨率和运动目标参数估计能力，且具有较大的时宽带宽积，其截获因子小于 1，同时，其射频隐身性能优于脉冲多普勒雷达信号。文献[211]设计了一种基于噪声调制的 STLFMCW 雷达信号，指出可通过增加信号带宽、控制信号发射功率提高其射频隐身性能。考虑到在调频信号中引入 PSK 可进一步增加发射信号的脉冲压缩比和信号的随机性，文献[212]提出了一种 Costas/PSK 混合雷达信号波形，通过分析其截获因子及功率谱密度，发现该信号的射频隐身性能相比单一 Costas 或 PSK 信号得到了明显提升。

上述文献探讨的射频隐身雷达信号虽然具有较大的时宽带宽积，但信号参数及编码形式比较单一，易被敌方截获接收机截获、分选、识别。2011 年，为了提升雷达信号参数及编码形式的复杂性，增大敌方无源探测系统对我方雷达信号截获、分选、识别的难度，黄美秀等学者[213]分析了编码调频信号的射频隐身性能，该信号频率跳变随机性较强，跳变序列变化多样，同时具有大的时宽带宽积，还可在脉间发射正交编码的跳频序列，大大增加了截获接收机的处理难度。2016 年，肖永生等学者[214]设计了一种基于最优匹配照射接收机理论和序贯假设检验的射频隐身雷达信号。仿真结果表明，该信号可以降低雷达照射次数、降低发射功率，从而提升雷达的射频隐身性能。2018 年，马晨曦[215]提出了基于复合调制的低截获雷达通信一体化波形设计方法，脉间采用通信符号加载的巴克码进行调制，脉内采用线性调频形式，仿真实验验证了所设计波形的探测性能和射频隐身性能。

2019 年，付银娟等学者[216]设计了脉间 Costas 频率编码与脉内非线性调频复合雷达信号，通过理论分析，得到了信号的模糊函数、功率谱、峰值旁瓣电平等参数，并验证了该复合信号具有比非线性调频信号、Costas 信号及线性调频-Costas 复合信号更优的射频隐身性能。随后，他们又针对雷达射频隐身波形设计中的复杂调制问题[217]，通过脉间复合调频增加信号的时频复杂度，采用脉内多相码调相增加信号的相位随机性，提出了脉间复合调频脉内相位编码雷达信号设计方法。仿真结果表明，所设计的信号具有近似"图钉型"的模糊图，功率谱峰值低于 -10dB，表现出良好的射频隐身性能。同年，张然等学者[218]提出了基于混沌理论的低截获概率通信波形设计方法，分析了混沌系统不同初值和分支参数对通信系统抗截获性能的影响，并给出了 LPI 性能最佳的调制解调方案和信道编码方式。

2020 年，孙岩博等学者[219]提出了基于随机化调制的射频隐身波形，将多种调制信号作为恒包络调制集合，根据混沌序列产生的调制图案对信息序列进行随机化调制，使其输出波形不存在固定可检测的信号特征。仿真结果表明，所设计波形的特征参量具有可变性，其识别概率低于 20%且独立于信噪比无规律动态变化，呈现出优越的射频隐身性能。

2021 年，张巍巍等学者[220]提出了面向射频隐身的组网雷达多目标跟踪波形优化设计方法，在满足预先设定的多目标跟踪性能要求的条件下，通过优化设计各雷达发射波形，最小化组网雷达的总辐射能量，并采用拉格朗日乘子法结合标准粒子群算法对优化模型进行求解。仿真结果表明，与线性调频信号相比，所提方法能够在保证同等多目标跟踪性能的情况下，有效降低雷达系统的总辐射能量，从而提升其射频隐身性能。

2022 年，贾金伟等学者[221]对射频隐身雷达波形设计技术进行了述评，重点分析了复合信号、信号参数广泛随机变化、优化算法 3 种射频隐身波形设计方法，总结了波形设计问题中的难点和挑战，并对未来射频隐身波形设计技术的发展方向进行了展望。

5）多传感器协同与管理

从信息获取的角度来看，传感器探测是获取空间、空中、海面、地面目标的重要手段。信息化战争中应用的各类传感器众多，覆盖范围广泛，可将多传感器通过特定的协议与通信网络连接成一个有机整体，根据传感器已提供的先验信息及战场态势的发展，实现多传感器协同与综合管理，从而获得更多、更新的战场信息。

近年来，该领域取得了丰富的研究成果。1993 年，美国的 Deb S 等学者[222]提出了一种针对异类传感器的多传感器多目标数据关联算法。该算法将有源传感器和无源传感器同一时刻的量测数据进行融合处理，并对不同目标的量测数据进行数据关联，从而得到更优的目标跟踪性能。1996 年，Hathaway 等学者[223]建立了一种异类模糊数据融合模型，为不同传感器数据的集成、处理和解算提供了统一的框架。2001 年，Challa 等学者[224]提出了一种基于雷达和 ESM 的目标联合跟踪与分类算法，将雷达与 ESM 的量测数据进行融合，以获得较高的目标跟踪精度和分类识别性能。2005 年，Mhatre 等学者[225]针对异类传感器的使用时长，研究了不同网络部署形式下的资源消耗问题，在满足监视区域内目标检测性能要求的条件下，通过最小化异类传感器资源消耗，使得传感器网络的使用时长最大化。2009 年，Lázaro 等学者[226]针对无线传感器网络中的传感器选择问题，提出了一种最优传感器子集选择算法，在保证一定目标系统性能和资源约束的情况下，从网络中选择最优的传感器子集对目标进行探测，使得目标探测性能最佳。

我国学者也对多传感器协同与管理进行了深入研究。2004 年，吴剑锋等学者[227]阐述了多传感器数据融合技术的工作原理、融合结构及其功能模型、融合方法等，为多传感器数据融合技术在组网雷达系统中的应用指明了方向。2007 年，王建明等学者[228]分析了舰载雷达与 ESM 各自的特点及优势，提出了雷达与 ESM 协同探测方法，采用 ESM 引导雷达对目标进行探测与定位，从而缩短了雷达搜索目标的时间，将两者进行数据融合还可提高角测量精度。

现代战机机载传感器功能众多，对平台上的各类传感器在时域、频域和空域上进行协同与综合管理，通过单平台无源传感器或者机间数据链的引导、多平台信息融合，在满足平台任务性能要求的条件下，最大限度地减少机载雷达、数据链等射频辐射，从而降低被敌方无源探测系统截获的概率。2011年，吴巍等学者[229-232]基于协方差控制方法，研究了机载雷达、红外传感器、ESM协同跟踪与管理算法，主要贡献在于充分利用了机载雷达、红外传感器与ESM等多源传感器的优势，对目标进行融合滤波跟踪。仿真结果表明，机载多传感器协同控制能够提高战斗机的射频隐身性能，保障战斗机的战场生存能力。同年，为提高组网火控雷达的射频隐身性能，熊久良等学者[233]提出了基于红外传感器协同的组网雷达间歇式目标跟踪算法，充分利用红外传感器获得的量测数据对目标进行跟踪，以减少雷达的开机时间。刘浩等学者[234]针对机载雷达和无源传感器量测数据不同步的问题，研究了基于自适应变量非线性量测最优线性无偏滤波的有源/无源数据融合方法，提高了系统的目标跟踪精度。

2012年，薛朝晖等学者[235]以双机编队为研究对象，研究了机载雷达与红外传感器的协同管理问题，通过雷达辐射控制因子调节目标误差协方差门限的大小，以控制雷达开关机状态和目标跟踪精度。同年，吴巍等学者[236]提出了一种基于协方差的机载多传感器管理与辐射控制方法，在此基础上，利用基于扩展卡尔曼滤波和IMM的主被动序贯滤波算法对目标进行跟踪，给出了机载多传感器管理和滤波流程，并通过仿真实验对比了不同辐射控制门限下机载多传感器的跟踪性能和雷达辐射情况。刘学全等学者[237]提出了基于多传感器协同的雷达猝发控制技术，并将其应用于导弹制导过程中，从而大大缩短了雷达开机时间。

2014年，Zhang等学者[238]提出了一种基于目标运动特征的有源/无源传感器选择算法。首先，改进了IMM粒子滤波目标跟踪算法；然后，根据目标运动的机动性和运动状态的不确定性，实时控制雷达工作状态及开机时刻，从而保证目标跟踪精度。仿真结果表明，所提算法不仅可保证良好的目标跟踪性能，还能大幅度降低雷达开机次数，从而提升了雷达的射频隐身性能。同年，Chen等学者[239]针对四机编队中的雷达辐射控制问题，提出了基于到达时差（Time Difference Of Arrival，TDOA）无源协同的机载雷达辐射控制算法，根据预先设定的目标跟踪精度门限，控制机载雷达辐射状态：当目标跟踪精度协方差矩阵的迹小于设定门限时，机载雷达关机，系统采用TDOA算法对目标进行无源跟踪；当目标跟踪精度协方差矩阵的迹大于设定门限时，机载雷达开机对目标进行有源跟踪。周峰等学者[240]提出了一种有源雷达辅助的无源传感器协同探测跟踪算法，该算法引入模糊理论，利用新息方差和量测误差协方差作为模糊控制量，实时控制有源雷达的工作状态。仿真结果表明，所提算法能够满足目标跟踪精度要求，较好地实现了对有源雷达和无源传感器的控制，缩短了有源雷达的开机时间，提升了系统的射频隐身性能。

2015年，吴卫华等学者[241]研究了杂波环境下机载雷达辅助无源传感器的机动目标跟踪问题，所提算法考虑了地球曲率和飞机姿态变化等因素对目标跟踪性能的影响，联合IMM算法和概率数据关联（Probabilistic Data Association，PDA）算法，根据预测误差协方差矩阵的迹来控制雷达开关机。分析指出，通过调整跟踪精度控制门限，不仅减小了机载雷达辐射能量，提升了飞机射频隐身性能，还有效保证了杂波环境下的目标跟踪精度。

2019 年，庞策等学者[242]针对目标检测背景下的传感器资源受限问题，提出了基于风险理论的主动传感器管理算法，在建立目标检测模型与传感器辐射模型的基础上，将"检测风险"与"辐射风险"之和作为系统目标函数，并提出了基于多智能体的分布式优化方法对传感器管理模型进行求解。同年，针对传统引导搜索方法难以解决数据链多拍引导信息搜索的问题，赖作镁等学者[243]提出了在任务性能约束下传感器协同辐射控制方法，首先推导了多拍引导信息与累计发现概率、累计截获概率之间的关系，然后引入马尔可夫决策过程对传感器协同搜索与跟踪进行建模，从而实现雷达系统的射频隐身性能优化。

2020 年，针对现有辐射控制条件下多传感器协同探测无法随战场态势变化实现既降低被截获概率又达到预定探测性能阈值的问题，张宏斌等学者[244]提出了一种直升机多机传感器协同探测方法，以探测精度和被截获概率为约束条件，构建了直升机多机传感器协同探测流程，该方法根据约束条件分别采用雷达与红外协同探测和双红外协同探测模式，并给出了相应的信息融合算法。同年，乔成林等学者[245]提出了面向协同检测与跟踪的多传感器长时调度方法，首先，建立了基于部分马尔可夫决策过程的目标跟踪与辐射控制模型；然后，以随机分布粒子计算新生目标检测概率，以 PCRLB 预测目标长时跟踪精度，以隐马尔可夫模型滤波器推导长时辐射代价，构建了新生目标检测概率和已有目标跟踪精度约束下的辐射控制长时优化函数；最后，采用基于贪婪搜索的分支界定算法求解最优调度序列，仿真实验验证了所提算法的有效性。

1.4 本书体系结构

本书结合智能决策优化理论和自适应雷达闭环探测思想，对面向射频隐身的机载网络化雷达资源协同优化技术开展研究。通过理论分析、数学建模、算法设计和性能仿真验证，分析了机载网络化雷达射频资源配置及航迹设计策略对多目标协同探测跟踪性能和射频隐身性能的影响规律，探明了机载网络化雷达辐射参数及平台运动参数与多目标协同探测跟踪性能和射频隐身性能之间的函数关系，并提出了一系列面向射频隐身的机载网络化雷达资源协同优化分配算法。在此基础上，设计了基于高级体系结构（High Level Architecture，HLA）的机载网络化雷达射频隐身软件仿真系统，并搭建了可用于多平台协同射频隐身性能验证的半物理试验仿真系统，从而为机载网络化雷达射频隐身技术的实现与应用提供基础理论和关键技术支撑。

本书共 8 章。第 1 章为机载网络化雷达射频隐身技术基础，介绍了机载网络化雷达的研究背景及意义，并概述了机载网络化雷达与射频隐身技术的基本概念、国内外研究现状及发展动态等内容。第 2～第 6 章为面向射频隐身的机载网络化雷达资源协同优化，构建了机载网络化雷达多域资源管控模型，重点讨论了面向射频隐身的机载网络化雷达驻留时间与信号带宽协同优化、面向射频隐身的机载网络化雷达辐射功率与驻留时间协同优化、面向射频隐身的机载网络化雷达辐射资源协同优化、面向射频隐身的机载网络化雷达辐射资源与航迹协同优化和面向射频隐身的机载网络化雷达波形自适应优化设计。第 7 章和第 8 章分别介绍了基于 HLA 的机载网络化雷达射频隐身软件仿真系统和机载网络化雷达射频隐身半物理试验仿真系统，主要包括软件仿真系统、半物理试验仿真系统、试验仿真系统波形的产生与接收、半物理试验仿真系统试验结果分析等。本书内容构成了一个较为完整的封闭体系，其体系结构如图 1.12 所示。

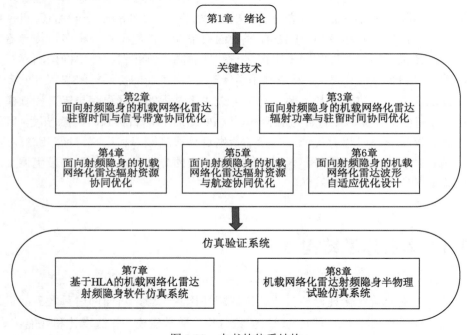

图 1.12　本书的体系结构

◆ 1.5 本章小结

本章作为全书的第 1 章，从机载网络化雷达射频隐身需求入手，对机载网络化雷达射频隐身技术领域的相关研究基础进行了较为全面的介绍，包括研究背景及意义、机载网络化雷达与射频隐身技术的基本概念、发展动态及特点，并概述了机载网络化雷达与射频隐身相关关键技术的国内外研究现状。另外，为了便于读者理清本书的撰写脉络和各章的逻辑关系，书中 1.4 节给出了本书的体系结构。

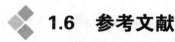

1.6 参考文献

[1] 董晓明. 海上无人装备体系概览[M]. 哈尔滨: 哈尔滨工程大学出版社, 2020.

[2] 姜秋喜. 网络雷达对抗系统导论[M]. 北京: 国防工业出版社, 2010.

[3] 时晨光, 周建江, 汪飞, 等. 机载雷达组网射频隐身技术[M]. 北京: 国防工业出版社, 2019.

[4] 梁晓龙, 胡利平, 张佳强, 等. 航空集群自主空战研究进展[J]. 科技导报, 2020, 38(15): 74-88.

[5] 王祥科, 沈林成, 李杰, 等. 无人机集群控制理论与方法[M]. 上海: 上海交通大学出版社, 2021.

[6] Lynch D. Introduction to RF stealth[M]. Hampshire: Sci Tech Publishing Inc, 2004.

[7] 时晨光, 董璟, 周建江, 等. 飞行器射频隐身技术研究综述[J]. 系统工程与电子技术, 2021, 43(6): 1452-1467.

[8] 王谦喆, 何召阳, 宋博文, 等. 射频隐身技术研究综述[J]. 电子与信息学报, 2018, 40(6): 1505-1514.

[9] Pace P E. 低截获概率雷达的检测与分类[M]. 陈祝明, 江朝抒, 段锐, 译. 北京: 国防工业出版社, 2012.

[10] 刘敏, 任翔宇. 电子战动态[J]. 国际电子战, 2016, 9: 34-35.

[11] 美国战略与预算评估中心. 决胜灰色地带—运用电磁战重获局势掌控优势[M].《国际电子战》编辑部, 译. 北京: 中国电子科技集团有限公司发展战略研究中心, 2017.

[12] 李硕, 李祯静, 朱松, 等. 美军电磁频谱战发展分析及启示[J]. 中国电子科学研究院学报, 2020, 15(8): 721-724.

[13] 张澎, 张成, 管洋阳, 等. 关于电磁频谱作战的思考[J]. 航空学报, 2021, 42(8): 94-105.

[14] 唐永年. 雷达对抗工程[M]. 北京: 国防工业出版社, 2012.

[15] Hume A L, Baker C J. Netted radar sensing[C]. Proceedings of the IEEE Radar Conference, 2001: 23-26.

[16] Teng Y, Griffiths H D, Baker C J, et al. Netted radar sensitivity and ambiguity[J]. IET Radar, Sonar & Navigation, 2007, 1(6): 479-486.

[17] Haimovich A M, Blum R S, Cimini L J. MIMO radar with widely separated antennas[J]. IEEE Signal Processing Magazine, 2008, 25(1): 116-129.

[18] Li J, Stoica P. MIMO radar signal processing[M]. Hoboken, Wiley-IEEE Press, 2009.

[19] 王正, 韩英永, 姜秋喜, 等. 网络雷达对抗系统的相控阵雷达波束扫描分析[J]. 火力与指挥控制, 2012, 37(11): 109-112.

[20] 陈小龙, 薛永华, 张林, 等. 机载雷达系统与信息处理[M]. 北京: 电子工业出版社, 2021.

[21] 陈浩文, 黎湘, 庄钊文, 等. 多发多收雷达系统分析及应用[M]. 北京: 科学出版社, 2016.

[22] 陈浩文. MIMO 阵列雷达目标参数估计与系统设计研究[D]. 长沙: 国防科学技术大学, 2012.

[23] 孙斌. 分布式 MIMO 雷达目标定位与功率分配研究[D]. 长沙: 国防科学技术大学, 2014.

[24] Derham T, Doughty S, Baker C, et al. Ambiguity functions for spatially coherent and incoherent multistatic radar[J]. IEEE Transactions on Aerospace and Electronic Systems, 2010, 46(1): 230-245.

[25] Battistelli G, Chisci L, Morrocchi S, et al. Robust multisensor multitarget tracker with application to passive multistatic radar tracking[J]. IEEE Transactions on Aerospace and Electronic Systems, 2012, 48(4): 3450-3472.

[26] Baumgarten D. Optimum detection and receiver performance for multistatic radar configurations[C]. IEEE International Conference on Acoustics, Speech and Signal Processing (ICASSP), 1982: 359-362.

[27] Seliga T A, Coyne F J. Multistatic radar as a means of dealing with the detection of multipath false targets by airport surface detection equipment radars[C]. 2003 IEEE Radar Conference, 2003: 329-336.

[28] Adjrad M, Woodbridge K. A framework for the analysis of spatially coherent and incoherent multistatic radar systems[C]. The 7th International Workshop on Systems, Signal Processing and their Applications (WOSSPA), 2011: 155-158.

[29] 陈卫东. 基于宽带多传感器系统的目标精确定位与跟踪[D]. 合肥: 中国科学技术大学, 2005.

[30] 赵锋, 艾小锋, 刘进, 等. 组网雷达系统建模与仿真[M]. 北京: 电子工业出版社, 2018.

[31] 周生华. 分集 MIMO 雷达目标散射特性与检测算法[D]. 西安: 西安电子科技大学, 2011.

[32] 陈伯孝, 吴剑旗. 综合脉冲孔径雷达[M]. 北京: 国防工业出版社, 2011.

[33] 电科战略情报团队. 世界预警探测领域 2019 年发展回顾与 2020 年展望[EB/OL].

[34] 电科战略情报团队. 世界预警探测领域 2021 年度十大进展[EB/OL].

[35] 戴喜增, 彭应宁, 汤俊. MIMO 雷达检测性能[J]. 清华大学学报(自然科学版), 2007, 47(1): 88-91.

[36] 汤小为, 唐波, 汤俊. 集中式多输入多输出雷达信号盲分离算法研究[J]. 宇航学报, 2013, 34(5): 679-685.

[37] 李艳艳, 苏涛. 机动目标跟踪的分布式 MIMO 雷达资源分配算法[J]. 西安电子科技大学学报(自然科学版), 2016, 43(4): 10-16.

[38] 冯涵哲, 严俊坤, 刘宏伟. 一种用于多目标定位的 MIMO 雷达快速功率分配算法[J]. 电子与信息学报, 2016, 38(12): 3219-3223.

[39] 何茜. MIMO 雷达检测与估计理论研究[D]. 成都: 电子科技大学, 2009.

[40] 廖宇羽. 统计 MIMO 雷达检测理论研究[D]. 成都: 电子科技大学, 2012.

[41] Yang J C, Su W M, Gu H. 3D imaging using narrowband bistatic MIMO radar[J]. Electronics Letters, 2014, 50(15): 1090-1092.

[42] 周伟. 多发多收合成孔径雷达成像及动目标检测技术研究[D]. 长沙: 国防科学技术大学, 2013.

[43] Wang P, Li H B, Himed B. Centralized and distributed tests for moving target detection with MIMO radars in clutter of non-homogeneous power[C]. 2011 Conference Record of the 44th Asilomar Conference on Signals, Systems and Computers (ASILOMAR), 2011: 878-882.

[44] Wang P, Li H B, Himed B. Distributed detection of moving target using MIMO radar in clutter with non-homogeneous power[C]. The 7th International Workshop on Systems, Signal Processing and their Applications (WOSSPA), 2011: 383-387.

[45] Hack D E, Patton L K, Himed B, et al. Detection in passive MIMO radar networks[J]. IEEE Transactions on Signal Processing, 2014, 62(11): 2999-3012.

[46] Ali T, Sadeque A Z, Saquib M, et al. MIMO radar for target detection and localization in sensor networks[J]. IEEE Systems Journal, 2014, 8(1): 75-82.

[47] Li H B, Wang Z, Liu J, et al. Moving target detection in distributed MIMO radar on moving platforms[J].

IEEE Journal of Selected Topics in Signal Processing, 2015, 9(8): 1524-1535.

[48] Fishler E, Haimovich A, Blum R S, et al. Spatial diversity in radars-models and detection performance [J]. IEEE Transactions on Signal Processing, 2006, 54(3): 823-838.

[49] Song X F, Willett P, Zhou S L. Detection performance for statistical MIMO radar with identical and orthogonal waveforms[C]. IEEE Radar Conference, 2011: 22-26.

[50] 宋靖, 张剑云. 分布式全相参雷达相参性能分析[J]. 电子与信息学报, 2015, 37(1): 9-14.

[51] 程子扬, 何子述, 王智磊, 等. 分布式 MIMO 雷达目标检测性能分析[J]. 雷达学报, 2017, 6(1): 81-89.

[52] 曹鼎, 周生华, 刘宏伟, 等. 基于删失数据的低通信量融合检测方法[J]. 电子与信息学报, 2018, 40(12): 2826-2833.

[53] Hassanien A, Himed B, Metcalf J, et al. Moving target detection in spatially heterogeneous clutter using distributed MIMO radar[C]. 2018 International Conference on Radar (RADAR), 2018: 1-6.

[54] 孙文杰, 张彦飞, 孙玉梅, 等.非均匀环境中 MIMO 雷达距离扩展目标检测器[J]. 电光与控制, 2019, 26(10): 67-72.

[55] 龚树凤, 龙伟军, 贲德, 等. 组网雷达自适应模糊 CFAR 检测融合算法[J]. 系统工程与电子技术, 2022, 44(1): 100-107.

[56] 徐洪奎, 王东进. 基于卡尔曼滤波的组网雷达系统目标跟踪分析[J]. 系统工程与电子技术, 2011, 23(11): 67-69.

[57] Godrich H, Haimovich A M, Blum R S. A MIMO radar system approach to target tracking[C]. 2009 Conference Record of the 43rd Asilomar Conference on Signals, Systems and Computers (ASILOMAR), 2009: 1186-1190.

[58] Hachour S, Delmotte F, Mercier D, et al. Multi-sensor multi-target tracking with robust kinematic data based credal classification[C]. 2013 Workshop on Sensor Data Fusion: Trends, Solutions, Applications (SDF), 2013: 1-6.

[59] 罗浩, 尚朝轩, 韩壮志, 等. 组网火控雷达传感器分配研究[J]. 传感器与微系统, 2014, 33(6): 45-48.

[60] Liu H W, Liu H L, Dan X D, et al. Cooperative track initiation for distributed radar network based on target track information[J]. IET Radar, Sonar & Navigation, 2016, 10(4): 735-741.

[61] Yan J K, Liu H W, Pu W Q, et al. Benefit analysis of data fusion for target tracking in multiple radar system[J]. IEEE Sensors Journal, 2016, 16(16): 6359-6366.

[62] 张正言, 张剑云, 周青松. 目标个数未知时双基地 MIMO 雷达多目标角度跟踪算法研究[J]. 电子与信息学报, 2018, 40(10): 2491-2497.

[63] 王树亮, 毕大平, 阮怀林, 等. 基于信息熵准则的认知雷达机动目标跟踪算法[J]. 电子学报, 2019, 47(6): 1277-1284.

[64] 王经鹤, 易伟, 孔令讲. 组网雷达多帧检测前跟踪算法研究[J]. 雷达学报, 2019, 8(4): 490-500.

[65] 赵艳丽, 王雪松, 王国玉, 等. 多假目标欺骗干扰下组网雷达跟踪技术[J]. 电子学报, 2007, 35(3): 454-458.

[66] Yang C Q, Zhang H, Qu F Z, et al. Performance of target tracking in radar network system under deception

attack[C]. International Conference on Wireless Algorithms, Systems, and Applications, 2015: 664-673.

[67] 李世忠, 王国宏, 吴巍, 等. 分布式干扰下组网雷达目标检测与跟踪技术[J]. 系统工程与电子技术, 2012, 34(4): 782-788.

[68] 胡子军, 张林让, 赵珊珊, 等. 组网无源雷达高速多目标初始化及跟踪算法[J]. 西安电子科技大学学报(自然科学版), 2014, 41(6): 25-30,110.

[69] 贺达超, 孙殿星, 杨忠, 等. 压制干扰下雷达网基于 UCMKF 的目标跟踪技术[C]. 第七届中国信息融合大会, 2015: 977-982.

[70] He Q, Blum R S, Haimovich A M. Noncoherent MIMO radar for location and velocity estimation: More antennas means better performance[J]. IEEE Transactions on Signal Processing, 2010, 58(7): 3661-3680.

[71] He Q, Blum R S. Noncoherent versus coherent MIMO radar: Performance and simplicity analysis[J]. Signal Processing, 2012, 92(10): 2454-2463.

[72] 马鹏, 郑志东, 张剑云, 等. 分布式MIMO雷达的参数估计与检测联合算法[J]. 电路与系统学报, 2013, 18(2): 228-235.

[73] 郑志东, 周青松, 张剑云, 等. 运动双基地 MIMO 雷达的参数估计性能[J]. 电子与信息学报, 2013, 35(8): 1847-1853.

[74] 宋靖, 张剑云, 郑志东, 等. 分布式全相参雷达相干参数估计性能[J]. 电子与信息学报, 2014, 36(8): 1926-1931.

[75] 张洪纲, 雷子健, 刘泉华. 基于 MUSIC 法的宽带分布式全相参雷达相参参数估计方法[J]. 信号处理, 2015, 31(2): 208-214.

[76] 程院兵, 吴临江, 郑昱, 等. 基于多维范德蒙德结构的双基地 MIMO 雷达收发角及多普勒频率联合估计[J]. 电子与信息学报, 2018, 40(9): 2258-2264.

[77] 徐保庆, 赵永波, 庞晓娇. 基于实值处理的联合波束域双基地 MIMO 雷达测角算法[J]. 电子与信息学报, 2019, 41(7): 1721-1727.

[78] 师俊朋, 文方青, 艾林, 等. 空域色噪声背景下双基地 MIMO 雷达角度估计[J]. 系统工程与电子技术, 2021, 43(6): 1477-1485.

[79] Gogineni S, Rangaswamy M, Rigling B D, et al. Cramer-Rao bounds for UMTS-based passive multistatic radar[J]. IEEE Transactions on Signal Processing, 2014, 62(1): 95-106.

[80] Filip A, Shutin D. Cramér-Rao bounds for L-band digital aeronautical communication system type 1 based passive multiple-input multiple-output radar[J]. IET Radar, Sonar & Navigation, 2016, 10(2): 348-358.

[81] Javed M N, Ali S, Hassan S A. 3D MCRLB evaluation of a UMTS-based passive multistatic radar operating in a line-of-sight environment[J]. IEEE Transactions on Signal Processing, 2016, 64(19): 5131-5144.

[82] Antonio G S, Fuhrmann D R, Robey F C. MIMO radar ambiguity functions[J]. IEEE Journal of Selected Topics in Signal Processing, 2007, 1(1): 167-177.

[83] Chen C Y, Vaidyanathan P P. MIMO radar ambiguity properties and optimization using frequency-hopping waveforms[J]. IEEE Transactions on Signal Processing, 2008, 56(12): 5926-5936.

[84] Yang Y, Blum R S. MIMO radar waveform design based on mutual information and minimum mean-square

error estimation[J]. IEEE Transactions on Aerospace and Electronic Systems, 2007, 43(1): 330-343.

[85] Tang B, Tang J, Peng Y N. MIMO radar waveform design in colored noise based on information theory[J]. IEEE Transactions on Signal Processing, 2010, 58(9): 4684-4697.

[86] Naghsh M M, Mahmoud M H, Shahram S P, et al. Unified optimization framework for multi-static radar code design using information-theoretic criteria[J]. IEEE Transactions on Signal Processing, 2013, 61(21): 5401-5416.

[87] Nguyen N H, Dogancay K, Davis L M. Adaptive waveform selection for multistatic target tracking[J]. IEEE Transactions on Aerospace and Electronic Systems, 2015, 51(1): 688-700.

[88] Tang B, Li J. Spectrally constrained MIMO radar waveform design based on mutual information[J]. IEEE Transactions on Signal Processing, 2019, 67(3): 821-834.

[89] Daniel A, Popescu D C. MIMO radar waveform design for multiple extended target estimation based on greedy SINR maximization[C]. IEEE International Conference on Acoustics, Speech and Signal Processing (ICASSP), 2016: 3006-3010.

[90] Panoui A, Lambotharan S, Chambers J A. Game theoretic distributed waveform design for multistatic radar networks[J]. IEEE Transactions on Aerospace and Electronic Systems, 2016, 52(4): 1855-1865.

[91] 徐磊磊, 周生华, 刘宏伟, 等. 一种分布式 MIMO 雷达正交波形和失配滤波器组联合设计方法[J]. 电子与信息学报, 2018, 40(6): 1476-1483.

[92] 刘永军, 廖桂生, 李海川, 等. 电磁空间分布式一体化波形设计与信息获取[J]. 中国科学基金, 2021, 35(5): 701-707.

[93] Yang Y, Blum R S. Minimax robust MIMO radar waveform design[J]. IEEE Journal of Selected Topics in Signal Processing, 2007, 4(1): 1-9.

[94] Jiu B, Liu H W, Feng D Z, et al. Minimax robust transmission waveform and receiving filter design for extended target detection with imprecise prior knowledge[J]. Signal Processing, 2012, 92(1): 210-218.

[95] Shi C G, Wang F, Sellathurai M, et al. Power minimization-based robust OFDM radar waveform design for radar and communication systems in Coexistence[J]. IEEE Transactions on Signal Processing, 2018, 66(5): 1316-1330.

[96] 孟令同. 机载平台相控阵雷达波束和路径资源管理算法研究[D]. 成都: 电子科技大学, 2019.

[97] Godrich H, Petropulu A P, Poor H V. Power allocation strategies for target localization in distributed multiple-radar architectures[J]. IEEE Transactions on Signal Processing, 2011, 59(7): 3226-3240.

[98] Sun B, Chen H W, Wei X Z, et al. Power allocation for range-only localization in distributed multiple-input multiple-output radar networks-a cooperative game approach[J]. IET Radar, Sonar & Navigation, 2014, 8(7): 708-718.

[99] Ma B T, Chen H W, Sun B, et al. A joint scheme of antenna selection and power allocation for localization in MIMO radar sensor networks[J]. IEEE Communications Letters, 2014, 18(12): 2225-2228.

[100] Garcia N, Haimovich A M, Coulon M, et al. Resource allocation in MIMO radar with multiple targets for non-coherent localization[J]. IEEE Transactions on Signal Processing, 2014, 62(10): 2656-2666.

[101] 胡捍英, 孙扬, 郑娜娥. 多目标速度估计的分布式 MIMO 雷达资源分配算法[J]. 电子与信息学报, 2016, 38(10): 2453-2460.

[102] 孙扬, 郑娜娥, 李玉翔, 等. 目标定位的分布式 MIMO 雷达资源分配算法[J]. 系统工程与电子技术, 2017, 39(2): 304-309.

[103] Chavali P, Nehorai A. Scheduling and power allocation in a cognitive radar network for multiple-target tracking[J]. IEEE Transactions on Signal Processing, 2012, 60(2): 715-729.

[104] 严俊坤, 戴奉周, 秦童, 等. 一种针对目标三维跟踪的多基地雷达系统功率分配算法[J]. 电子与信息学报, 2013, 35(4): 901-907.

[105] 严俊坤, 纠博, 刘宏伟, 等. 一种针对多目标跟踪的多基地雷达系统聚类与功率联合分配算法[J]. 电子与信息学报, 2013, 35(8): 1875-1881.

[106] Chen H W, Ta S Y, Sun B. Cooperative game approach to power allocation for target tracking in distributed MIMO radar sensor networks[J]. IEEE Sensors Journal, 2015, 15(10): 5423-5432.

[107] Yan J K, Liu H W, Pu W Q, et al. Joint beam selection and power allocation for multiple targets tracking in netted colocated MIMO radar system[J]. IEEE Transactions on Signal Processing, 2016, 64(24): 6417-6427.

[108] 鲁彦希, 何子述, 程子扬, 等. 多目标跟踪分布式 MIMO 雷达收发站联合选择优化算法[J]. 雷达学报, 2017, 6(1): 73-80.

[109] 宋喜玉, 任修坤, 郑娜娥, 等. 多目标跟踪下的分布式 MIMO 雷达资源联合优化算法[J]. 西安交通大学学报, 2018, 52(10): 110-115,123.

[110] Zhang H W, Liu W J, Xie J W, et al. Joint subarray selection and power allocation for cognitive target tracking in large-scale MIMO radar networks[J]. IEEE Systems Journal, 2020, 14(2): 2569-2580.

[111] Yi W, Yuan Y, Hoseinnezhad R, et al. Resource scheduling for distributed multi-target tracking in netted colocated MIMO radar systems[J]. IEEE Transactions on Signal Processing, 2020, 68: 1602-1617.

[112] Sun H, Li M, Zuo L, et al. Resource allocation for multitarget tracking and data reduction in radar network with sensor location uncertainty[J]. IEEE Transactions on Signal Processing, 2021, 69: 4843-4858.

[113] Bell K, Kreucher C, Rangaswamy M. An evaluation of task and information driven approaches for radar resource allocation[C]. 2021 IEEE Radar Conference (RadarConf21), Atlanta, 2021: 1-6.

[114] Du Y, Liao K F, Duyang Shan, et al. Time and aperture resource allocation strategy for multitarget ISAR imaging in a radar network[J]. IEEE Sensors Journal, 2020, 20(6): 3196-3206.

[115] Su Y, Cheng T, He Z S, et al. Joint waveform control and resource optimization for maneuvering targets tracking in netted colocated MIMO radar systems[J]. IEEE Systems Journal, 2021.

[116] Durst S, Bruggenwirth S. Quality of service based radar resource management using deep reinforcement learning[C]. 2021 IEEE Radar Conference (RadarConf21), Atlanta, 2021: 1-6.

[117] Rock J, Roth W, Toth M, et al. Resource-efficient deep neural networks for automotive radar interference mitigation[J]. IEEE Journal of Selected Topics in Signal Processing, 2021, 15(4): 927-940.

[118] Shi Y C, Jiu B, Yan J K, et al. Data-driven radar selection and power allocation method for target tracking in multiple radar system[J]. IEEE Sensors Journal, 2021, 21(17): 19296-19306.

[119] 陈国海. 先进战机多功能相控阵系统综合射频隐身技术[J]. 现代雷达, 2007, 29(12): 1-4.

[120] Schleher D C. Low probability of intercept radar[C]. International Radar Conference, 1985:346-349.

[121] Schrick G, Wiley R G. Interception of LPI radar signals[C]. Record of the IEEE 1990 International Radar Conference, 1990: 108-111.

[122] Denk A. Detection and jamming low probability of intercept (LPI) radars[D]. California: Naval Post Graduate School, 2006.

[123] Liu G S, Gu H, Su W M, et al. The analysis and design of modern low probability of intercept radar[C]. Proceedings of the 2001 CIE International Conference on Radar, 2001: 120-124.

[124] Schleher D C. LPI radar: fact or fiction[J]. IEEE Aerospace and Electronic Systems Magazine, 2006, 21(5): 3-6.

[125] Wu P H . On sensitivity analysis of low probability of intercept (LPI) capability[C]. IEEE Military Communications Conference (MILCOM), 2005: 2889-2895.

[126] Dishman J F, Beadle E R. SEVR: A LPD metric for a 3-D battle space[C]. IEEE Military Communications Conference (MILCOM), 2007: 1-5.

[127] 杨红兵, 周建江, 汪飞, 等. 飞机射频隐身表征参量及其影响因素分析[J]. 航空学报, 2010, 31(10): 2040-2045.

[128] 朱银川. 飞行器射频隐身技术内涵及性能度量研究[J]. 电讯技术, 2013, 53(1): 6-11.

[129] 赵宜楠, 亓玉佩, 赵占峰, 等. 分布式 MIMO 雷达的低截获特性分析[J]. 哈尔滨工业大学学报, 2014, 46(1): 59-63.

[130] 何召阳, 王谦喆, 宋博文, 等. 雷达信号波形域射频隐身性能评估方法[J]. 系统工程与电子技术, 2017, 39(10): 2234-2238.

[131] 曾小东. 基于层析分析法的射频隐身性能评估[J]. 现代雷达, 2018, 40(8): 16-19.

[132] 杨诚修, 王谦喆, 李淑婧, 等. 突防场景下基于 NWHFS 的集群射频隐身性能评估[J]. 系统工程与电子技术, 2020, 42(5): 1109-1115.

[133] 高超, 邓晓波, 郑世友. 基于瞬时时宽带宽积的 LPI 波形射频隐身性能评估方法[J]. 现代雷达, 2021, 43(8): 62-65.

[134] 魏保华, 王成, 范书义, 等. 地空导弹武器平台射频隐身性能内涵及度量研究[J]. 战术导弹技术, 2021, (6): 78-84.

[135] Duncan P H. Overlapping search with scanned beam applications[J]. IEEE Transactions on Aerospace and Electronic Systems, 1996, 32(3): 984-994.

[136] Billam E R. The problem of time in phased array radar[C]. Proceedings of IET Conference on Radar, 1997: 563-575.

[137] Abdel-Samad A A, Tewfik A H. Search strategies for radar target localization[C]. Proceedings of International Conference on Image Processing, 1999: 862-866.

[138] 徐斌, 杨晨阳, 李少洪, 等. 相控阵雷达的最优分区搜索算法[J]. 电子学报, 2000, 28(12): 69-73.

[139] Zatman M. Radar resource management for UESA[C]. Proceedings of the IEEE Radar Conference, 2002:

73-76.

[140] Matthiesen D J. Optimal search radar[C]. Proceedings of the IEEE International Symposium on Phased Array Systems and Technology, 2003: 259-264.

[141] 王雪松, 汪连栋, 肖顺平, 等. 相控阵雷达天线最佳波位研究[J]. 电子学报, 2003, 31(6): 805-808.

[142] 周颖, 王雪松, 王国玉, 等. 相控阵雷达最优波位编排的边界约束算法研究[J]. 电子学报, 2004, 32(6): 997-1000.

[143] 周颖, 王雪松, 王国玉. 相控阵雷达最优搜索随机规划研究[J]. 现代雷达, 2005, 27(4): 60-63.

[144] Gillespie B, Hughes E, Lewis M. Scan scheduling of multi-function phased array radars using heuristic techniques[C]. Proceedings of the IEEE International Radar Conference, 2005: 513- 518.

[145] 张贞凯, 周建江, 汪飞, 等. 机载相控阵雷达射频隐身时最优搜索性能研究[J]. 宇航学报, 2011, 32(9): 2023-2028.

[146] 张杰, 汪飞, 阮淑芬. 基于射频隐身的相控阵雷达搜索控制参量优化设计[J]. 数据采集与处理, 2014, 29(4): 636-641.

[147] 李寰宇, 查宇飞, 李浩, 等. 联合截获威胁下的雷达射频隐身目标搜索算法[J]. 航空学报, 2015, 36(6): 1953-1963.

[148] 刘一鸣, 盛文. 相控阵雷达资源受限时搜索参数调整策略[J]. 现代雷达, 2020, 42(1): 8-12.

[149] 王亚涛, 曾小东, 周龙建. 雷达间歇辐射对测向交叉定位性能的影响分析[J]. 电子与信息学报, 2020, 42(2): 452-457.

[150] 王奥亚, 周生华, 彭晓军, 等. 机载静默射频噪声掩护技术研究[J]. 电子与信息学报, 2021, 43(10): 2790-2797.

[151] 裴云, 杨青山. 机载火控雷达的射频隐身与电磁机动[J]. 电光与控制, 2021, 28(10): 104-109.

[152] Gilson W H. Minimum Power Requirements for Tracking[C]. IEEE International Radar Conference, 1990: 417-421.

[153] Keuk G V, Blackman S S. On phased-array radar tracking and parameter control[J]. IEEE Transactions on Aerospace and Electronic Systems, 1993, 29(1): 186-194.

[154] Daeipour E, Bar-Shalom Y, Li X. Adaptive beam pointing control of a phased array radar using an IMM estimator[C]. Proceedings of the American Control Conference, 1994: 2093-2097.

[155] Blair W D, Watson G A, Kirubarajan T, et al. Benchmark for radar allocation and tracking in ECM[J]. IEEE Transactions on Aerospace and Electronic Systems, 1998, 34(4): 1097-1114.

[156] Kirubarajan T, Bar-Shalom Y, Blair W D, et al. IMMPDAF for radar management and tracking benchmark with ECM[J]. IEEE Transactions on Aerospace and Electronic Systems, 1998, 34(4): 1115-1134.

[157] Zwaga J H, Boers Y, Driessen H. On tracking performance constrained MFR parameter control[C]. Proceedings of the Sixth International Conference of Information Fusion, 2003: 712-718.

[158] Kuo T W, Chao Y S, Kuo C F, et al. Real-time dwell scheduling of component-oriented phased array radars[J]. IEEE Transactions on Computers, 2005, 54(1): 47-60.

[159] 鉴福升, 徐跃民, 阴泽杰. 基于 IMM 的电扫描雷达参数控制算法研究[J]. 中国科学技术大学学报,

2010, 40(3): 294-298.

[160] 张贞凯, 周建江, 田雨波, 等. 基于射频隐身的采样间隔和功率设计[J]. 现代雷达, 2012, 34(4): 19-23.

[161] 李寰宇, 柏鹏, 王徐华, 等. 电波频率对射频隐身性能的影响分析[J]. 系统工程与电子技术, 2012, 34(6): 1108-1112.

[162] 刘宏强, 魏贤智, 黄俊, 等. 雷达单目标跟踪射频隐身控制策略[J]. 空军工程大学学报(自然科学版), 2013, 14 (4): 32-35.

[163] 刘宏强, 魏贤智, 李飞, 等. 基于射频隐身的雷达跟踪状态下单次辐射能量实时控制方法[J]. 电子学报, 2015, 43(10): 2047-2052.

[164] 张贞凯, 许娇, 田雨波. 多目标跟踪时的自适应功率分配算法[J]. 信号处理, 2017, 33(S1): 22-26.

[165] 张昀普, 单甘霖, 段修生, 等. 主/被动传感器辐射控制的调度方法[J]. 西安电子科技大学学报, 2019, 46(6): 67-74.

[166] Shi C G, Ding L T, Wang F, et al. Low probability of intercept-based collaborative power and bandwidth allocation strategy for multi-target tracking in distributed radar network system[J]. IEEE Sensors Journal, 2020, 20(12): 6367-6377.

[167] 漆杨. MIMO 雷达射频隐身性能研究[D]. 成都: 电子科技大学, 2012.

[168] 蔡茂鑫, 舒其建, 李勇华, 等. MIMO 雷达射频隐身性能的评估[J]. 雷达科学与技术, 2013, 11(3): 267-270.

[169] 廖雯雯, 程婷, 何子述. MIMO 雷达射频隐身性能优化的目标跟踪算法[J]. 航空学报, 2014, 35(4): 1134-1141.

[170] 杨少委, 程婷, 何子述. MIMO 雷达搜索模式下的射频隐身算法[J]. 电子与信息学报, 2014, 36(5): 1017-1022.

[171] 赵晓彤, 周建江. 低截获MIMO雷达改进MUSIC算法[J]. 系统工程与电子技术, 2022, 44(2): 490-497.

[172] 杨宇晓, 周建江, 陈卫东, 等. 基于空间信息的射频隐身数据链最优能量控制算法[J]. 宇航学报, 2013, 34(7): 1008-1013.

[173] 杨宇晓, 周建江, 徐川. 射频隐身数据链功率控制方法研究[J]. 现代雷达, 2013, 35(12): 80-84.

[174] 王正海. 战术数据链射频辐射特征控制技术[J]. 电讯技术, 2014, 54(5): 668-673.

[175] 刘淑慧. 机载数据链射频隐身综合控制技术[J]. 指挥控制与仿真, 2015, 37(5): 108-112.

[176] 谢桂辉, 田茂, 王正海, 等. 射频隐身数据链的通信波形参数优化建模[J]. 西安交通大学学报, 2015, 49(4): 116-122.

[177] 杨宇晓, 周建江, 陈军, 等. 基于最大条件熵的射频隐身数据链猝发通信模型[J]. 航空学报, 2014, 35(5): 1385-1393.

[178] 贺刚, 柏鹏, 彭卫东, 等. 数据链中基于组合代价函数的博弈功率控制[J]. 江西师范大学学报(自然科学版), 2012, 36(6): 615-618.

[179] 贺刚, 柏鹏, 彭卫东, 等. 数据链中基于动态博弈的联合功率与速率控制[J]. 西南交通大学学报, 2013, 48(3): 473-480.

[180] 杨宇晓, 汪德鑫, 黄琪. 四维超混沌射频隐身跳频通信设计方法[J]. 宇航学报, 2020, 41(10): 1341-1349.

[181] 胡梦中, 宋铮, 刘月平. 一种新的低副瓣多波束形成方法[J]. 现代雷达, 2007, 29(10): 71-74.

[182] 刘姜玲, 王小谟. 具有低截获概率的新型阵列天线[J]. 电波科学学报, 2010, 25(3): 441-444.

[183] Lawrence D E. Low probability of intercept antenna array beamforming[J]. IEEE Transactions on Antennas and Propagation, 2010, 58(9): 2858-2865.

[184] 李寰宇, 柏鹏, 王谦喆. 天线波束对飞机射频隐身性能的影响分析[J]. 现代防御技术, 2012, 40(4): 128-133, 137.

[185] 肖永生, 周建江, 黄丽贞, 等. 机载雷达射频隐身的空域不确定性研究与设计[J]. 现代雷达, 2012, 34(8): 11-15.

[186] Wang W Q, Shao H Z, Cai J Y. Range-angle-dependent beamforming by frequency diverse array antenna[J]. International Journal of Antennas and Propagation, 2012, 2012: 1-10.

[187] 张贞凯, 周建江, 汪飞. 基于射频隐身的雷达发射波束形成方法[J]. 雷达科学与技术, 2013, 11(2): 203-208, 213.

[188] Basit A, Qureshi I M, Khan W, et al. Hybridization of cognitive radar and phased array radar having low probability of intercept transmit beamforming[J]. International Journal of Antennas and Propagation, 2014, 2014: 1-11.

[189] 李文兴, 毛晓军, 孙亚秀. 一种新的波束形成零陷展宽算法[J]. 电子与信息学报, 2014, 36(12): 2882-2888.

[190] Huang L, Gao K D, He Z M, et al. Cognitive MIMO frequency diverse array radar with high LPI performance[J]. International Journal of Antennas and Propagation, 2016, 2016: 1-11.

[191] 王文钦, 邵怀宗, 陈慧. 频控阵雷达: 概念、原理与应用[J]. 电子与信息学报, 2016, 38(4): 1000-1011.

[192] 王文钦, 陈慧, 郑植, 等. 频控阵雷达技术及其应用研究进展[J]. 电子与信息学报, 2018, 7(2): 153-166.

[193] Wang W Q. Potential transmit beamforming schemes for active LPI radars[J]. IEEE Aerospace and Electronic Systems Magazine, 2017, 32(5): 46-52.

[194] Chen K J, Yang S W, Chen Y K, et al. LPI beamforming based on 4-D antenna arrays with pseudorandom time modulation[J]. IEEE Transactions on Antennas and Propagation, 2020, 68(3): 2068-2077.

[195] Chen K J, Yang S W, Chen Y K, et al. Transmit beamforming based on 4-D antennas arrays for low probability of intercept systems[J]. IEEE Transactions on Antennas and Propagation, 2020, 68(5): 3625-3634.

[196] 窦山岳, 汪飞, 于伟强, 等. 基于频控阵的多普勒波束锐化高度表设计[J]. 系统工程与电子技术, 2021, 43(9): 2383-2391.

[197] Sun H B, Lu Y L. Ultra-wideband technology and random signal radar: An ideal combination[J]. IEEE Aerospace and Electronic Systems Magazine, 2003, 18(11): 3-7.

[198] Witte E D, Griffiths H D. Improved ultra-low range sidelobe pulse compression waveform design[J]. Electronics Letters, 2004, 40(22): 1448-1450.

[199] Dietl G, Wang J, Ding P, et al. Hybrid transmit waveform design based on beamforming and orthogonal

space-time block coding[C]. IEEE International Conference on Acoustics, Speech, and Signal Processing, 2005: 893-896.

[200]　Kassab R, Lesturgie M, Fiorina J. Quasi-continuous waveform design for dynamic range reduction[J]. Electronics Letters, 2008, 44(10): 646-647.

[201]　Geroleo F G, Brandt-Pearce M. Detection and estimation of multi-pulse LFMCW radar signals[C]. IEEE Radar Conference, 2010: 1009-1013.

[202]　孙东延, 陶建锋, 付全喜. 用于低截获概率雷达的混合波形研究[J]. 航天电子对抗, 2001, (3): 33-36.

[203]　姬长华, 刘晓娟, 张军杰, 等. 低截获概率雷达复合信号设计技术[J]. 郑州大学学报(理学版), 2002, 34(3): 53-56.

[204]　程燾. 低截获概率雷达信号分析与一种新型信号的设计[J]. 系统工程与电子技术, 2002, 24(11): 31-33.

[205]　Hou J G, Ran T, Tao S, et al. A novel LPI radar signal based on hyperbolic frequency hopping combined with Barker phase code[C]. 7th International Conference on Signal Processing (ICSP), 2004: 2070-2073.

[206]　张艳芹, 许录平, 李剑. 一种具有低截获特性的组合调制雷达信号[J]. 弹道学报, 2006, 18(3): 90-93.

[207]　武文, 李江, 张兵, 等. 一种低截获概率雷达信号设计与仿真[J]. 计算机技术与应用进展, 2007, 25(6): 1393-1396.

[208]　林云, 司锡才, 张振. 高距离分辨率的低截获概率雷达信号性能研究[J]. 航空电子技术, 2008, 39(3): 29-33.

[209]　郭贵虎, 文贻军, 戴天. 一种新型低截获 FSK/PSK 雷达信号分析[J]. 电讯技术, 2009, 49(8): 49-53.

[210]　杨红兵, 周建江, 汪飞, 等. STLFMCW 雷达信号波形设计与射频隐身特性分析[J]. 现代雷达, 2011, 33(4): 17-21.

[211]　杨红兵, 周建江, 汪飞, 等. 噪声调制连续波雷达信号波形射频隐身特性[J]. 航空学报, 2011, 32(6): 1102-1111.

[212]　Yang H B, Zhou J J, Wang F, et al. Design and analysis of Costas/PSK RF stealth signal waveform[C]. Proceedings of 2011 IEEE CIE International Conference on Radar, 2011: 1247-1250.

[213]　黄美秀, 陈祝明, 段锐, 等. 编码调频信号的低截获性能分析[J]. 现代雷达, 2011, 33(10): 33-37.

[214]　肖永生, 周建江, 黄丽贞, 等. 基于 OTR 和 SHT 的射频隐身雷达信号设计[J]. 航空学报, 2016, 37(6): 1931-1939.

[215]　马晨曦. 低截获雷达通信一体化波形设计[D]. 西安: 西安电子科技大学, 2018.

[216]　付银娟, 李勇, 徐丽琴, 等. NLFM-Costas 射频隐身雷达信号设计及分析[J]. 吉林大学学报(工学版), 2019, 49(3): 994-999.

[217]　付银娟, 李勇, 卢光跃, 等. 脉间复合调频脉内相位编码雷达信号设计及分析[J]. 哈尔滨工程大学学报, 2019, 40(7): 1347-1353.

[218]　张然, 程珺炜, 苏文宇, 等. 基于混沌理论的低截获波形设计[J]. 大连大学学报, 2019, 40(6): 1-7.

[219]　孙岩博, 王亚涛, 黄小艳. 基于随机化调制的射频隐身波形识别性能分析[J]. 计算机仿真, 2020, 37(10): 1-5,13.

[220]　张巍巍, 时晨光, 周建江, 等. 面向射频隐身的组网雷达多目标跟踪波形优化设计方法[J]. 无人系统

技术, 2021, 4(5): 53-60.

[221] 贾金伟, 刘利民, 韩壮志, 等. 射频隐身雷达波形设计技术研究综述[J]. 电光与控制, 2022.

[222] Deb S, Pattipati K R, Bar-Shalom Y. A multisensor-multitarget data association algorithm for heterogeneous sensors[J]. IEEE Transactions on Aerospace and Electronic Systems, 1993, 29(2): 560-568.

[223] Hathaway R J, Bezdek J C, Pedrycz W. A parametric model for fusing heterogeneous fuzzy data[J]. IEEE Transactions on Fuzzy Systems, 1996, 4(3): 270- 281.

[224] Challa S, Pulford G W. Joint target tracking and classification using radar and ESM sensors[J]. IEEE Transactions on Aerospace and Electronic Systems, 2001, 37(3): 1039-1055.

[225] Mhatre V P, Rosenberg C, Kofman D, et al. A minimum cost heterogeneous sensor network with a lifetime constraint[J]. IEEE Transactions on Mobile Computing, 2005, 4(1): 4-15.

[226] Lázaro M, Sanchez-Fernandez M, Artés-Rodriguez A. Optimal sensor selection in binary heterogeneous sensor networks[J]. IEEE Transactions on Signal Processing, 2009, 57(4): 1577-1587.

[227] 吴剑锋, 赵玉芹. 多传感器数据融合技术研究[J]. 弹箭与制导学报, 2004, 24(4): 356-358.

[228] 王建明, 刘国朝. 舰载雷达与 ESM 协同探测方法研究[J]. 舰船电子对抗, 2007, 30(6): 11-15.

[229] 吴巍, 柳毅, 杨玉山, 等. 机载多传感器协同跟踪与辐射控制研究[J]. 弹箭与制导学报, 2011, 31(1): 153-156.

[230] 吴巍, 柳毅, 王国宏, 等. 辐射限制下有源无源协同跟踪技术[J]. 信息与控制, 2011, 40(3): 418-423.

[231] 吴巍, 王国宏, 柳毅, 等. 机载雷达、红外、电子支援措施协同跟踪与管理[J]. 系统工程与电子技术, 2011, 33(7): 1517-1522.

[232] 吴巍, 王国宏, 李世忠, 等.ESM 量测间歇下雷达/ESM 协同跟踪与辐射控制[J]. 现代防御技术, 2011, 39(3): 132-138.

[233] 熊久良, 封吉平, 韩壮志, 等. 组网红外/雷达协同间歇式目标跟踪[J]. 电讯技术, 2011, 51(11): 5-10.

[234] 刘浩, 任清安, 方青. 机载有源无源雷达联合探测数据融合研究[J]. 中国电子科学研究院学报, 2011, 6(1): 49-53.

[235] 薛朝晖, 周文辉, 李元平. 机载雷达与红外协同资源管理技术[J]. 现代雷达, 2012, 34(3): 1-5,21.

[236] 吴巍, 王国宏, 李世忠. 雷达间歇辅助下雷达红外协同跟踪技术[J]. 火力与指挥控制, 2012, 37(1): 155-158, 163.

[237] 刘学全, 李波, 万开方, 等. 基于多传感器协同的雷达猝发技术研究[J]. 中国民航大学学报, 2012, 30(6): 17-20.

[238] Zhang Z K, Zhu J H, Tian Y B, et al. Novel sensor selection strategy for LPI based on an improved IMMPF tracking method[J]. Journal of Systems Engineering and Electronics, 2014, 25(6): 1004-1010.

[239] Chen J, Wang F, Zhou J J, et al. A novel radar radiation control strategy based on passive tracking in multiple aircraft platforms[C]. 2014 IEEE China Summit & International Conference on Signal and Information Processing (ChinaSIP), 2014: 777-780.

[240] 周峰, 张亮亮, 王建军, 等. 一种主/被动雷达协同探测跟踪模式及算法研究[J]. 电光与控制, 2014, 21(2): 12-16.

[241] 吴卫华, 江晶, 高岚. 机载雷达辅助无源传感器对杂波环境下机动目标跟踪[J]. 控制与决策, 2015, 30(2): 277-282.

[242] 庞策, 单甘霖, 段修生, 等. 基于风险理论的主动传感器管理方法及应用研究[J]. 电子学报, 2019, 47(7): 1425-1433.

[243] 赖作镁, 乔文昇, 古博, 等. 任务性能约束下传感器协同辐射控制策略[J]. 系统工程与电子技术, 2019, 41(8): 1749-1754.

[244] 张宏斌, 鞠艳秋, 齐驰, 等. 辐射控制条件下直升机多机传感器协同探测方法[J]. 探测与控制学报, 2020, 42(5): 63-67.

[245] 乔成林, 单甘霖, 王一川, 等. 面向协同检测与跟踪的多传感器长时调度方法[J]. 控制与决策, 2020, 35(4): 799-806.

第 2 章

面向射频隐身的机载网络化雷达驻留时间
与信号带宽协同优化

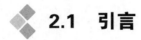 **2.1 引言**

2.1.1 雷达驻留时间管控研究现状

从时域资源管控角度，缩短雷达波束驻留时间、延长对目标的重访时间间隔是提升雷达射频隐身性能的重要技术手段[1]。伴随着雷达多脉冲相干积累技术的广泛应用，雷达驻留时间优化问题得到了越来越多的关注。驻留时间是指雷达波束在各个目标上的照射时间。根据目标属性、距离、速度及所处环境等的不同，雷达驻留时间也不一样[2]。Zwaga 等学者[3]首次对匀速运动目标跟踪过程中的雷达波束驻留时间问题进行研究，在满足给定的目标跟踪精度要求的条件下，最小化相控阵雷达的驻留时间资源消耗。Kuo 等学者[4]研究了相控阵雷达波束驻留时间调度问题，有效提高了雷达系统的工作效率。卢建斌等学者[5]从调度代价的角度，提出了一种求解次优调度序列的多功能相控阵雷达实时驻留的自适应调度算法，利用任务自身工作方式属性及任务中所含目标的先验信息判断任务的综合优先级，采用一步回溯策略确定每个驻留任务的调度属性，并利用二次规划得到每个任务的最佳执行时间。祝本玉等学者[6]结合远程预警相控阵雷达的工作方式及自适应资源调度设计原则，提出了自适应雷达资源调度算法。该算法能够根据作战任务优先级、驻留时间及期望发射时间合理安排各雷达事件。唐婷等学者[7]提出了基于模板法的自适应雷达驻留调度算法，建立了可用于脉冲交错的合理驻留模型，并利用离线设计模板实现了对雷达驻留时间的自适应实时调度。鉴福升等学者[8]根据系统负载的动态性能，建立了相控阵雷达驻留请求的任务模型，提出了基于扩展域的相控阵雷达自适应驻留调度算法。该算法综合考虑了时间和能量资源约束，将调度时域扩展到多个调度间隔，在每个调度间隔根据雷达事件的优先级和截止期合理地安排驻留请求。王祥丽等学者[9]提出了基于多目标跟踪的相控阵雷达波束和驻留时间联合分配方法，在满足一定多目标跟踪精度要求的条件下，通过优化分配雷达波束指向和各波束驻留时间，最小化相控阵雷达的总波束驻留时间，并采用两步分解算法对上述优化问题进行求解。仿真结果表明，所提算法不仅节约了雷达跟踪资源，还有助于保证远距离目标的跟踪性能。Han 等学者[10]提出了一种基于自适应模糊逻辑优先级的分布式机会阵雷达时间资源管理算法，将目标 RCS 作为随机变量，结合各目标优先级，建立基于随机机会约束规划的驻留时间资源管理模型，并采用混合智能优化算法来预测下一时刻各目标最优驻留时间分配。Yan 等学者[11]面向目标搜索与跟踪应用场景，提出了基于双目标优化的相控阵雷达驻留时间资源优化分配算法，在满足给定系统时间资源约束的情况下，通过优化分配相控阵雷达各发射波束的驻留时间，达到提升目标搜索与跟踪性能的目的。丁琳涛等学者[12]研究了机载平台路径规划与驻留时间资源分配问题，提出了机载雷达多目标跟踪路径与驻留时间联合优化算法，以提高多目标跟踪精度为优化目标，以平台机动性能和机载雷达驻留时间资源等为约束条件，对平台飞行速度、航向角和机载雷达驻留时间进行联合优化设计。仿真结果表明，相较于固定平台驻留时间优化分配算法，所提算法能够充分利用机载平台机动性能优势，以进一步提高多目标跟踪精度。文献[13]则提出了面向多目标跟踪的网络化雷达目标分配与驻留时间协同优化算法，在满足射频资源约束要求的条件下，通过协同优化雷达-目标分配和各雷达波束驻留时间，最大限度地降低多目标跟踪精度。Liu 等学者[14]提出了旨在降低目标跟踪过程中总驻留时间的网络化雷达认知资源优化分配算法，将所建立的数学模型转化为二阶锥规划问题进行求解，提高了目标跟踪性能约束下的雷达射频资源利用率。

总的来说，目前国内外学者在雷达驻留时间优化管控方面取得了丰硕的研究成果，为后续研究奠定了坚实的理论基础。然而，上述研究却存在如下几个问题：①上述算法大多是通过优化网络化雷达驻留时间等参数以达到提升目标跟踪性能目的的，并未考虑其射频隐身性能[15-24]，因此，如何通过对机载网络化雷达驻留时间资源进行优化分配以提升其射频隐身性能还有待进一步研究；②上述算法未考虑雷达信号带宽分配，由于多目标跟踪精度不仅与驻留时间有关，还与信号带宽有一定关系[25-28]，因此，还需要考虑信号带宽分配对多目标跟踪精度的影响。另外，至今尚未有面向射频隐身的机载网络化雷达驻留时间与信号带宽协同优化的公开报道。

2.1.2　本章内容及结构安排

本章针对上述存在的问题，将研究面向射频隐身的机载网络化雷达驻留时间与信号带宽协同优化算法，其主要内容如下：①建立目标运动模型、雷达量测模型和融合中心模型；②推导包含机载雷达节点选择及各机载雷达驻留时间和信号带宽的目标状态估计 BCRLB 闭式解析表达式，以此作为表征多目标跟踪精度的衡量指标；③提出面向射频隐身的机载网络化雷达驻留时间与信号带宽协同优化算法，即以最小化机载网络化雷达的总驻留时间为优化目标，以满足预先设定的多目标跟踪精度阈值、融合中心数据处理量阈值和给定的机载网络化雷达射频辐射资源为约束条件，对机载雷达节点选择及各机载雷达驻留时间和信号带宽分配进行协同优化，并结合内点法和匈牙利算法，通过两步分解算法对上述优化问题进行求解；④通过仿真实验验证本章所提算法的有效性和稳健性。

本章结构安排如下：2.2 节介绍本章用到的目标运动模型、雷达量测模型和融合中心模型，为本章后续的研究奠定理论基础；2.3 节研究面向射频隐身的机载网络化雷达驻留时间与信号带宽协同优化算法，并推导表征多目标跟踪精度的 BCRLB 闭式解析表达式，在此基础上，建立面向射频隐身的机载网络化雷达驻留时间与信号带宽协同优化模型，并提出两步分解算法对上述优化模型进行求解；2.4 节通过仿真实验给出采用本章所提算法得到的机载网络化雷达驻留时间与信号带宽协同优化分配仿真结果，以此验证本章所提算法的有效性和稳健性；2.5 节对本章内容进行总结。

本章符号：$(\bullet)^{\mathrm{T}}$ 和 $(\bullet)^{\mathrm{H}}$ 分别表示矩阵或向量的转置和共轭转置；$\otimes$ 表示矩阵 Kronecker 积运算；$\odot$ 表示矩阵点乘；$\mathrm{diag}(\bullet)$ 表示对角矩阵；$E(\bullet)$ 表示求数学期望运算；$\nabla_{(\bullet)}$ 表示对变量求一阶偏导数。

2.2 系统模型描述

2.2.1 目标运动模型

假设在二维空间中存在 Q 个目标。k 时刻目标 q 的运动状态向量可以表示为 $\boldsymbol{X}_k^q = \left[x_k^q, y_k^q, v_{x,k}^q, v_{y,k}^q \right]^{\mathrm{T}}$，其中，$\left(x_k^q, y_k^q \right)$ 和 $\left(v_{x,k}^q, v_{y,k}^q \right)$ 分别表示 k 时刻目标 q 的位置和速度。于是，目标 q 的运动状态方程可表示为[29]

$$\boldsymbol{X}_k^q = \boldsymbol{F}\boldsymbol{X}_{k-1}^q + \boldsymbol{W}^q \tag{2.1}$$

式中，$\boldsymbol{F}$ 表示目标状态转移矩阵。对于匀速直线运动的目标，$\boldsymbol{F}$ 可表示为

$$\boldsymbol{F} = \begin{bmatrix} 1 & 0 & \Delta T_0 & 0 \\ 0 & 1 & 0 & \Delta T_0 \\ 0 & 0 & 1 & 0 \\ 0 & 0 & 0 & 1 \end{bmatrix} \tag{2.2}$$

式中，ΔT_0 表示机载雷达重访时间间隔。由于 $\boldsymbol{W}^q$ 表示均值为零的白色高斯过程噪声，故其协方差矩阵 $\boldsymbol{Q}^q$ 可表示为

$$\boldsymbol{Q}^q = \sigma_{q,w}^2 \begin{bmatrix} \dfrac{\Delta T_0^3}{3} & 0 & \dfrac{\Delta T_0^2}{2} & 0 \\ 0 & \dfrac{\Delta T_0^3}{3} & 0 & \dfrac{\Delta T_0^2}{2} \\ \dfrac{\Delta T_0^2}{2} & 0 & \Delta T_0 & 0 \\ 0 & \dfrac{\Delta T_0^2}{2} & 0 & \Delta T_0 \end{bmatrix} \tag{2.3}$$

式中，$\sigma_{q,w}^2$ 表示目标 q 的过程噪声强度。

2.2.2　雷达量测模型

本章考虑由 N 部单发单收机载雷达组成的机载网络化雷达，且各机载雷达间保持精确的时间同步、空间同步和相位同步。为方便起见，定义一个二元变量 $u_{i,k}^q \in \{0,1\}$ 作为机载雷达选择变量，其中，$u_{i,k}^q = 1$ 表示 k 时刻机载雷达 i 对目标 q 进行跟踪，$u_{i,k}^q = 0$ 表示 k 时刻机载雷达 i 不对目标 q 进行跟踪。因此，k 时刻机载雷达 i 对目标 q 的量测信息可表示为

$$\boldsymbol{Z}_{i,k}^q = \begin{cases} h_i\left(\boldsymbol{X}_k^q\right) + \boldsymbol{V}_{i,k}^q, & \text{如果} u_{i,k}^q = 1 \\ \varnothing & , & \text{如果} u_{i,k}^q = 0 \end{cases} \tag{2.4}$$

式中，$\boldsymbol{Z}_{i,k}^q$ 表示 k 时刻机载雷达 i 对目标 q 的量测向量，包含 k 时刻机载雷达 i 对目标 q 的距离和方位角量测值；$h_i(\cdot)$ 表示非线性转移函数，$h_i\left(\boldsymbol{X}_k^q\right)$ 可表示为

$$h_i\left(\boldsymbol{X}_k^q\right) = \begin{bmatrix} R_{i,k}^q \\ \theta_{i,k}^q \end{bmatrix} = \begin{bmatrix} \sqrt{\left(x_k^q - x_i\right)^2 + \left(y_k^q - y_i\right)^2} \\ \arctan2\left(\dfrac{y_k^q - y_i}{x_k^q - x_i}\right) \end{bmatrix} \tag{2.5}$$

式中，$R_{i,k}^q$ 和 $\theta_{i,k}^q$ 分别表示 k 时刻机载雷达 i 关于目标 q 的真实距离和方位角；(x_i, y_i) 表示第 i 部机载雷达的位置。由于 $\boldsymbol{V}_{i,k}^q$ 表示 k 时刻第 i 部机载雷达关于目标 q 的量测误差，且服从均值为零、协方差矩阵为 $\boldsymbol{G}_{i,k}^q$ 的高斯分布，故其可表示为

$$\boldsymbol{V}_{i,k}^q = \left[\Delta R_{i,k}^q, \Delta \theta_{i,k}^q\right]^{\mathrm{T}} \tag{2.6}$$

式中，$\Delta R_{i,k}^q$ 表示 k 时刻第 i 部机载雷达关于目标 q 的距离量测误差；$\Delta \theta_{i,k}^q$ 表示 k 时刻第 i 部机载雷达关于目标 q 的方位角量测误差。由于协方差矩阵 $\boldsymbol{G}_{i,k}^q$ 关于目标 q 的距离和方位角相互独立，故其可表示为

$$\boldsymbol{G}_{i,k}^q = \begin{bmatrix} \sigma_{R_{i,k}^q}^2 & 0 \\ 0 & \sigma_{\theta_{i,k}^q}^2 \end{bmatrix} \tag{2.7}$$

式中，$\sigma_{R_{i,k}^q}^2$ 和 $\sigma_{\theta_{i,k}^q}^2$ 分别表示 k 时刻第 i 部机载雷达关于目标 q 的距离和方位角量测误差方差，且均与目标回波 SNR 有关，故两者可表示为

$$\begin{cases} \sigma_{R_{i,k}^q}^2 = \dfrac{c^2}{\left(4\pi \beta_{i,k}^q\right)^2 \mathrm{SNR}_{i,k}^q} \\[4mm] \sigma_{\theta_{i,k}^q}^2 = \dfrac{3\lambda^2}{\left(\pi\gamma\right)^2 \mathrm{SNR}_{i,k}^q} \end{cases} \tag{2.8}$$

式中，$c = 3 \times 10^8$ m/s 表示光速；$\beta_{i,k}^q$ 表示 k 时刻第 i 部机载雷达对目标 q 发射信号的有效带

宽；$\mathrm{SNR}_{i,k}^q$ 表示 k 时刻第 i 部机载雷达对目标 q 的回波 SNR；λ 表示机载雷达发射信号波长；γ 表示机载雷达天线孔径。由式（2.8）可知，各机载雷达信号的有效带宽影响目标距离的量测误差方差。在其他参数相同的情况下，信号有效带宽越宽，目标距离的量测误差方差越小。此外，各机载雷达对所跟踪目标的采样数据量也和信号有效带宽有关。设过采样系数为 $\rho \geqslant 1$，则 k 时刻第 i 部机载雷达对目标 q 的采样频率为 $f_{\mathrm{s},i,k}^q = \rho\beta_{i,k}^q$。于是，在给定观测区域面积 V 的条件下，k 时刻第 i 部机载雷达需要传输至融合中心且与目标 q 相关的数据量 $N_{i,k}^q$ 可表示为[25]

$$N_{i,k}^q = u_{i,k}^q \frac{\rho\beta_{i,k}^q}{c} V \tag{2.9}$$

式中，V 表示给定的观测区域面积。机载雷达量测模型示意图如图 2.1 所示。

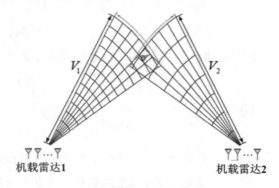

图 2.1　机载雷达量测模型示意图

由式（2.8）可知，k 时刻第 i 部机载雷达关于目标 q 的距离和方位角量测误差方差与目标回波 SNR 有关，目标回波 SNR 越高，其距离和方位角量测误差方差越小。根据雷达方程，当各机载雷达波束与目标 q 无偏时，k 时刻第 i 部机载雷达对目标 q 的单个脉冲回波 SNR 可表示为

$$\mathrm{SNR}_{i,k}^{\mathrm{SG},q} = \frac{P_{\mathrm{t},i,k}G_{\mathrm{t}}G_{\mathrm{r}}\sigma_i^q \lambda_{\mathrm{t}}^2 G_{\mathrm{RP}}}{(4\pi)^3 k_{\mathrm{B}}T_0 B_{\mathrm{r}}F_{\mathrm{r}}\left(R_{i,k}^q\right)^4} \tag{2.10}$$

式中，$P_{\mathrm{t},i,k}$ 表示 k 时刻第 i 部机载雷达的辐射功率；G_{t} 表示机载雷达发射天线增益；G_{r} 表示机载雷达接收天线增益；σ_i^q 表示目标 q 相对于第 i 部机载雷达的 RCS；λ_{t} 表示机载雷达发射信号波长；G_{RP} 表示机载雷达接收机处理增益；k_{B} 表示玻尔兹曼常数；T_0 表示机载雷达接收机噪声温度；B_{r} 表示机载雷达接收机匹配滤波器带宽；F_{r} 表示机载雷达接收机噪声系数；$R_{i,k}^q$ 表示 k 时刻目标 q 与第 i 部机载雷达的距离。

现代雷达通常采用脉冲相干积累技术来提高目标回波 SNR。假设 $T_{\mathrm{d},i,k}^q$ 为 k 时刻第 i 部机载雷达关于目标 q 的驻留时间，T_{r} 为机载雷达脉冲重复周期，则 k 时刻第 i 部机载雷达接收到关于目标 q 的脉冲个数为

$$n_{i,k}^q = \frac{T_{d,i,k}^q}{T_r} \tag{2.11}$$

当 $n_{i,k}^q$ 个脉冲进行理想的相干积累后，目标回波 SNR 可表示为

$$\mathrm{SNR}_{i,k}^{\mathrm{CI},q} = n_{i,k}^q \mathrm{SNR}_{i,k}^{\mathrm{SG},q} \tag{2.12}$$

在实际目标跟踪过程中，由于存在过程噪声和量测噪声，故目标的真实方位角和用于指导机载雷达发射波束指向的预测值之间存在一定误差，从而影响目标回波 SNR。假设 k 时刻目标 q 的真实方位角与第 i 部机载雷达发射波束指向之间的角度差为 $\tilde{\alpha}_{i,k}$，那么，经过脉冲相干积累后目标回波 SNR 可进一步表示为

$$\mathrm{SNR}_{i,k}^q = \mathrm{SNR}_{i,k}^{\mathrm{CI},q} \exp\left[-4(\ln 2)\frac{(\tilde{\alpha}_{i,k}^q)^2}{\theta_{3\mathrm{dB}}^2}\right] \tag{2.13}$$

式中，$\theta_{3\mathrm{dB}}$ 表示机载雷达天线的 3dB 波束宽度。将式（2.10）、式（2.11）和式（2.12）代入式（2.13）中，可以得到

$$\mathrm{SNR}_{i,k}^q = \frac{T_{d,i,k}^q}{T_r}\frac{P_{t,j,k}G_t G_r \sigma_i^q \lambda_t^2 G_{\mathrm{RP}}}{(4\pi)^3 k_B T_o B_r F_r (R_{i,k}^q)^4}\exp\left[-4(\ln 2)\frac{(\tilde{\alpha}_{i,k}^q)^2}{\theta_{3\mathrm{dB}}^2}\right] \tag{2.14}$$

2.2.3　融合中心模型

在本章中，机载网络化雷达采用集中式信息融合方式。首先，在各观测时刻，机载网络化雷达自适应地选择不同机载雷达节点对目标进行照射，以获取所有目标的距离和方位角信息。然后，各机载雷达通过机间数据链，将从目标回波信号中提取的量测信息传输到融合中心进行融合处理。设 k 时刻关于目标 q 的机载雷达选择向量为 $\boldsymbol{u}_k = [u_{1,k}^q, u_{2,k}^q, \cdots, u_{N,k}^q]^T$，那么，融合中心接收到的关于该目标的量测信息可表示为

$$\boldsymbol{Z}_k^q = \left\{[1,1]^T \otimes \boldsymbol{u}_k\right\} \odot \left\{\left[(\boldsymbol{R}_k^q)^T, (\boldsymbol{\theta}_k^q)^T\right]^T + \left[(\Delta\boldsymbol{R}_k^q)^T, (\Delta\boldsymbol{\theta}_k^q)^T\right]^T\right\} \tag{2.15}$$

式中，$\boldsymbol{R}_k^q = [R_{1,k}^q, R_{2,k}^q, \cdots, R_{N,k}^q]^T$ 和 $\boldsymbol{\theta}_k^q = [\theta_{1,k}^q, \theta_{2,k}^q, \cdots, \theta_{N,k}^q]^T$ 分别表示 k 时刻目标 q 相对于各机载雷达的真实距离和方位角向量；$\Delta\boldsymbol{R}_k^q = [\Delta R_{1,k}^q, \Delta R_{2,k}^q, \cdots, \Delta R_{N,k}^q]^T$ 和 $\Delta\boldsymbol{\theta}_k^q = [\Delta\theta_{1,k}^q, \Delta\theta_{2,k}^q, \cdots, \Delta\theta_{N,k}^q]^T$ 分别表示 k 时刻目标 q 相对于各机载雷达的距离和方位角量测误差向量。假设各机载雷达间的量测噪声相互独立，则 k 时刻机载网络化雷达关于目标 q 的量测误差协方差矩阵可表示为

$$\boldsymbol{G}_k^q = \mathrm{diag}\left\{u_{1,k}^q \sigma_{R_{1,k}^q}^2, u_{2,k}^q \sigma_{R_{2,k}^q}^2, \cdots, u_{N,k}^q \sigma_{R_{N,k}^q}^2, u_{1,k}^q \sigma_{\theta_{1,k}^q}^2, u_{2,k}^q \sigma_{\theta_{2,k}^q}^2, \cdots, u_{N,k}^q \sigma_{\theta_{N,k}^q}^2\right\} \tag{2.16}$$

由于融合中心能够接收机载网络化雷达中不同机载雷达对各目标的量测信息，因此，

k时刻融合中心处理的数据总量N_k为

$$N_k = \sum_{q=1}^{Q} \sum_{i=1}^{N} N_{i,k}^q \qquad (2.17)$$

2.3 面向射频隐身的机载网络化雷达驻留时间与信号带宽协同优化算法

2.3.1 问题描述

从数学上来讲，面向射频隐身的机载网络化雷达驻留时间与信号带宽协同优化算法就是在满足预先设定的多目标跟踪精度阈值、融合中心数据处理量阈值和给定的机载网络化雷达射频辐射资源要求的条件下，通过协同优化机载雷达节点选择及各机载雷达驻留时间和信号带宽分配，来达到最小化机载网络化雷达总驻留时间的目的。本章采用目标运动状态估计 BCRLB 闭式解析表达式作为表征多目标跟踪精度的衡量指标，并结合内点法和匈牙利算法，通过两步分解算法对本章优化问题进行求解。

2.3.2 多目标跟踪精度衡量指标

在参数无偏估计的条件下，BCRLB 为离散非线性滤波问题的 MSE 提供了一个下界[30]。因此，可采用 BCRLB 闭式解析表达式来表征机载网络化雷达的多目标跟踪精度。总的来说，当利用量测向量$\mathbf{Z}_k^q$估计k时刻目标q的运动状态向量$\mathbf{X}_k^q$时，其无偏估计量$\hat{\mathbf{X}}_k^q\left(\mathbf{Z}_k^q\right)$必须满足如下关系

$$E\left\{\left[\hat{\mathbf{X}}_k^q\left(\mathbf{Z}_k^q\right)-\mathbf{X}_k^q\right]\cdot\left[\hat{\mathbf{X}}_k^q\left(\mathbf{Z}_k^q\right)-\mathbf{X}_k^q\right]^{\mathrm{T}}\right\} \geqslant \mathbf{C}_k^q = \mathbf{J}^{-1}\left(\mathbf{X}_k^q\right) \qquad (2.18)$$

式中，$\mathbf{C}_k^q$表示k时刻目标q运动状态估计 BCRLB 闭式解析表达式；$\mathbf{J}\left(\mathbf{X}_k^q\right)$表示$k$时刻目标$q$运动状态的贝叶斯信息矩阵（Bayesian Information Matrix，BIM），即

$$\mathbf{J}\left(\mathbf{X}_k^q\right) = E_{\mathbf{X}_k^q,\mathbf{Z}_k^q}\left[-\Delta_{\mathbf{X}_k^q}^{\mathbf{X}_k^q} \log p\left(\mathbf{Z}_k^q,\mathbf{X}_k^q\right)\right] \qquad (2.19)$$

式中，$\Delta_{\mathbf{X}_k^q}^{\mathbf{X}_k^q} = \nabla_{\mathbf{X}_k^q} \nabla_{\mathbf{X}_k^q}^{\mathrm{T}}$，其中，$\nabla_{\mathbf{X}_k^q}$表示对目标$q$运动状态向量$\mathbf{X}_k^q$求一阶偏导；$p\left(\mathbf{Z}_k^q,\mathbf{X}_k^q\right)$表示目标$q$量测信息与运动状态的联合概率密度函数。根据文献[30, 31]可知，$\mathbf{J}\left(\mathbf{X}_k^q\right)$可以表示为先验信息的费舍尔信息矩阵$\mathbf{J}_{\mathrm{P}}\left(\mathbf{X}_k^q\right)$与量测信息的费舍尔信息矩阵$\mathbf{J}_{\mathrm{D}}\left(\mathbf{X}_k^q\right)$之和，即

$$J\left(X_k^q\right) = J_{\mathrm{P}}\left(X_k^q\right) + J_{\mathrm{D}}\left(X_k^q\right) \tag{2.20}$$

于是，$J_{\mathrm{P}}\left(X_k^q\right)$ 和 $J_{\mathrm{D}}\left(X_k^q\right)$ 可分别表示为[32]

$$J_{\mathrm{P}}\left(X_k^q\right) = E_{X_k^q}\left[-\Delta_{X_k^q}^{X_k^q}\log p\left(X_k^q\right)\right] \tag{2.21}$$

$$J_{\mathrm{D}}\left(X_k^q\right) = E_{X_k^q, Z_k^q}\left[-\Delta_{X_k^q}^{X_k^q}\log p\left(Z_k^q\big|X_k^q\right)\right] \tag{2.22}$$

式中，$p\left(X_k^q\right)$ 表示目标 q 运动状态的概率密度函数；$p\left(Z_k^q\big|X_k^q\right)$ 表示目标 q 运动状态关于量测信息的条件概率密度函数。根据文献[30, 31]，并结合 2.2.1 节的目标运动模型，$J\left(X_k^q\right)$ 可表示为

$$J\left(X_k^q\right) = J_{\mathrm{P}}\left(X_k^q\right) + \sum_{i=1}^{N} u_{i,k}^q J_{\mathrm{D}}^{(i)}\left(X_k^q\right) \tag{2.23}$$

式中，

$$J_{\mathrm{P}}\left(X_k^q\right) = \left[Q^q + FJ^{-1}\left(X_{k-1}^q\right)F^{\mathrm{T}}\right]^{-1} \tag{2.24}$$

$J_{\mathrm{D}}^{(i)}\left(X_k^q\right)$ 表示 k 时刻第 i 部机载雷达跟踪目标 q 所获得量测信息的费舍尔信息矩阵。结合 2.2.2 节的雷达量测模型，$J_{\mathrm{D}}^{(i)}\left(X_k^q\right)$ 可表示为

$$J_{\mathrm{D}}^{(i)}\left(X_k^q\right) = E_{X_k^q}\left[\left(H_{i,k}^q\right)^{\mathrm{T}}\left(G_{i,k}^q\right)^{-1} H_{i,k}^q\right] \tag{2.25}$$

式中，$H_{i,k}^q$ 表示非线性转移函数 $h_i\left(X_k^q\right)$ 的雅可比矩阵，可通过下式计算得到

$$H_{i,k}^q = \left\{\nabla_{X_k^q}\left[h_i\left(X_k^q\right)\right]^{\mathrm{T}}\right\}^{\mathrm{T}} = \left[\nabla_{X_k^q}R_{i,k}^q, \nabla_{X_k^q}\theta_{i,k}^q\right]^{\mathrm{T}} \tag{2.26}$$

式中，$\nabla_{X_k^q}R_{i,k}^q = \left[\nabla_{x_k^q}R_{i,k}^q, \nabla_{\dot{x}_k^q}R_{i,k}^q, \nabla_{y_k^q}R_{i,k}^q, \nabla_{\dot{y}_k^q}R_{i,k}^q\right]^{\mathrm{T}}$ 和 $\nabla_{X_k^q}\theta_{i,k}^q = \left[\nabla_{x_k^q}\theta_{i,k}^q, \nabla_{\dot{x}_k^q}\theta_{i,k}^q, \nabla_{y_k^q}\theta_{i,k}^q, \nabla_{\dot{y}_k^q}\theta_{i,k}^q\right]^{\mathrm{T}}$ 分别表示目标 q 距离和方位角对其运动状态向量的一阶偏导。

将式（2.24）和式（2.25）带入式（2.23）中，可以得到

$$J\left(X_k^q\right) = \left[Q^q + FJ^{-1}\left(X_{k-1}^q\right)F^{\mathrm{T}}\right]^{-1} + \sum_{i=1}^{N} u_{i,k}^q E_{X_k^q}\left[\left(H_{i,k}^q\right)^{\mathrm{T}}\left(G_{i,k}^q\right)^{-1} H_{i,k}^q\right] \tag{2.27}$$

由式（2.27）可以看出，$J\left(X_k^q\right)$ 的第 1 项只与目标运动模型及前一时刻目标运动状态的贝叶斯信息矩阵有关，与机载雷达节点选择及各机载雷达驻留时间和信号带宽等参数无关。根据式（2.7）、式（2.8）和式（2.14）可知，$J\left(X_k^q\right)$ 的第 2 项与机载雷达节点选择及各机载雷达驻留时间和信号带宽等参数有关，且与各机载雷达驻留时间和信号带宽成正比关系。由于 $J\left(X_k^q\right)$ 的第 2 项含有求数学期望运算，因此，需要采用蒙特卡罗法对式（2.27）进行

求解。为了满足算法的实时性要求，可将式（2.27）近似为

$$J\left(X_k^q\right) \approx \left[Q^q + FJ^{-1}\left(X_{k-1}^q\right)F^{\mathrm{T}}\right]^{-1} + \sum_{i=1}^N u_{i,k}^q \left(H_{i,k}^q\right)^{\mathrm{T}} \left(G_{i,k}^q\right)^{-1} H_{i,k}^q \qquad (2.28)$$

因此，k 时刻机载网络化雷达对目标 q 运动状态估计 BCRLB 闭式解析表达式可表示为

$$\begin{aligned} C_k^q &\triangleq J^{-1}\left(X_k^q\right) \\ &\approx \left\{\left[Q^q + FJ^{-1}\left(X_{k-1}^q\right)F^{\mathrm{T}}\right]^{-1} + \sum_{i=1}^N u_{i,k}^q \left(H_{i,k}^q\right)^{\mathrm{T}} \left(G_{i,k}^q\right)^{-1} H_{i,k}^q\right\}^{-1} \end{aligned} \qquad (2.29)$$

式中，C_k^q 的对角线元素给出了目标 q 运动状态向量 X_k^q 中各个分量估计方差的下界。于是，结合式（2.29）和 $(k-1)$ 时刻目标 q 运动状态的贝叶斯信息矩阵 $J\left(X_{k-1}^q\right)$，$(k-1)$ 时刻目标 q 的预测 BCRLB 闭式解析表达式可表示为

$$\begin{aligned} C_{k|k-1}^q &\triangleq J^{-1}\left(X_{k|k-1}^q\right) \\ &\approx \left\{\left[Q^q + FJ^{-1}\left(X_{k-1}^q\right)F^{\mathrm{T}}\right]^{-1} + \sum_{i=1}^N u_{i,k}^q \left(H_{i,k|k-1}^q\right)^{\mathrm{T}} \left(G_{i,k|k-1}^q\right)^{-1} H_{i,k|k-1}^q\right\}^{-1} \end{aligned} \qquad (2.30)$$

式中，$X_{k|k-1}^q$ 表示 $(k-1)$ 时刻目标 q 运动状态向量预测值；$H_{i,k|k-1}^q$ 表示 $(k-1)$ 时刻第 i 部机载雷达相对于目标 q 的雅可比矩阵预测值；$G_{i,k|k-1}^q$ 表示 $(k-1)$ 时刻第 i 部机载雷达相对于目标 q 的量测噪声协方差矩阵预测值。同样地，$C_{k|k-1}^q$ 的对角线元素给出了目标 q 运动状态向量预测值 $X_{k|k-1}^q$ 中各个分量估计方差的下界，而且给出的下界是机载雷达节点选择及各机载雷达驻留时间和信号带宽的函数。因此，可将式（2.31）作为表征机载网络化雷达多目标跟踪精度的衡量指标，即

$$F\left(X_{k|k-1}^q, u_k, T_{\mathrm{d},k}, \beta_k\right) \triangleq \sqrt{C_{k|k-1}^q(1,1) + C_{k|k-1}^q(2,2)} \qquad (2.31)$$

式中，$T_{\mathrm{d},k}$ 和 β_k 分别表示 k 时刻机载网络化雷达关于目标 q 的驻留时间和信号带宽向量，即

$$\begin{cases} T_{\mathrm{d},k} = \left[T_{\mathrm{d},1,k}^q, T_{\mathrm{d},2,k}^q, \cdots, T_{\mathrm{d},N,k}^q\right]^{\mathrm{T}} \\ \beta_k = \left[\beta_{1,k}^q, \beta_{2,k}^q, \cdots, \beta_{N,k}^q\right]^{\mathrm{T}} \end{cases} \qquad (2.32)$$

2.3.3 优化模型建立

本章提出的面向射频隐身的机载网络化雷达驻留时间与信号带宽协同优化算法，在满足设定的多目标跟踪精度阈值、融合中心数据处理量阈值和给定的机载网络化雷达射频辐射资源要求的条件下，通过协同优化机载雷达节点选择及各机载雷达驻留时间和信号带宽分配，最大限度地缩短机载网络化雷达的总驻留时间，可建立如下优化模型。

$$\begin{cases}
\min\limits_{u_{i,k}^q,\beta_{i,k}^q,T_{d,i,k}^q} \sum\limits_{q=1}^{Q}\sum\limits_{i=1}^{N} T_{d,i,k}^q \\[2mm]
\text{s.t.}\quad F\left(X_{k|k-1}^q, u_k, T_{d,k}, \beta_k\right) \leqslant F_{\max}, \qquad \forall q \\[2mm]
\begin{cases} T_{d,i,k}^q = 0, & \text{如果 } u_{i,k}^q = 0 \\ T_{d,\min} \leqslant T_{d,i,k}^q \leqslant T_{d,\max}, & \text{如果 } u_{i,k}^q = 1 \end{cases} \\[4mm]
\begin{cases} \beta_{i,k}^q = 0, & \text{如果 } u_{i,k}^q = 0 \\ \beta_{\min} \leqslant \beta_{i,k}^q \leqslant \beta_{\max}, & \text{如果 } u_{i,k}^q = 1 \end{cases} \\[4mm]
N_k = \dfrac{1}{\varepsilon} \\[2mm]
\sum\limits_{i=1}^{N} u_{i,k}^q = M \\[2mm]
\sum\limits_{q=1}^{Q} u_{i,k}^q \leqslant 1 \\[2mm]
u_{i,k}^q \in \{0,1\}
\end{cases} \qquad (2.33)$$

式中，$F_{\max}$ 表示预先设定的多目标跟踪精度阈值；$T_{d,\min}$ 和 $T_{d,\max}$ 分别表示各机载雷达驻留时间的下限和上限；$\beta_{\min}$ 和 $\beta_{\max}$ 分别表示各机载雷达信号带宽的下限和上限；ε 表示融合中心的数据处理率；M 表示 k 时刻跟踪各个目标的机载雷达数目。需要说明的是，在式（2.33）中，第 1 个约束条件表示各目标跟踪性能需要满足预先设定的多目标跟踪精度阈值要求；第 2 个约束条件表示各机载雷达的驻留时间限制；第 3 个约束条件表示各机载雷达的信号带宽限制；第 4 个约束条件表示 k 时刻融合中心的数据处理量；第 5 个约束条件表示 k 时刻每个目标由 M 部机载雷达进行跟踪；第 6 个约束条件表示 k 时刻每部机载雷达最多跟踪一个目标；第 7 个约束条件表示机载雷达节点选择参数 $u_{i,k}^q$ 是一个二元优化变量。

2.3.4　优化模型求解

由于 $u_{i,k}^q$ 为二元优化变量，因此，式（2.33）是一个含有 3 个变量的非凸、非线性优化问题。虽然传统智能算法（如蚁群算法、遗传算法、模拟退火算法等）均可用于求解上述优化问题，但优化参数间存在耦合，极易求得局部最优解，且求解时间复杂度过高，难以满足算法实时性的要求。为此，本章结合内点法和匈牙利算法[32, 33]，提出了一种两步分解算法，对机载雷达节点选择及各机载雷达驻留时间和信号带宽分配进行自适应协同优化。具体求解步骤如下。

步骤 1：固定机载雷达节点选择方式 $\hat{u}_k$，式（2.33）可以简化为

$$
\begin{cases}
\min\limits_{T_{\mathrm{d},m,k}^q,\,\beta_{m,k}^q} \sum\limits_{m=1}^{M} T_{\mathrm{d},m,k}^q \\[2mm]
\text{s.t.}\ \ F\left(\boldsymbol{X}_{k|k-1}^q,\hat{\boldsymbol{u}}_k,\boldsymbol{T}_{\mathrm{d},k},\boldsymbol{\beta}_k\right) \leqslant F_{\max} \\[2mm]
\quad T_{\mathrm{d,min}} \leqslant T_{\mathrm{d},m,k}^q \leqslant T_{\mathrm{d,max}},\quad \forall m \\[2mm]
\quad \sum\limits_{m=1}^{M} \beta_{m,k}^q = \dfrac{c}{Q\rho\varepsilon V} = \beta_{\mathrm{total}} \\[2mm]
\quad \beta_{\min} \leqslant \beta_{m,k}^q \leqslant \beta_{\max},\quad \forall m
\end{cases}
\tag{2.34}
$$

式中，β_{total} 表示照射目标 q 的所有机载雷达发射信号总带宽约束。在此，采用内点法对式（2.34）进行求解，具体算法步骤如下所示。

（1）令 $g_1 = F\left(\boldsymbol{X}_{k|k-1}^q,\hat{\boldsymbol{u}}_k,\boldsymbol{T}_{\mathrm{d},k},\boldsymbol{\beta}_k\right) - F_{\max}$，$g_2 = \beta_{\min} - \beta_{1,k}^q$，$g_3 = \beta_{\min} - \beta_{2,k}^q$，$\cdots$，

$g_{M+1} = \beta_{\min} - \beta_{M,k}^q$，$g_{M+2} = \beta_{1,k}^q - \beta_{\max}$，$g_{M+3} = \beta_{2,k}^q - \beta_{\max}$，$\cdots$，$g_{2M+1} = \beta_{M,k}^q - \beta_{\max}$，

$g_{2M+2} = T_{\mathrm{d,min}} - T_{\mathrm{d},1,k}^q$，$g_{2M+3} = T_{\mathrm{d,min}} - T_{\mathrm{d},2,k}^q$，$\cdots$，$g_{3M+1} = T_{\mathrm{d,min}} - T_{\mathrm{d},M,k}^q$，$g_{3M+2} = T_{\mathrm{d},1,k}^q - T_{\mathrm{d,max}}$，$\cdots$，

$g_{4M+1} = T_{\mathrm{d},M,k}^q - T_{\mathrm{d,max}}$，$g_{4M+2} = \sum\limits_{m=1}^{M} \beta_{m,k}^q - \beta_{\mathrm{total}}$，设置如下可行域。

$$
D = \left\{ T_{\mathrm{d},m,k}^q, \beta_{m,k}^q \,\middle|\, g_a\left(T_{\mathrm{d},m,k}^q,\beta_{m,k}^q\right) \leqslant 0, a = 1,2,\cdots,4M+2,1\leqslant m \leqslant M \right\}
$$

其中，$g_a\left(T_{\mathrm{d},m,k}^q,\beta_{m,k}^q\right) = g_a$，$a = 1,2,\cdots,4M+2$，取 $\left(T_{\mathrm{d},m,k}^q,\beta_{m,k}^q\right)^{(0)} \in D\,(1\leqslant m \leqslant M)$ 为初始点，$\varepsilon > 0$ 为算法终止指标，$\xi_1 > 0$，$c \geqslant 2$，令 $l = 1$。

（2）以 $\left(T_{\mathrm{d},m,k}^q,\beta_{m,k}^q\right)^{(l-1)}$ 为初始点求解如下子问题。

$$
\begin{cases}
\min F_1 - \xi_1\left(\dfrac{1}{g_1} + \dfrac{1}{g_2} + \cdots + \dfrac{1}{g_{4M+2}}\right) \\[2mm]
\text{s.t.}\ \ T_{\mathrm{d},m,k}^q,\quad \beta_{m,k}^q \in D
\end{cases}
$$

其中，F_1 表示式（2.33）中的优化目标函数。令上述问题的极小值点为 $\left(T_{\mathrm{d},m,k}^q,\beta_{m,k}^q\right)^{(l)}$。

（3）检验终止条件，若 $-\xi_l\left(1/g_1 + 1/g_2 + \cdots + 1/g_{4M+2}\right) < \varepsilon$，则算法终止，否则令 $\xi_{l+1} = \xi_l / c$，$l = l+1$，转入步骤（2）。

步骤 2：通过上述算法求解 $Q \cdot C_N^M$ 次优化模型，可以得到所有满足条件 $\sum\limits_{i=1}^{N} u_{i,k}^q = M$ 的机载雷达节点选择方式所对应的驻留时间和信号带宽优化分配解。在此基础上，可以通过匈牙利算法得到满足条件 $\sum\limits_{q=1}^{Q} u_{i,k}^q \leqslant 1$ 并使机载网络化雷达总驻留时间最短的机载雷达节点选择方式。

本节以 $M = 2$ 为例进行说明。当 $M = 2$ 时，表示各时刻每个目标由 2 部机载雷达进行跟踪。假设 k 时刻由机载雷达组合 $\Omega_l = \{a,b\}$ 对目标 q 进行照射，采用内点法求解式（2.34），

得到该组合下机载雷达 a 和机载雷达 b 照射目标 q 的最优驻留时间分配结果 $\left(T_{d,a,k}^{q}\right)^{(l)}$ 和 $\left(T_{d,b,k}^{q}\right)^{(l)}$，最优信号带宽分配结果 $\left(\beta_{a,k}^{q}\right)^{(l)}$ 和 $\left(\beta_{b,k}^{q}\right)^{(l)}$，以及 2 部机载雷达总驻留时间的最小值 $S_{l,k}^{q}=\left(T_{d,a,k}^{q}\right)^{(l)}+\left(T_{d,b,k}^{q}\right)^{(l)}$。由此可得 k 时刻所有组合下机载雷达照射各目标的最小总驻留时间，如表 2.1 所示。

表 2.1　k 时刻所有组合下机载雷达照射各目标的最小总驻留时间

机载雷达组合	目标			
	1	2	...	q
$\Omega_1=\{1,2\}$	$S_{1,k}^{1}$	$S_{1,k}^{2}$	...	$S_{1,k}^{q}$
$\Omega_2=\{1,3\}$	$S_{2,k}^{1}$	$S_{2,k}^{2}$	...	$S_{2,k}^{q}$
$\vdots$	$\vdots$	$\vdots$	$\vdots$	$\vdots$
$\Omega_l=\{N-1,N\}$	$S_{l,k}^{1}$	$S_{l,k}^{2}$	...	$S_{l,k}^{q}$

设 $U_{l,k}^{q}$ 为机载雷达组合与目标配对方式，其中，$U_{l,k}^{q}=1$ 表示在 k 时刻目标 q 由机载网络化雷达组合 Ω_l 进行跟踪；$U_{l,k}^{q}=0$ 表示 k 时刻目标 q 不用机载雷达组合 Ω_l 进行跟踪。当 $M=2$ 时，k 时刻机载雷达组合与目标配对方式的最优分配结果可由以下算法求解获得。

（1）求解 $QN!/\left[(N-2)!2!\right]$ 次优化模型，得到满足条件 $\sum_{i=1}^{N}u_{i,k}^{q}=2$ 的机载网络化雷达最小总驻留时间。

（2）将表 2.1 中最小驻留时间各列按升序排列，将第 1 行中最小元素对应的目标分配给对应的机载雷达组合。

（3）移除步骤（2）中分配的目标所对应的列，移除所有含有步骤（2）中分配的机载雷达组合所对应的行。

（4）重复步骤（2）和步骤（3）直到所有的目标都被分配，即可得到机载雷达组合的最优分配结果。

需要说明的是，采用穷举法求解式（2.33）的运算复杂度为 $O\left(\left\{N!/\left[(N-2)!2!\right]\right\}^{Q}\right)$，而上述算法的运算复杂度仅为 $O\left(\left(Q^{2}/2\right)\times N!/\left[(N-2)!2!\right]\log_{2}\left\{N!/\left[(N-2)!2!\right]\right\}\right)$。因此，相较于穷举法，两步分解算法有效降低了运算复杂度，提高了算法的实时性。

2.3.5　算法流程

总的来说，面向射频隐身的机载网络化雷达驻留时间与信号带宽协同优化算法可以描述为，各机载雷达在 $(k-1)$ 时刻通过预测下一时刻不同目标与各平台之间的距离，在满足预先设定的多目标跟踪精度阈值、融合中心数据处理量阈值和给定的机载网络化雷达射频资源要求的条件下，计算出 k 时刻机载雷达节点选择及各机载雷达驻留时间和信号带宽。

机载网络化雷达根据反馈信息自适应地调整 k 时刻的射频辐射参数，从而在保证满足一定多目标跟踪精度要求的情况下，最大限度地缩短机载网络化雷达的总驻留时间。本章所提算法流程示意图如图 2.2 所示。

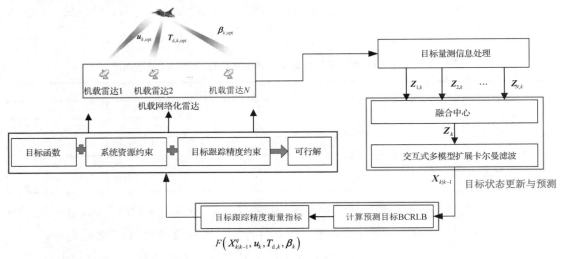

图 2.2 本章所提算法流程示意图

 ## 2.4 仿真结果与分析

2.4.1 仿真参数设置

为了验证本章所提的面向射频隐身的机载网络化雷达驻留时间与信号带宽协同优化算法的有效性和稳健性，需要进行如下仿真：假设机载网络化雷达由 $N=6$ 部机载雷达组成，各机载雷达的系统参数均相同。机载网络化雷达仿真参数设置如表 2.2 所示。

表 2.2 机载网络化雷达仿真参数设置

参数	数值	参数	数值
$P_{t,i}$	500W	G_{RP}	28dB
G_t	32.5dB	T_0	290K
G_r	32.5dB	B_r	1MHz
β_{total}	2MHz	F_r	3dB
λ_t	0.03m	k_B	1.38×10^{-23} J/K
θ_{3dB}	2°	γ	1m^2

二维空间中存在 $Q=2$ 个目标：目标 1 的初始位置（单位：km）为 $(-80,0)$，以速度（单

位：m/s）(1000,380) 匀速飞行；目标 2 的初始位置为(95,90)，以速度(−1000,−380) 匀速飞行。假设各机载雷达的重访时间间隔为 3s，目标跟踪过程持续时间为 150s。在各个时刻，每个目标由 $M=2$ 部机载雷达进行跟踪。各机载雷达驻留时间的上、下限分别为 0.1s 和 0.0005s，信号带宽的上、下限分别为 1.9MHz 和 0.1MHz。多目标跟踪精度阈值设为 30m。图 2.3 所示为多目标运动轨迹与机载网络化雷达分布图。

为了分析目标散射特性对机载网络化雷达驻留时间与信号带宽协同优化分配结果的影响，本章考虑的目标 RCS 模型有 2 种，在第 1 种模型中，各目标 RCS 保持不变，且相对各机载雷达均为 $\sigma^q = 1\mathrm{m}^2$；在第 2 种模型中，目标 RCS 分布如图 2.4 所示。

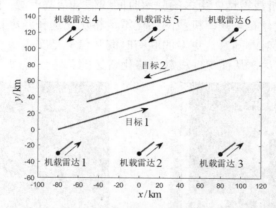

图 2.3　多目标运动轨迹与机载网络化雷达分布图

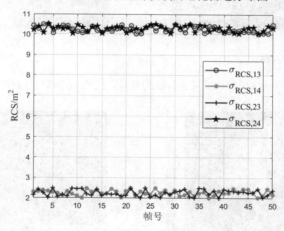

图 2.4　目标 RCS 分布

2.4.2　仿真场景 1

在仿真场景 1 中，目标 RCS 模型采用第 1 种模型。图 2.5 所示为仿真场景 1 中机载网络化雷达针对各目标的机载雷达节点选择与驻留时间协同优化分配仿真结果。图 2.6 所示为仿真场景 1 中机载网络化雷达针对各目标的机载雷达节点选择与信号带宽协同优化分配仿真结果。从图 2.5 和图 2.6 中可以看出，对于目标 1，在第 1～30 帧，机载网络化雷达选择机载雷达 1 和机载雷达 2 对其进行照射，并且在第 1～14 帧分配给机载雷达 2 更多的驻留时间和信号带宽资源，在第 15～30 帧分配给机载雷达 1 更多的驻留时间和信号带宽资源，在第 42～50 帧，机载网络化雷达选择机载雷达 5 和机载雷达 6，并且分配给机载雷达 5 更多的驻留时间和信号带宽资源。对于目标 2，在第 1～30 帧，机载网络化雷达选择机载雷达 5 和机载雷达 6 对其进行照射，并且随着目标的运动，分配给距离目标更远的机载雷达更多的驻留时间和信号带宽资源，在第 42～50 帧，机载网络化雷达选择机载雷达 1 和机载雷达 2，并且分配给机载雷达 2 更多的驻留时间和信号带宽资源。由图 2.3 中各目标运动轨迹和机载网络化雷达分布可知，机载网络化雷达将优先选择距离目标较近且位置较好的机载雷达对目标进行照射。同时，更多的驻留时间和信号带宽资源将会分配给距离目标较远且位置较差的机载雷达，从而保证机载网络化雷达的总驻留时间资源消耗最少。

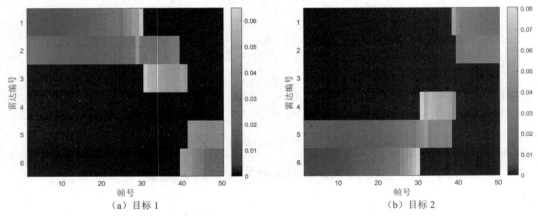

（a）目标 1　（b）目标 2

图 2.5　仿真场景 1 中机载网络化雷达针对各目标的机载雷达节点选择与驻留时间协同优化分配仿真结果

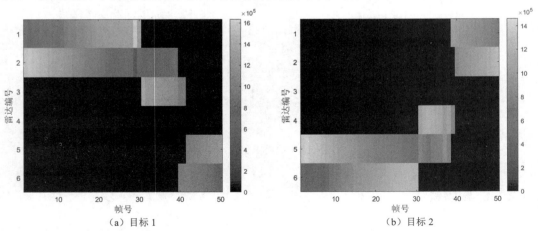

（a）目标 1　（b）目标 2

图 2.6　仿真场景 1 中机载网络化雷达针对各目标的机载雷达节点选择与信号带宽协同优化分配仿真结果

为了更好地验证本章所提算法的性能，图 2.7 所示为仿真场景 1 中不同算法的目标跟踪 RMSE 对比结果，其中，定义 k 时刻所有目标运动状态的均方根误差（Root Mean Square Error，RMSE）为

$$\text{RMSE}(k) = \sum_{q=1}^{Q} \sqrt{\frac{1}{N_{\text{MC}}} \sum_{n=1}^{N_{\text{MC}}} \left[\left(x_k^q - \hat{x}_{n,k|k}^q \right)^2 + \left(y_k^q - \hat{y}_{n,k|k}^q \right) \right]^2} \qquad (2.35)$$

式中，N_{MC} 表示蒙特卡洛实验次数；$\left(\hat{x}_{n,k|k}^q, \hat{y}_{n,k|k}^q \right)$ 表示在第 n 次蒙特卡洛实验时得到的目标位置估计。在本章中，设 $N_{\text{MC}} = 100$。从图 2.7 中可以看出，两种算法均能满足预先设定的多目标跟踪精度阈值要求，且多目标跟踪精度保持在相同水平。

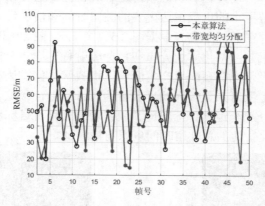

图 2.7　仿真场景 1 中不同算法的目标跟踪 RMSE 对比结果

图 2.8 所示为仿真场景 1 中不同算法的机载网络化雷达总驻留时间对比结果。由图中可以看出，在保持同等目标跟踪性能的条件下，相比于带宽均匀分配算法，本章所提算法能够有效降低机载网络化雷达的驻留时间资源消耗，提升其射频隐身性能。特别地，在第 12～21 帧和第 40～45 帧，由于目标与所选择的机载雷达节点之间的距离相差不大，导致信号带宽分配较为平均，相比于带宽均匀分配算法，本章所提算法的优化效果不够明显。

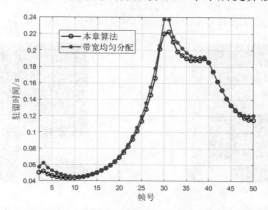

图 2.8　仿真场景 1 中不同算法的机载网络化雷达总驻留时间对比结果

2.4.3 仿真场景 2

在仿真场景 2 中，目标 RCS 模型采用第 2 种模型。仿真场景 2 主要探究目标散射特性对机载网络化雷达驻留时间与信号带宽协同优化分配结果的影响。图 2.9 所示为仿真场景 2 中机载网络化雷达针对各目标的机载雷达节点选择与驻留时间协同优化分配仿真结果。图 2.10 所示为仿真场景 2 中机载网络化雷达针对各目标的机载雷达节点选择与信号带宽协同优化分配仿真结果。与仿真场景 1 中相应的结果对比可以发现，在跟踪过程中，机载网络化雷达选择机载雷达 3 跟踪目标 1、机载雷达 4 跟踪目标 2 的次数明显增多。在第 24～42 帧，机载网络化雷达选择机载雷达 2 和机载雷达 3 对目标 1 进行跟踪，并且分配给距目标更远、相对目标散射系数更小的机载雷达更多的驻留时间和信号带宽资源。同样地，在对目标 2 的跟踪过程中也存在类似现象。根据图 2.5、图 2.6、图 2.9 和图 2.10 中的仿真结果可知，目标运动轨迹、机载网络化雷达分布和目标散射特性均会对机载雷达节点选择、各机载雷达驻留时间和信号带宽资源配置产生影响。机载网络化雷达将优先选择距离目标较近、位置较好且相对目标散射系数较大的机载雷达对目标进行跟踪。同时，更多的驻留时间和信号带宽资源将会分配给距离目标较远、位置较差且相对目标散射系数较小的机载雷达，从而保证机载网络化雷达的总驻留时间资源消耗最少。

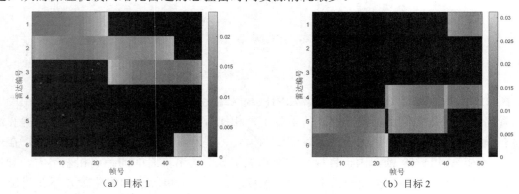

图 2.9　仿真场景 2 中机载网络化雷达针对各目标的机载雷达节点选择与驻留时间协同优化分配仿真结果

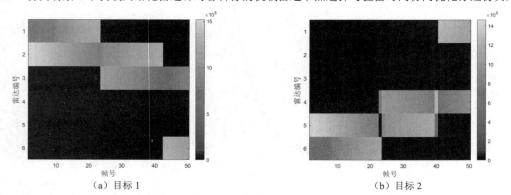

图 2.10　仿真场景 2 中机载网络化雷达针对各目标的机载雷达节点选择与信号带宽协同优化分配仿真结果

图 2.11 所示为仿真场景 2 中不同算法的目标跟踪 RMSE 对比结果。从图中可以看出，两种算法均能满足给定的多目标跟踪精度阈值要求，且多目标跟踪精度保持在相同水平。

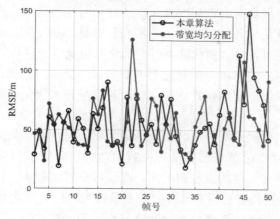

图 2.11　仿真场景 2 中不同算法的目标跟踪 RMSE 对比结果

图 2.12 所示为仿真场景 2 中不同算法的机载网络化雷达总驻留时间对比结果。从图中可以看出，在目标 RCS 起伏的情况下，本章所提算法仍然能够有效降低机载网络化雷达的驻留时间资源消耗，从而验证了本章所提算法的有效性及稳健性。

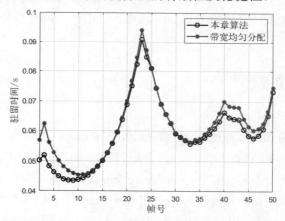

图 2.12　仿真场景 2 中不同算法的机载网络化雷达总驻留时间对比结果

◆ 2.5　本章小结

本章针对多目标跟踪场景中的机载网络化雷达驻留时间管控问题，提出了面向射频隐身的机载网络化雷达驻留时间与信号带宽协同优化算法，并分析了影响机载网络化雷达多目标跟踪精度和驻留时间资源消耗的关键因素，主要内容与创新点包括以下几点。

（1）推导了表征多目标跟踪精度的 BCRLB 闭式解析表达式，并分析了机载雷达节点选择、各机载雷达驻留时间和信号带宽对多目标跟踪精度的影响。

（2）提出了面向射频隐身的机载网络化雷达驻留时间与信号带宽协同优化算法。该算法的优势在于能够充分利用各目标运动状态的先验信息，并发挥机载网络化雷达的分集增益和可控自由度的作用对各机载雷达驻留时间和信号带宽资源进行协同优化配置。

（3）设计了一种有效的两步分解算法对本章所提的优化问题进行求解。结合内点法和匈牙利算法，可在获得机载网络化雷达驻留时间和信号带宽优化分配结果的同时，保证算法的稳健性。

（4）进行了仿真实验验证与分析。仿真结果表明，与带宽均匀分配算法相比，本章所提算法能够通过对机载雷达节点选择及各机载雷达驻留时间和信号带宽分配进行协同优化，有效缩短机载网络化雷达的总驻留时间。在目标跟踪过程中，机载网络化雷达将优先选择距离目标较近、位置较好且相对目标散射系数较大的机载雷达对目标进行跟踪。同时，更多的驻留时间和信号带宽资源将分配给距离目标较远、位置较差且相对目标散射系数较小的机载雷达，从而保证机载网络化雷达的总驻留时间资源消耗最少。目标运动轨迹、机载网络化雷达分布、目标 RCS 模型及多目标跟踪精度阈值是影响机载网络化雷达驻留时间和信号带宽协同优化分配结果的关键因素。相比于带宽均匀分配算法，本章所提算法能够显著缩短目标跟踪过程中机载网络化雷达的总驻留时间，从而在满足预先设定的多目标跟踪精度阈值要求的条件下，有效提升机载网络化雷达的射频隐身性能。

2.6　参考文献

[1]　丁建江, 许红波, 周芬. 雷达组网技术[M]. 北京: 国防工业出版社, 2017.

[2]　韩清华. 分布式机会阵雷达系统重构基础理论和关键技术研究[D]. 南京: 南京航空航天大学, 2018.

[3]　Zwaga J H, Boers Y, Driessen H. On tracking performance constrained MFR parameter control[C]. Proceedings of the Sixth International Conference of Information Fusion, 2003: 712-718.

[4]　Kuo T W, Chao Y S, Kuo C F, et al. Real-time dwell scheduling of component-oriented phased array radars[J]. IEEE Transactions on Computers, 2005, 54(1): 47-60.

[5]　卢建斌, 胡卫东, 郁文宪. 多功能相控阵雷达实时驻留的自适应调度算法[J]. 系统工程与电子技术, 2005, 27(12): 1981-1987.

[6]　祝本玉, 毕大平, 王正. 远程预警相控阵雷达资源调度仿真研究[J]. 电子对抗, 2007, (5): 29-33, 43.

[7]　唐婷, 何子述, 程婷. 一种基于模板法的自适应雷达驻留调度算法[J]. 信号处理, 2010, 26(7): 998-1002.

[8]　鉴福升, 端木刚, 徐跃民, 等. 基于扩展域的相控阵雷达自适应驻留调度[J]. 兵工学报, 2010, 31(12): 1632-1636.

[9]　王祥丽, 易伟, 孔令讲. 基于多目标跟踪的相控阵雷达波束和驻留时间联合分配方法[J]. 雷达学报,

2017, 6(6): 32-40.

[10] Han Q H, Pan M H, Zhang W C, et al. Time resource management of OAR based on fuzzy logic priority for multiple target tracking[J]. Journal of Systems Engineering and Electronics, 2018, 29(4): 742-755.

[11] Yan J K, Pu W Q, Dai J H, et al. Resource allocation for search and track application in phased array radar based on Pareto bi-objective optimization[J]. IEEE Transactions on Vehicular Technology, 2019, 68(4): 3487-3499.

[12] 丁琳涛, 时晨光, 周建江. 机载雷达多目标跟踪路径与驻留时间联合优化[J]. 战术导弹技术, 2022, (1): 87-96.

[13] Yan J K, Pu W Q, Liu H W, et al. Cooperative target assignment and dwell allocation for multiple target tracking in phased array radar network[J]. Signal Processing, 2017, 141: 74-83.

[14] Liu X H, Xu Z H, Wang L S B, et al. Cognitive resource allocation for target tracking in location-aware radar networks[J]. IEEE Signal Processing Letters, 2020, 27: 650-654.

[15] 时晨光, 周建江, 汪飞, 等. 机载雷达组网射频隐身技术[M]. 北京: 国防工业出版社, 2019.

[16] Lynch D. Introduction to RF stealth[M]. Hampshire: Sci Tech Publishing Inc, 2004.

[17] 时晨光, 董璟, 周建江, 等. 飞行器射频隐身技术研究综述[J]. 系统工程与电子技术, 2021, 43(6): 1452-1467.

[18] 王谦喆, 何召阳, 宋博文, 等. 射频隐身技术研究综述[J]. 电子与信息学报, 2018, 40(6): 1505-1514.

[19] 张澎, 张成, 管洋阳, 等. 关于电磁频谱作战的思考[J]. 航空学报, 2021, 42(8): 94-105.

[20] Shi C G, Wang Y J, Salous S, et al. Joint transmit resource management and waveform selection strategy for target tracking in distributed phased array radar network[J]. IEEE Transactions on Aerospace and Electronic Systems, 2021, 58(4): 2762-2778.

[21] Shi C G, Dai X R, Wang Y J, et al. Joint route optimization and multidimensional resource management scheme for airborne radar network in target tracking application[J]. IEEE Systems Journal, 2021.

[22] Shi C G, Ding L T, Wang F, et al. Joint target assignment and resource optimization framework for multitarget tracking in phased array radar network[J]. IEEE Systems Journal, 2021, 15(3): 4379-4390.

[23] Shi C G, Ding L T, Wang F, et al. Low probability of intercept-based collaborative power and bandwidth allocation strategy for multi-target tracking in distributed radar network system[J]. IEEE Sensors Journal, 2020, 20(12): 6367-6377.

[24] 刘永坚, 司伟建, 杨承志. 现代电子战支援侦查系统分析与设计[M]. 北京: 国防工业出版社, 2016.

[25] Yan J K, Pu W Q, Liu H W, et al. Joint power and bandwidth allocation for centralized target tracking in multiple radar system[C]. 2016 CIE International Conference on Radar, 2016: 1-5.

[26] 严俊坤. 认知雷达中的资源分配算法研究[D]. 西安: 西安电子科技大学, 2014.

[27] Garcia N, Haimovich A M, Coulon M, et al. Resource allocation in MIMO radar with multiple targets for non-coherent localization[J]. IEEE Transactions on Signal Processing, 2014, 62(10): 2656-2666.

[28] 李艳艳, 苏涛. 机动目标跟踪的分布式 MIMO 雷达资源分配算法[J]. 西安电子科技大学学报(自然科学版), 2016, 43(4): 10-16.

[29] 陈小龙, 薛永华, 张林, 等. 机载雷达系统与信息处理[M]. 北京: 电子工业出版社, 2021.

[30] Glass J D, Smith L D. MIMO radar resource allocation using posterior Cramer-Rao lower bounds[C]. Proceedings of the IEEE Aerospace Conference, 2011: 1-9.

[31] Tichavsky P, Muravchik C H, Nehorai A. Posterior Cramer-Rao bounds for discrete-time nonlinear filtering[J]. IEEE Transactions on Signal Processing, 1998, 46(5): 1386-1396.

[32] 佘季. 基于射频隐身的机载雷达组网多目标跟踪参数优化控制[D]. 南京: 南京航空航天大学, 2018.

[33] Ding L T, Shi C G, Qiu W, et al. Joint dwell time and bandwidth optimization for multi-target tracking in radar network based on low probability of intercept[J]. Sensors, 2020, 20(5): 1269.

第 3 章

面向射频隐身的机载网络化雷达辐射功率与驻留时间协同优化

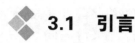 **3.1　引言**

3.1.1　雷达功率资源管控研究现状

　　功率资源是雷达系统中非常重要的资源，无论是在多目标跟踪场景中的功率资源管控，还是在网络化雷达跟踪场景中的功率资源管控，都是当今研究的热点问题[1]。理论上，雷达辐射功率越大，目标跟踪性能越好。随着发射波束数目的增大，雷达探测系统对辐射功率的要求也在逐渐增加。然而，在实际工作过程中，雷达在各个时刻产生的波束数目是有限的，而且雷达的硬件系统具有一定的承载能力，这使得雷达辐射功率不可能无限大。在这种情况下，如何科学合理地分配雷达辐射功率，使得目标探测性能、跟踪精度等最优就具有重要意义。根据优化目标的不同，雷达功率资源管控大致可以分为以下 2 类。

　　第 1 类是在雷达系统有限的功率资源约束下，尽可能地提升目标跟踪性能[2, 3]。严俊坤等学者[4]在多目标跟踪场景中，提出了多基雷达系统聚类与功率联合分配算法，推导了表征多目标跟踪精度的 BCRLB 闭式解析表达式，并通过自适应控制雷达节点选择和辐射功率，最小化多目标跟踪精度。仿真结果表明，与功率均匀分配算法相比，所提算法能够有效提高目标跟踪精度。Ma 等学者[5]提出了基于目标定位性能最优的 MIMO 雷达天线波束与功率联合优化分配算法，在满足雷达发射机数量和功率资源约束的条件下，最小化目标位置估计误差。针对杂波环境下的共址 MIMO 雷达多目标跟踪问题，Yan 等学者[6]提出了基于目标先验信息的共址 MIMO 雷达多波束功率分配算法，即根据预测先验信息调整各波束的发射功率，以提升最差情况下的目标跟踪性能。冯涵哲等学者[7]提出了一种用于多目标定位的 MIMO 雷达快速功率分配算法，采用交替全局优化方法搜索 Pareto 解集以实现功率的快速分配。孙扬等学者[8]提出了针对目标跟踪的分布式 MIMO 雷达资源分配算法，以最小化目标跟踪 BCRLB 为优化目标，对雷达辐射功率、信号带宽和信号有效时宽等参数进行联合优化分配，并采用循环最小法和凸松弛技术对非凸优化模型进行求解。韩清华等学者[9]针对复杂多变的环境和未知目标信息所导致的不确定性，引入随机变量表征雷达总辐射功率，引入模糊变量表征各目标 RCS，建立了基于随机和模糊机会约束规划的机会数字阵列雷达稳健功率资源管理模型，并采用混合智能算法进行求解，从而预测出下一时刻满足给定置信水平的各目标最优功率分配情况。李正杰等学者[10]提出了基于集中式 MIMO 雷达的多目标跟踪功率优化分配算法，并采用半正定规划（Semi-Definite Programming，SDP）算法对他们研究的问题进行求解，所提算法相比于功率均匀分配算法能够有效缩短求解时间，同时又提高了目标跟踪精度。文献[2]则将信号带宽因素考虑进来，提出了一种集中式 MIMO 雷达功率与带宽联合优化分配算法，以所有目标跟踪 PCRLB 之和为代价函数并建立优化模型，采用凸松弛技术和循环最小法对该优化模型进行求解。仿真结果表明，将带宽进行优化分配后会进一步提高目标跟踪精度。Zhang 等学者[11]研究了面向认知目标跟踪的大规模 MIMO 雷达网络子阵选择与功率分配联合优化问题，有效提升了多目标跟踪性能。戴金辉等学者[12]提出了一种基于目标容量的网络化雷达功率分配方案，将网络化雷达功率分配模型构建为非光滑、非凸优化问题，并引入 Sigmoid 函数将原问题松弛为光滑、非凸优化问题，在此基础上，他们利用近端非精确增广拉格朗日乘子法对松弛后的光滑、非凸优化问题进行求解。仿真结果表明，相比功率均匀分配算法和遗传算法，所提算法能够大大提高目标跟踪精度。

第 2 类是在满足预先设定的目标跟踪性能要求的条件下，最大限度地降低雷达功率资源消耗，从而提高其资源利用率，并提升其射频隐身性能[13-20]。未来空中作战体系更多是在具有极大威胁的对抗环境中执行多种作战任务，在这种环境下，低-零功率对抗能力是未来空中作战体系开展突防打击的基本能力，也是提高作战系统生存能力的重要手段[21]。廖雯雯等学者[22]提出了 MIMO 雷达射频隐身性能优化的目标跟踪算法，推导了表征 MIMO 雷达射频隐身性能的截获因子解析表达式，通过自适应调整雷达子阵划分个数、平均发射功率、波束驻留时间及采样周期等参数，在满足一定目标跟踪精度要求的条件下，最大限度地降低 MIMO 雷达的截获因子和时间资源消耗，从而提升其射频隐身性能。刘宏强等学者[23]提出了基于射频隐身的雷达跟踪状态下单次辐射能量实时控制方法，在满足目标跟踪性能要求的条件下，以最小化雷达被截获概率为优化目标，建立了辐射能量实时控制模型。仿真结果表明，利用战场态势信息，相控阵雷达可采用最短驻留或最小功率方法来控制雷达工作，以实现目标跟踪状态下雷达单次辐射能量射频隐身实时控制。乔成林等学者[24]以多传感器多目标跟踪为背景，针对跟踪任务需求中的辐射风险控制问题，提出了面向跟踪任务需求的主动传感器调度方法，建立了基于部分可观测马尔可夫决策过程的辐射控制模型，采用隐马尔可夫模型滤波器动态更新传感器辐射，并将辐射风险控制下的传感器调度问题转化为非线性约束下的寻优问题。文献[25]提出了多目标跟踪下面向射频隐身的分布式网络化雷达功率与带宽联合优化分配算法，并采用基于非线性规划的遗传算法对所构建的非凸、非线性优化问题进行求解。基于经典博弈论及战场敌我对抗场景，Deligiannis 等学者[26]研究了非合作博弈框架下多基地 MIMO 雷达网络功率分配算法，在满足预先设定的目标检测性能阈值要求的条件下，各雷达节点通过博弈迭代，实现了系统总辐射功率最小化，并证明了纳什均衡解的存在性和唯一性。文献[27, 28]构建了频谱共存环境下基于 Stackelberg 博弈的组网雷达辐射功率控制模型，将通信系统和各雷达节点分别作为博弈领导者和博弈跟随者，分别设计了综合考虑目标探测性能、雷达辐射功率及通信系统接收干扰功率的各博弈参与者效用函数，并在满足一定目标探测性能和通信系统工作性能约束的条件下，通过优化分配各雷达辐射功率，最小化组网雷达的总辐射资源消耗。赫彬等学者[29]提出了一种基于博弈论的多基地雷达功率分配和波束形成联合优化模型，以给定信干噪比为约束条件，以最小化多基地雷达系统的功率为优化目标，对各雷达功率和发射波束进行联合优化设计。仿真结果表明，相比于现有算法，所提算法能够获得更少的功率消耗和更优的雷达间干扰抑制能力。

总的来说，目前国内外学者在雷达功率资源管控方面取得了丰硕的研究成果，为后续研究奠定了坚实的理论基础。然而，已有算法并未同时考虑机载网络化雷达功率资源和时间资源联合管控，以提升其在多目标跟踪场景中的射频隐身性能。另外，至今尚未有面向射频隐身的机载网络化雷达辐射功率与驻留时间协同优化的公开报道。

3.1.2 本章内容及结构安排

本章针对上述存在的问题，将研究面向射频隐身的机载网络化雷达辐射功率与驻留时间协同优化问题，其主要内容如下：①推导包含机载雷达节点选择及各机载雷达辐射功率和驻留时间的目标运动状态估计 BCRLB 闭式解析表达式，以此作为表征多目标跟踪精度的衡量指标，并定义各机载雷达辐射功率资源和驻留时间资源加权和闭式解析表达式，以此作为机载网络化雷达射频辐射资源消耗的衡量指标；②提出面向射频隐身的机载网络化雷达辐射功率与驻留时间协同优化算法，即以最小化各机载雷达的辐射功率资源和驻留时间资源加权和优化为目标，以满足预先设定的多目标跟踪精度阈值和给定的机载网络化雷达射频资源为约束条件，对机载雷达节点选择及各机载雷达辐射功率和驻留时间分配进行协同优化，并结合内点法和匈牙利算法，通过两步分解算法对上述优化问题进行求解；③通过仿真实验验证本章所提算法的有效性和稳健性。

本章结构安排如下：3.2 节介绍本章用到的目标运动模型、雷达量测模型和融合中心模型；3.3 节研究面向射频隐身的机载网络化雷达辐射功率与驻留时间协同优化算法，推导表征多目标跟踪精度的 BCRLB 闭式解析表达式，定义表征机载网络化雷达射频辐射资源消耗的各机载雷达辐射功率资源和驻留时间资源加权和闭式解析表达式，在此基础上，建立面向射频隐身的机载网络化雷达辐射功率与驻留时间协同优化模型，并提出用两步分解算法对上述优化模型进行求解；3.4 节通过仿真实验给出采用本章所提算法得到的机载雷达辐射功率与驻留时间协同优化分配仿真结果，以验证本章所提算法的有效性和稳健性；3.5 节对本章内容进行总结。

本章符号：$(\cdot)^T$ 表示矩阵或向量的转置；$\otimes$ 表示矩阵 Kronecker 积运算；$\mathrm{diag}(\cdot)$ 表示

对角矩阵；$\mathrm{Tr}(\bullet)$ 表示求矩阵的迹；$\nabla_{(\bullet)}$ 表示对变量求一阶偏导数。

 ## 3.2　系统模型描述

本章采用的目标运动模型、雷达量测模型和融合中心模型与第 2 章相同，在此不再赘述。

 ## 3.3　面向射频隐身的机载网络化雷达辐射功率与驻留时间协同优化算法

3.3.1　问题描述

从数学上来讲，面向射频隐身的机载网络化雷达辐射功率与驻留时间协同优化算法就是在满足预先设定的多目标跟踪精度阈值和给定的机载网络化雷达射频资源要求的条件下，通过协同优化机载雷达节点选择及各机载雷达辐射功率和驻留时间分配，来达到最小化机载网络化雷达射频辐射资源消耗的目的。本章采用目标运动状态估计 BCRLB 闭式解析表达式作为多目标跟踪精度的衡量指标，以各机载雷达辐射功率资源和驻留时间资源加权和为机载网络化雷达射频辐射资源消耗的表征指标，并结合内点法和匈牙利算法，通过两步分解算法对本章优化问题进行求解。

3.3.2　多目标跟踪精度衡量指标

由第 2 章的推导可知，当给定 k 时刻各机载雷达节点选择、辐射功率和驻留时间时，目标 q 在 $(k-1)$ 时刻的预测 BCRLB 闭式解析表达式可表示为

$$\boldsymbol{C}_{k|k-1}^{q}=\left\{\left[\boldsymbol{Q}^{q}+\boldsymbol{F}\boldsymbol{J}^{-1}\left(\boldsymbol{X}_{k-1}^{q}\right)\boldsymbol{F}^{\mathrm{T}}\right]^{-1}+\sum_{i=1}^{N}u_{i,k}^{q}\left(\boldsymbol{H}_{i,k|k-1}^{q}\right)^{\mathrm{T}}\left(\boldsymbol{G}_{i,k|k-1}^{q}\right)^{-1}\boldsymbol{H}_{i,k|k-1}^{q}\right\}^{-1} \quad (3.1)$$

由式（3.1）可知，预测 BCRLB 闭式解析表达式不仅与当前时刻目标相对于各机载雷达的位置有关，还与 k 时刻机载雷达节点选择、辐射功率和驻留时间有关。本章采用式（3.2）作为多目标跟踪精度的衡量指标[30]

$$F\left(\boldsymbol{X}_{k|k-1}^{q},\boldsymbol{u}_{k},\boldsymbol{P}_{\mathrm{t},k},\boldsymbol{T}_{\mathrm{d},k}\right)\triangleq\mathrm{Tr}\left(\boldsymbol{C}_{k|k-1}^{q}\right) \quad (3.2)$$

式中，$\boldsymbol{u}_{k}$、$\boldsymbol{P}_{\mathrm{t},k}$ 和 $\boldsymbol{T}_{\mathrm{d},k}$ 分别表示 k 时刻机载网络化雷达关于目标 q 的节点选择、辐射功率和驻留时间向量，即

$$\begin{cases} \boldsymbol{u}_k = \left[u_{1,k}^q, u_{2,k}^q, \cdots, u_{N,k}^q \right]^{\mathrm{T}} \\ \boldsymbol{P}_{\mathrm{t},k} = \left[P_{1,k}^q, P_{2,k}^q, \cdots, P_{N,k}^q \right]^{\mathrm{T}} \\ \boldsymbol{T}_{\mathrm{d},k} = \left[T_{\mathrm{d},1,k}^q, T_{\mathrm{d},2,k}^q, \cdots, T_{\mathrm{d},N,k}^q \right]^{\mathrm{T}} \end{cases} \tag{3.3}$$

3.3.3　优化模型建立

本章在第 2 章内容的基础上，提出了面向射频隐身的机载网络化雷达辐射功率与驻留时间协同优化算法，在满足预先设定的多目标跟踪精度阈值和给定的机载网络化雷达射频资源要求的条件下，通过协同优化机载雷达节点选择、辐射功率和驻留时间分配，最大限度地降低机载网络化雷达的射频辐射资源消耗，可建立如下优化模型。

$$\begin{cases} \min\limits_{u_{i,k}^q, P_{i,k}^q, T_{\mathrm{d},i,k}^q} \sum\limits_{q=1}^{Q} u_{i,k}^q \left[\alpha_1 \cdot \dfrac{\sum\limits_{i=1}^{N} \left(P_{i,k}^q - P_{\min} \right)}{M \cdot \left(P_{\max} - P_{\min} \right)} + \alpha_2 \cdot \dfrac{\sum\limits_{i=1}^{N} \left(T_{\mathrm{d},i,k}^q - T_{\mathrm{d},\min} \right)}{M \cdot \left(T_{\mathrm{d},\max} - T_{\mathrm{d},\min} \right)} \right] \\[2mm] \text{s.t. } F\left(\boldsymbol{X}_{k|k-1}^q, \boldsymbol{u}_k, \boldsymbol{P}_{\mathrm{t},k}, \boldsymbol{T}_{\mathrm{d},k} \right) \leqslant F_{\max}, \ \forall q \\[2mm] \begin{cases} P_{\min} \leqslant P_{i,k}^q \leqslant P_{\max}, & \text{如果 } u_{i,k}^q = 1 \\ P_{i,k}^q = 0, & \text{如果 } u_{i,k}^q = 0 \end{cases} \\[2mm] \begin{cases} T_{\mathrm{d},\min} \leqslant T_{\mathrm{d},i,k}^q \leqslant T_{\mathrm{d},\max}, & \text{如果 } u_{i,k}^q = 1 \\ T_{\mathrm{d},i,k}^q = 0, & \text{如果 } u_{i,k}^q = 0 \end{cases} \\[2mm] \sum\limits_{i=1}^{N} u_{i,k}^q = M \\[2mm] \sum\limits_{q=1}^{Q} u_{i,k}^q \leqslant 1 \\[2mm] u_{i,k}^q \in \{0,1\} \end{cases} \tag{3.4}$$

式中，α_1 和 α_2 分别表示辐射功率和驻留时间的权重系数；$F_{\max}$ 表示预先设定的多目标跟踪精度阈值；$P_{\min}$ 和 $P_{\max}$ 分别表示各机载雷达辐射功率的下限和上限；$T_{\mathrm{d},\min}$ 和 $T_{\mathrm{d},\max}$ 分别表示各机载雷达驻留时间的下限和上限；M 表示 k 时刻跟踪各个目标的机载雷达数目。需要说明的是，在式（3.4）中：第 1 个约束条件表示各目标跟踪性能需要满足预先设定的多目标跟踪精度阈值要求；第 2 个约束条件表示各机载雷达的辐射功率限制；第 3 个约束条件表示各机载雷达的驻留时间限制；第 4 个约束条件表示 k 时刻每个目标由 M 部机载雷达进行跟踪；第 5 个约束条件表示 k 时刻每部机载雷达最多跟踪一个目标；第 6 个约束条件表示机载雷达节点选择参数 $u_{i,k}^q$ 是一个二元优化变量。

3.3.4 优化模型求解

由于式（3.4）是一个含有 3 个变量的非凸、非线性优化问题，故本章结合内点法和匈牙利算法，提出了一种两步分解算法，对机载雷达节点选择、辐射功率和驻留时间分配进行自适应协同优化[30, 31]。具体求解步骤如下。

步骤 1：固定机载雷达节点选择方式 $\hat{\boldsymbol{u}}_k$，式（3.4）可以简化为

$$
\begin{cases}
\min\limits_{P_{m,k}^q, T_{d,m,k}^q} \alpha_1 \cdot \dfrac{\sum\limits_{m=1}^{M}\left(P_{m,k}^q - P_{\min}\right)}{M \cdot \left(P_{\max} - P_{\min}\right)} + \alpha_2 \cdot \dfrac{\sum\limits_{m=1}^{M}\left(T_{d,m,k}^q - T_{d,\min}\right)}{M \cdot \left(T_{d,\max} - T_{d,\min}\right)} \\[4mm]
\text{s.t.}\ \ F\left(\boldsymbol{X}_{k|k-1}^q, \hat{\boldsymbol{u}}_k, \boldsymbol{P}_{t,k}, \boldsymbol{T}_{d,k}\right) \leqslant F_{\max}, \forall q \\[2mm]
\begin{cases}
P_{\min} \leqslant P_{i,k}^q \leqslant P_{\max}, & \text{如果 } u_{i,k}^q = 1 \\
P_{i,k}^q = 0, & \text{如果 } u_{i,k}^q = 0
\end{cases} \\[4mm]
\begin{cases}
T_{d,\min} \leqslant T_{d,i,k}^q \leqslant T_{d,\max}, & \text{如果 } u_{i,k}^q = 1 \\
T_{d,i,k}^q = 0, & \text{如果 } u_{i,k}^q = 0
\end{cases}
\end{cases}
\tag{3.5}
$$

在此，采用内点法对式（3.5）进行求解，具体算法步骤如下。

（1）令 $g_1 = F\left(\boldsymbol{X}_{k|k-1}^q, \hat{\boldsymbol{u}}_k, \boldsymbol{P}_{t,k}, \boldsymbol{T}_{d,k}\right) - F_{\max}$，$g_2 = T_{d,\min} - T_{d,1,k}^q$，$g_3 = T_{d,\min} - T_{d,2,k}^q$，$\cdots$，$g_{M+1} = T_{d,\min} - T_{d,M,k}^q$，$g_{M+2} = T_{d,1,k}^q - T_{d,\max}$，$g_{M+3} = T_{d,2,k}^q - T_{d,\max}$，$\cdots$，$g_{2M+1} = T_{d,M,k}^q - T_{d,\max}$，$g_{2M+2} = P_{\min} - P_{1,k}^q$，$g_{2M+3} = P_{\min} - P_{2,k}^q$，$\cdots$，$g_{3M+1} = P_{\min} - P_{M,k}^q$，$g_{3M+2} = P_{1,k}^q - P_{\max}$，$\cdots$，$g_{4M+1} = P_{M,k}^q - P_{\max}$，设置如下可行域。

$$
D = \left\{ P_{m,k}^q, T_{d,m,k}^q \,\middle|\, g_a\left(P_{m,k}^q, T_{d,m,k}^q\right) \leqslant 0, a = 1, 2, \cdots, 4M+1, 1 \leqslant m \leqslant M \right\}
$$

其中，$g_a\left(P_{m,k}^q, T_{d,m,k}^q\right) = g_a$，$a = 1, 2, \cdots, 4M+1$，取 $\left(P_{m,k}^q, T_{d,m,k}^q\right)^{(0)} \in D\,(1 \leqslant m \leqslant M)$ 为初始点，$\varepsilon > 0$ 为算法终止指标，$\xi_l > 0$，$c \geqslant 2$，令 $l = 1$。

（2）以 $\left(P_{m,k}^q, T_{d,m,k}^q\right)^{(l-1)}$ 为初始点求解如下子问题。

$$
\begin{cases}
\min F_1 - \xi_l \left(\dfrac{1}{g_1} + \dfrac{1}{g_2} + \cdots + \dfrac{1}{g_{4M+1}} \right) \\[3mm]
\text{s.t.}\ \ P_{m,k}^q, T_{d,m,k}^q \in D
\end{cases}
$$

其中，F_1 表示式（3.5）中的优化目标函数。令上述问题的极小值点为 $\left(P_{m,k}^q, T_{d,m,k}^q\right)^{(l)}$。

（3）检验终止条件，若 $-\xi_l\left(1/g_1 + 1/g_2 + \cdots + 1/g_{4M+1}\right) < \varepsilon$，则算法终止，否则令 $\xi_{l+1} = \xi_l / c$，$l = l+1$，转入步骤（2）。

步骤 2：通过上述算法求解 $Q \cdot \mathrm{C}_N^M$ 次优化模型，可以得到所有满足条件 $\sum\limits_{i=1}^{N} u_{i,k}^q = M$ 的机载雷达节点选择方式所对应的辐射资源优化分配解。在此基础上，可以通过匈牙利算法得

到满足条件 $\sum_{q=1}^{Q} u_{i,k}^q \leq 1$ 下使得机载网络化雷达总辐射资源消耗最少的机载雷达节点选择方式，具体算法步骤如下。

（1）比较 $Q \cdot C_N^M$ 次优化模型的解，选择使得优化目标函数值最小的解，得到对应的机载网络化雷达中机载雷达节点选择方式，并进一步获得各机载雷达辐射功率和驻留时间协同优化分配结果。

（2）移除机载网络化雷达中已经被选取的机载雷达，同时移除已经被分配的机载雷达照射的目标。

（3）比较剩余机载雷达节点选择方式对其余目标照射时的优化目标函数值，选择使优化目标函数值最小的解，并进一步获得相应机载雷达辐射功率和驻留时间协同优化分配仿真结果。

（4）重复步骤（2）和步骤（3），直到所有目标都被分配，最终得到机载网络化雷达的最优机载雷达节点选择方式。

3.3.5　算法流程

总的来说，面向射频隐身的机载网络化雷达辐射功率与驻留时间协同优化算法可以描述为，各机载雷达在 $(k-1)$ 时刻通过预测下一时刻不同目标与各平台之间的距离，在满足预先设定的多目标跟踪精度阈值和给定的机载网络化雷达射频资源要求的条件下，计算出 k 时刻机载雷达节点选择、辐射功率和驻留时间。机载网络化雷达根据反馈信息自适应地调整 k 时刻的射频辐射参数，从而在保证满足一定多目标跟踪精度要求的情况下，最大限度地降低机载网络化雷达的射频辐射资源消耗。本章所提算法流程示意图如图 3.1 所示。

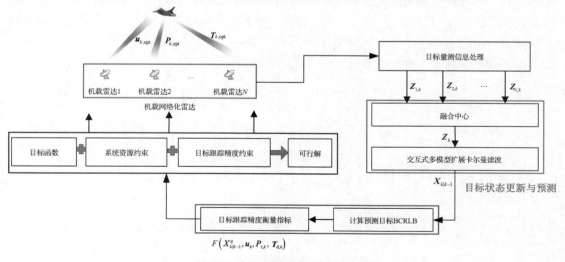

图 3.1　本章所提算法流程示意图

3.4 仿真结果与分析

3.4.1 仿真参数设置

为了验证本章所提的面向射频隐身的机载网络化雷达辐射功率与驻留时间协同优化算法的有效性和稳健性，需要进行如下仿真：假设机载网络化雷达由 $N = 6$ 部机载雷达组成，各机载雷达的系统参数均相同。机载网络化雷达仿真参数设置如表 3.1 所示。

表 3.1　机载网络化雷达仿真参数设置

参数	数值	参数	数值
ΔT_0	3s	G_{RP}	28dB
G_t	32.5dB	T_0	290K
G_r	32.5dB	B_r	1MHz
β_{total}	1MHz	F_r	3dB
λ_t	0.03m	k_B	1.38×10^{-23} J/K
θ_{3dB}	2°	γ	1m^2
T_r	5×10^{-4} s		

二维空间中存在 $Q = 2$ 个目标：目标 1 的初始位置（单位：km）为 $(-75, 0)$，以速度（单位：m/s）$(1000, 380)$ 匀速飞行；目标 2 的初始位置为 $(75, 90)$ km，以速度 $(-1000, -380)$ m/s 匀速飞行。假设各机载雷达的重访时间间隔为 3s，目标跟踪过程持续时间为 150s。在各个时刻，每个目标由 $M = 2$ 部机载雷达进行跟踪。各机载雷达驻留时间的上、下限分别为 0.1s 和 0.0005s，辐射功率的上、下限分别为 2800W 和 50W。多目标跟踪精度阈值设为 1000m^2。图 3.2 所示为多目标运动轨迹与机载网络化雷达分布图。

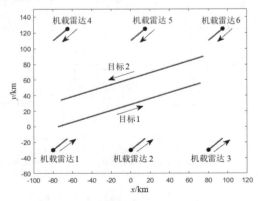

图 3.2　多目标运动轨迹与机载网络化雷达分布图

为了分析目标散射特性对机载网络化雷达射频辐射资源协同优化分配结果的影响，本章考虑的目标 RCS 模型有 2 种，在第 1 种模型中，各目标 RCS 保持不变，且相对各机载雷达均为 $\sigma^q = 1\mathrm{m}^2$；在第 2 种模型中，目标 RCS 分布如图 3.3 所示。

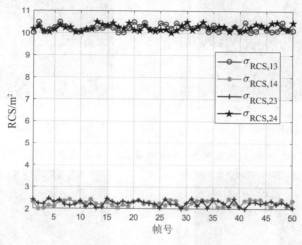

图 3.3　目标 RCS 分布

3.4.2　仿真场景 1

在仿真场景 1 中，目标 RCS 模型采用第 1 种模型。图 3.4 所示为仿真场景 1 中机载网络化雷达针对各目标的机载雷达节点选择与辐射功率协同优化分配仿真结果。图 3.5 所示为仿真场景 1 中机载网络化雷达针对各目标的机载雷达节点选择与驻留时间协同优化分配仿真结果。从图 3.4 和图 3.5 中可以看出，对于目标 1，在第 1～27 帧，机载网络化雷达选择机载雷达 1 和机载雷达 2 对其进行照射，并且在第 13～27 帧分配给机载雷达 1 更多的辐射功率和驻留时间资源，在第 28～42 帧，机载网络化雷达选择机载雷达 2 和机载雷达 3，并且分配给机载雷达 3 更多的辐射功率和驻留时间资源。对于目标 2，在第 1～23 帧，机载网络化雷达选择机载雷达 5 和机载雷达 6 对其进行照射，并且在第 11～23 帧分配给机载雷达 6 更多的辐射功率和驻留时间资源，在第 24～38 帧，机载网络化雷达选择机载雷达 4 和机载雷达 5，并且分配给距离目标更远的机载雷达更多的辐射功率和驻留时间资源。由图 3.2 中各目标运动轨迹和机载网络化雷达分布可知，机载网络化雷达将优先选择距离目标较近且位置较好的机载雷达对目标进行照射。同时，更多的辐射功率和驻留时间资源将会分配给距离目标较远且位置较差的机载雷达，从而保证机载网络化雷达的辐射功率和驻留时间资源消耗最少。

为了更好地验证本章所提算法的性能，图 3.6 所示为仿真场景 1 中不同算法的目标跟踪 RMSE 对比结果。从图中可以看出，两种算法均能满足预先设定的多目标跟踪精度阈值要求，且多目标跟踪精度保持在相同水平。

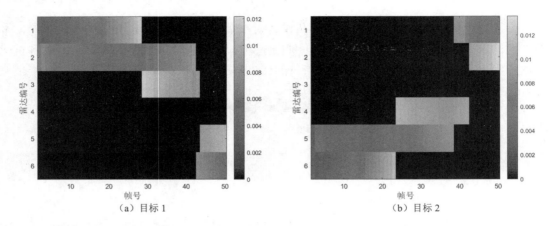

（a）目标 1　　　　　　　　　　　　（b）目标 2

图 3.4　仿真场景 1 中机载网络化雷达针对各目标的机载雷达节点选择与辐射功率协同优化分配仿真结果

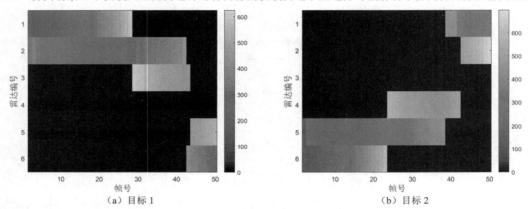

（a）目标 1　　　　　　　　　　　　（b）目标 2

图 3.5　仿真场景 1 中机载网络化雷达针对各目标的机载雷达节点选择与驻留时间协同优化分配仿真结果

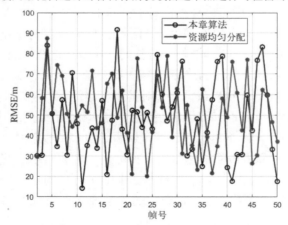

图 3.6　仿真场景 1 中不同算法的目标跟踪 RMSE 对比结果

　　图 3.7 和图 3.8 所示为仿真场景 1 中不同算法的机载网络化雷达辐射功率和驻留时间对比结果。由图中可以看出，在保持同等目标跟踪性能的条件下，相比于资源均匀分配算

法，本章所提算法能够有效降低辐射功率和驻留时间资源消耗，以提升机载网络化雷达的射频隐身性能。

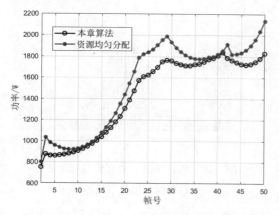

图 3.7　仿真场景 1 中不同算法的机载网络化
　　　雷达辐射功率对比结果

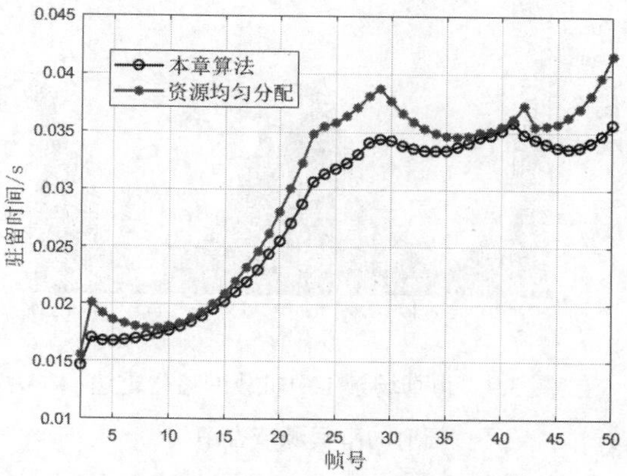

图 3.8　仿真场景 1 中不同算法的机载网络化
　　　雷达驻留时间对比结果

为了进一步展示本章所提算法相比于资源均匀分配算法对辐射功率和驻留时间资源的节省程度，定义机载网络化雷达辐射功率资源节省率 ρ_{p_k} 和驻留时间资源节省率 ρ_{t_k} 分别为

$$
\left\{
\begin{array}{l}
\rho_{p_k} = 1 - \dfrac{\displaystyle\sum_{q=1}^{Q}\sum_{i=1}^{M} P_{q,i,k}^{\mathrm{opt}}}{\displaystyle\sum_{q=1}^{Q}\sum_{i=1}^{M} P_{q,i,k}^{\mathrm{uni}}} \\[3em]
\rho_{t_k} = 1 - \dfrac{\displaystyle\sum_{q=1}^{Q}\sum_{i=1}^{M} T_{q,i,k}^{\mathrm{opt}}}{\displaystyle\sum_{q=1}^{Q}\sum_{i=1}^{M} T_{q,i,k}^{\mathrm{uni}}}
\end{array}
\right.
\tag{3.6}
$$

式中，$P_{q,i,k}^{\mathrm{opt}}$ 和 $T_{q,i,k}^{\mathrm{opt}}$ 分别表示采用本章所提算法得到的 k 时刻第 i 部机载雷达对目标 q 的辐射功率和驻留时间；$P_{q,i,k}^{\mathrm{uni}}$ 和 $T_{q,i,k}^{\mathrm{uni}}$ 分别表示采用资源均匀分配算法得到的 k 时刻第 i 部机载雷达对目标 q 的辐射功率和驻留时间。仿真场景 1 中机载网络化雷达辐射功率资源节省率和驻留时间资源节省率如图 3.9 和图 3.10 所示。从图 3.9 和图 3.10 可以看出，在第 1～6 帧、第 17～33 帧和第 43～50 帧，本章所提算法可以明显降低机载网络化雷达的辐射功率和驻留时间资源消耗。而在第 7～16 帧和第 34～42 帧，本章所提算法对降低辐射功率和驻留时间资源消耗的效果并不明显，这主要是因为在该帧号段内，目标与机载网络化雷达选择的 2 部机载雷达之间的距离相差不大，所以辐射功率和驻留时间资源分配较为平均。总体来说，本章所提算法能够有效降低机载网络化雷达的辐射功率和驻留时间资源消耗，从而提升其射频隐身性能。

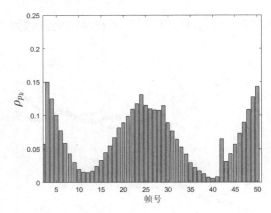

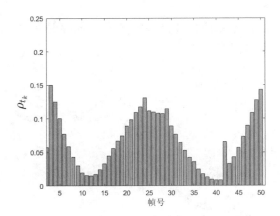

图 3.9　仿真场景 1 中机载网络化雷达　　　　图 3.10　仿真场景 1 中机载网络化雷达
辐射功率资源节省率　　　　　　　　　　　　驻留时间资源节省率

在此，定义优化目标函数值减小率 ρ_k 为

$$\rho_k = 1 - \frac{F_k^{\text{opt}}}{F_k^{\text{uni}}} \tag{3.7}$$

式中，F_k^{opt} 表示采用本章所提算法得到的 k 时刻优化目标函数值；F_k^{uni} 表示采用资源均匀分配算法得到的 k 时刻优化目标函数值。仿真场景 1 中优化目标函数值减小率如图 3.11 所示。从图中可以看出，相比于资源均匀分配算法，本章所提算法能够有效降低优化目标函数值，从而验证了本章所提算法的有效性。

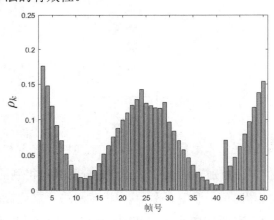

图 3.11　仿真场景 1 中优化目标函数值减小率

3.4.3　仿真场景 2

在仿真场景 2 中，目标 RCS 模型采用第 2 种模型。仿真场景 2 主要探究目标散射特性对机载网络化雷达辐射功率与驻留时间协同优化分配结果的影响。图 3.12 所示为仿真场

景 2 中机载网络化雷达针对各目标的机载雷达节点选择与辐射功率协同优化分配仿真结果。图 3.13 所示为仿真场景 2 中机载网络化雷达针对各目标的机载雷达节点选择与驻留时间协同优化分配仿真结果。与仿真场景 1 中相应结果对比可以发现，在跟踪过程中，目标 1 选择机载雷达 3、目标 2 选择机载雷达 4 进行照射的次数明显增多。在第 22～43 帧，机载网络化雷达选择机载雷达 2 和机载雷达 3 对目标 1 进行跟踪，并且在第 31～43 帧分配给机载雷达 2 更多的辐射功率和驻留时间资源。同样地，在对目标 2 跟踪过程中也存在类似现象。根据图 3.4、图 3.5、图 3.12 和图 3.13 中的仿真结果可知，目标运动轨迹、机载网络化雷达分布和目标散射特性均会对机载雷达节点选择、辐射功率和驻留时间资源配置产生影响。机载网络化雷达将优先选择距离目标较近、位置较好且相对目标散射系数较大的机载雷达对目标进行跟踪。同时，更多的辐射功率和驻留时间资源将分配给距离目标较远、位置较差且相对目标散射系数较小的机载雷达，从而保证机载网络化雷达辐射功率和驻留时间资源消耗最少。

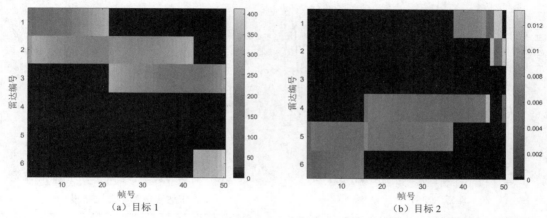

（a）目标 1　　　　　　　　　　　（b）目标 2

图 3.12　仿真场景 2 中机载网络化雷达针对各目标的机载雷达节点选择与辐射功率协同优化分配仿真结果

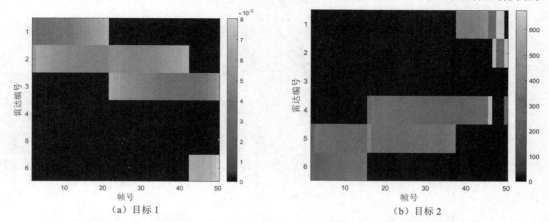

（a）目标 1　　　　　　　　　　　（b）目标 2

图 3.13　仿真场景 2 中机载网络化雷达针对各目标的机载雷达节点选择与驻留时间协同优化分配仿真结果

图 3.14 所示为仿真场景 2 中不同算法的目标跟踪 RMSE 对比结果。从图中可以看出，两种算法均能满足预先设定的多目标跟踪精度阈值要求，且多目标跟踪精度保持在相同水平。

图 3.15 和图 3.16 所示为仿真场景 2 中不同算法的机载网络化雷达辐射功率和驻留时间对比结果。图 3.17 和 3.18 所示为仿真场景 2 中机载网络化雷达辐射功率资源节省率和驻留时间资源节省率。从图 3.17 和图 3.18 中可以看出，在目标 RCS 起伏的情况下，本章所提算法仍然能够有效降低机载网络化雷达的辐射功率和驻留时间资源消耗，从而验证了本章所提算法的稳健性。

图 3.19 所示为仿真场景 2 中优化目标函数值减小率。同样地，相比于资源均匀分配算法，本章所提算法能够有效降低优化目标函数值，在保证满足多目标跟踪精度要求的条件下，提升机载网络化雷达的射频隐身性能。

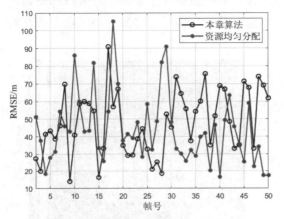

图 3.14　仿真场景 2 中不同算法的目标
跟踪 RMSE 对比结果

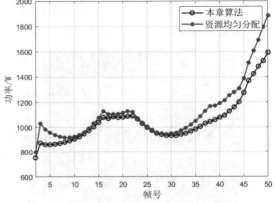

图 3.15　仿真场景 2 中不同算法的机载网络化
雷达辐射功率对比结果

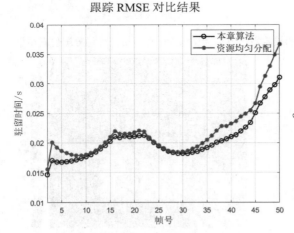

图 3.16　仿真场景 2 中不同算法的机载网络化雷达
驻留时间对比结果

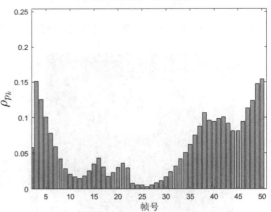

图 3.17　仿真场景 2 中机载网络化雷达
辐射功率资源节省率

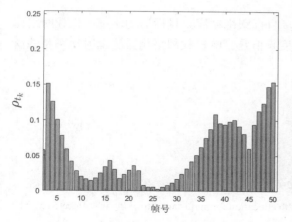

图 3.18　仿真场景 2 中机载网络化雷达
驻留时间资源节省率

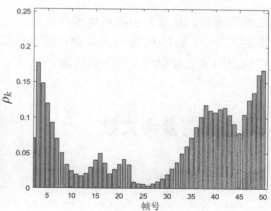

图 3.19　仿真场景 2 中优化
目标函数值减小率

3.5　本章小结

本章针对多目标跟踪场景下的机载网络化雷达射频资源协同优化问题，提出了面向射频隐身的机载网络化雷达辐射功率与驻留时间协同优化算法，并分析了影响机载网络化雷达多目标跟踪精度和射频隐身性能的关键因素，主要内容与创新点包括以下几点。

（1）推导了表征多目标跟踪精度的 BCRLB 闭式解析表达式，并分析了机载雷达节点选择、辐射功率和驻留时间对多目标跟踪精度的影响；定义了表征机载网络化雷达射频辐射资源消耗的各机载雷达辐射功率、驻留时间资源的加权和闭式解析表达式，可通过设定不同的权重系数改变辐射功率和驻留时间对机载网络化雷达资源消耗的影响。

（2）提出了面向射频隐身的机载网络化雷达辐射功率与驻留时间协同优化算法。该算法的优势在于能够充分利用各目标运动状态先验信息，并发挥机载网络化雷达的分集增益和可控自由度来对各机载雷达辐射功率、驻留时间资源进行协同优化配置。

（3）设计了一种有效的两步分解算法对本章优化问题进行求解。结合内点法和匈牙利算法，可在获得机载网络化雷达辐射功率和驻留时间优化分配结果的同时，保证算法的有效性和稳健性。

（4）进行了仿真实验验证与分析。仿真结果表明，相比于资源均匀分配算法，本章所提算法能够通过对机载雷达节点选择、辐射功率和驻留时间分配进行协同优化，有效提升机载网络化雷达的射频隐身性能。机载网络化雷达将优先选择距离目标较近、位置较好且相对目标散射系数较大的机载雷达对目标进行跟踪。同时，更多的辐射功率和驻留时间资源将分配给距离目标较远、位置较差且相对目标散射系数较小的机载雷达，从而保证机载网络化雷达的射频辐射资源消耗最少。在实际战场中，可根据具体任务要求设定多目标跟踪精度阈值，从而获得满足作战性能需求的多目标跟踪精度。目标运动轨迹、机载网络化雷达的分布、目标 RCS 模型及多目标跟踪精度阈值是影响机载网络化雷达辐射功率和驻留时间协同优化分配结果的关键因素。

 ## 3.6　参考文献

[1] 韩清华. 分布式机会阵雷达系统重构基础理论和关键技术研究[D]. 南京: 南京航空航天大学, 2018.

[2] Zhang H W, Zong B F, Xie J W. Power and bandwidth allocation for multi-target tracking in collocated MIMO radar[J]. IEEE Transactions on Vehicular Technology, 2020, 69(9): 9795-9806.

[3] Shi C G, Ding L T, Wang F, et al. Collaborative radar node selection and transmitter resource allocation algorithm for target tracking applications in multiple radar architectures[J]. Digital Signal Processing, 2022, 121: 1-12.

[4] 严俊坤, 纠博, 刘宏伟, 等. 一种针对多目标跟踪的多基雷达系统聚类与功率联合分配算法[J]. 电子与信息学报, 2013, 35(8): 1875-1881.

[5] Ma B T, Chen H W, Sun B, et al. A joint scheme of antenna selection and power allocation for localization in MIMO radar sensor networks[J]. IEEE Communications Letters, 2014, 18(12): 2225-2228.

[6] Yan J K, Jiu B, Liu H W, et al. Prior knowledge-based simultaneous multibeam power allocation algorithm for cognitive multiple targets tracking in clutter[J]. IEEE Transactions on Signal Processing, 2015, 63(2): 512-527.

[7] 冯涵哲, 严俊坤, 刘宏伟. 一种用于多目标定位的 MIMO 雷达快速功率分配算法[J]. 电子与信息学报, 2016, 38(12): 3219-3223.

[8] 孙扬, 郑娜娥, 李玉翔, 等. 针对目标跟踪的分布式 MIMO 雷达资源分配算法[J]. 系统工程与电子技术, 2017, 39(8): 1744-1750.

[9] 韩清华, 潘明海, 龙伟军. 基于机会约束规划的机会阵雷达功率资源管理算法[J]. 系统工程与电子技术, 2017, 39(3): 506-513.

[10] 李正杰, 谢军伟, 张浩为, 等. 基于集中式 MIMO 雷达的多目标跟踪功率分配优化算法[J]. 空军工程大学学报(自然科学版), 2019, 20(5): 76-82.

[11] Zhang H W, Liu W J, Xie J W, et al. Joint subarray selection and power allocation for cognitive target tracking in large-scale MIMO radar networks[J]. IEEE Systems Journal, 2020, 14(2): 2569-2580.

[12] 戴金辉, 严俊坤, 王鹏辉, 等. 基于目标容量的网络化雷达功率分配方案[J]. 电子与信息学报, 2021, 43(9): 2688-2694.

[13] 时晨光, 周建江, 汪飞, 等. 机载雷达组网射频隐身技术[M]. 北京：国防工业出版社, 2019.

[14] Lynch D. Introduction to RF stealth[M]. Hampshire: Sci Tech Publishing Inc, 2004.

[15] 时晨光, 董璟, 周建江, 等. 飞行器射频隐身技术研究综述[J]. 系统工程与电子技术, 2021, 43(6): 1452-

1467.

[16] 王谦喆, 何召阳, 宋博文, 等. 射频隐身技术研究综述[J]. 电子与信息学报, 2018, 40(6): 1505-1514.

[17] Shi C G, Wang Y J, Salous S, et al. Joint transmit resource management and waveform selection strategy for target tracking in distributed phased array radar network[J]. IEEE Transactions on Aerospace and Electronic Systems, 2021, 58(4): 2762-2778.

[18] Shi C G, Dai X R, Wang Y J, et al. Joint route optimization and multidimensional resource management for airborne radar network in target tracking application[J]. IEEE Systems Journal, 2021.

[19] Shi C G, Ding L T, Wang F, et al. Joint target assignment and resource optimization framework for multitarget tracking in phased array radar network[J]. IEEE Systems Journal, 2021, 15(3): 4379-4390.

[20] 刘永坚, 司伟建, 杨承志. 现代电子战支援侦查系统分析与设计[M]. 北京: 国防工业出版社, 2016.

[21] 张澎, 张成, 管洋阳, 等. 关于电磁频谱作战的思考[J]. 航空学报, 2021, 42(8): 94-105.

[22] 廖雯雯, 程婷, 何子述. MIMO 雷达射频隐身性能优化的目标跟踪算法[J]. 航空学报, 2014, 35(4): 1134-1141.

[23] 刘宏强, 魏贤智, 李飞, 等. 基于射频隐身的雷达跟踪状态下单次辐射能量实时控制方法[J]. 电子学报, 2015, 43(10): 2047-2052.

[24] 乔成林, 单甘霖, 段修生, 等. 面向跟踪任务需求的主动传感器调度方法[J]. 系统工程与电子技术, 2017, 39(11): 2515-2521.

[25] Shi C G, Ding L T, Wang F, et al. Low probability of intercept-based collaborative power and bandwidth allocation strategy for multi-target tracking in distributed radar network system[J]. IEEE Sensors Journal, 2020, 20(12): 6367-6377.

[26] Deligiannis A, Panoui A, Lambotharan S, et al. Game-theoretic power allocation and the Nash equilibrium analysis for a multistatic MIMO radar network[J]. IEEE Transactions on Signal Processing, 2017, 65(24): 6397-6408.

[27] Shi C G, Wang F, Salous S, et al. Distributed power allocation for spectral coexisting multistatic radar and communication systems based on Stackelberg game[C]. 2019 IEEE International Conference on Acoustics, Speech and Signal Processing (ICASSP), 2019: 4265-4269.

[28] Shi C G, Wang F, Salous S, et al. A robust Stackelberg game-based power allocation scheme for spectral coexisting multistatic radar and communication systems[C]. 2019 IEEE Radar Conference (RadarConf), 2019:1-5.

[29] 赫彬, 苏洪涛. 一种多目标与多基地雷达之间的博弈策略[J]. 西安电子科技大学学报, 2021, 48(2): 125-132.

[30] 时晨光, 丁琳涛, 汪飞, 等. 面向射频隐身的组网雷达多目标跟踪下射频辐射资源优化分配算法[J]. 电子与信息学报, 2021, 43(3): 539-546.

[31] Boyd S, Vandenberghe L. Convex Optimization[M]. Cambridge: Cambridge University Press, 2004.

第4章

面向射频隐身的机载网络化雷达
辐射资源协同优化

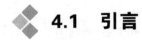 **4.1 引言**

4.1.1 网络化雷达资源协同优化研究现状

射频资源协同优化是网络化雷达论证设计、研制和作战使用的核心技术之一，能够有效提升网络化雷达的体系探测效能[1]。随着组网技术、空天目标与战场态势等方面的发展及雷达可控自由度的不断提高，网络化雷达射频资源协同优化需求主要来自以下几个方面：目标特性变化、战场态势变化、情报需求变化、资源变化、人员能力局限性、时间紧迫性、体系化探测、网络系统本身等。从资源优化的角度看，网络化雷达射频资源协同优化可分为空间资源优化、时间资源优化、模式/参数优化、状态评估和任务分析评估等，其中，前三者最为重要。

在实际应用中，雷达探测系统可用的射频资源总量通常是有限的，传统的固定资源配置方式在面临隐身飞机、巡航导弹、弹道导弹等非合作空天目标及瞬时多变的战场态势时往往会出现资源利用率低、探测效能低下等问题。优化设计网络化雷达的辐射功率、驻留时间、重访时间间隔、信号带宽、脉冲宽度等射频辐射参数，充分挖掘系统潜力，不仅可以提升目标探测、定位、跟踪性能，还可以实现系统资源利用率的显著提升[2-6]。Lu 等学者[7]针对分布式雷达网络中的多目标跟踪问题，提出了一种雷达节点和发射波形协同优化调度算法。该算法以一个加权稀疏矩阵为优化目标，采用基于原始对偶的优化方法对上述问题进行求解，自适应选择最优的雷达节点子集，并发射相应的波形，以最低的系统成本满足预定的跟踪性能。Zhang 等学者[8]提出了面向认知目标跟踪的大规模 MIMO 组网雷达子阵选择与功率分配联合优化算法，在满足给定射频资源约束的条件下，通过联合优化子阵选择与各节点功率分配，降低多目标跟踪的预测条件 CRLB，从而提升系统的目标跟踪性能。Yi 等学者[9]提出了分布式多目标跟踪场景下组网共址 MIMO 雷达发射波束与功率联合调度算法。针对运动平台传感器位置难以精确给定的问题，Sun 等学者[10]研究了面向多目标跟踪和数据压缩的组网雷达功率分配与量测选择联合优化算法，以同时最小化各目标跟踪精度和所选择的量测数目为优化目标，建立多目标优化模型，并采用基于稀疏增强的连续凸规划方法进行求解。Su 等学者[11]分析了雷达波形参数与射频资源配置对机动目标跟踪性能的影响，定义了基于归一化能量消耗、时间消耗和多目标跟踪的代价函数，在此基础上，构建了针对机动目标跟踪的组网共址 MIMO 雷达发射波形与空时资源联合管控模型，并采用改进的 PSO 算法对上述模型进行求解。Bell 等学者[12]针对多目标跟踪与分选场景，给出了任务和信息驱动下的雷达资源配置评价模式。随着人工智能技术的不断进步，雷达趋于多功能与智能化发展，已有不少学者将深度学习和强化学习等思想应用到雷达资源协同优化领域[13, 14]，并取得了一定成果。Shi 等学者[15]从深度学习的角度对目标跟踪下雷达系统节点选择与功率分配模型进行研究，通过雷达系统与目标的动态交互，对雷达系统节点选择与功率分配进行自适应联合优化，以达到最小化系统总辐射功率的目的。

　　针对非理想检测环境下的雷达资源协同优化问题，文献[16]提出了多基地雷达多目标跟踪资源优化分配算法，推导了检测概率不为 1 条件下多目标跟踪精度的解析表达式，并建立了相应的数学优化模型。仿真结果表明，检测概率越小，多基地雷达的多目标跟踪性能越差。为进一步提升密集杂波环境下的目标跟踪性能，Sun 等学者[17]提出了一种认知组网雷达目标跟踪阈值选择和功率分配联合优化算法，并采用梯度投影方法对他们所研究的双变量、非凸优化问题进行求解：在检测阶段，根据预测的目标状态信息自适应调整阈值；在跟踪阶段，将有限的功率资源优化分配给相应的雷达节点，从而最小化目标跟踪 BCRLB。在此基础上，Yan 等学者[18]以 BCRLB 为代价函数，提出了网络化雷达检测与功率分配联合优化算法，通过控制各雷达的虚警率和辐射功率，有效提高了目标状态估计精度。Li 等学者[19]针对集中式 MIMO 雷达平台，提出了基于多目标跟踪的时空资源与波形选择联合优化算法，在保持较好多目标跟踪精度的同时最小化辐射资源消耗，通过穷举法自适应选择最佳的采样周期、子阵数目、目标集和发射波形参数组合，有效提升了系统性能。Du 等学者[20]针对多目标逆合成孔径雷达成像问题，提出了组网雷达时间与孔径资源协同分配策略，在保证成像分辨率的条件下，最大限度地降低时间资源消耗，同时提高成像任务总量。文献[21]针对组网雷达多目标跟踪场景，提出了一种基于目标容量的资源优化分配算法，其核心思想是协调分配各雷达的辐射功率和驻留时间资源，以增加满足预定的多目标跟踪精度要求的目标数量，并通过松弛技术和交替方向乘子法对非光滑、非凸优化问题进行求解。仿真结果表明，该算法能够显著增加组网雷达同时跟踪的目标数量。

　　总的来说，目前国内外学者在网络化雷达资源协同优化方面取得了丰硕的研究成果，为网络化雷达研究与实际应用奠定了坚实的理论基础。然而，大多数已有研究将网络化雷达射频资源配置[1-21]与雷达发射波形参数选择[22-26]作为两个独立的的问题进行建模与求解，严重制约了雷达探测性能的进一步提升，且未考虑网络化雷达的射频隐身性能[27-36]。因此，如何通过对机载网络化雷达辐射资源进行协同优化设计以提升其射频隐身性能，并提高其目标跟踪精度还有待进一步研究。另外，至今尚未有面向射频隐身的机载网络化雷达辐射资源协同优化的公开报道。

4.1.2　本章内容及结构安排

本章针对上述存在的问题，将研究面向射频隐身的机载网络化雷达辐射资源协同优化问题，其主要内容如下：①推导包含各机载雷达辐射功率、驻留时间、信号带宽和高斯脉冲长度的目标状态估计 BCRLB 闭式解析表达式，以此作为表征目标跟踪精度的衡量指标；②推导包含各机载雷达辐射功率、驻留时间等射频辐射参数的机载网络化雷达被截获概率闭式解析表达式，以此作为表征机载网络化雷达射频隐身性能的衡量指标；③提出面向射频隐身的机载网络化雷达辐射资源协同优化算法，即以同时最小化机载网络化雷达被截获概率和目标跟踪 BCRLB 为优化目标，以满足给定的机载网络化雷达辐射资源及波形库要求，对各机载雷达辐射功率、驻留时间、信号带宽和高斯脉冲长度进行协同优化设计，并采用三步分解迭代算法对本章优化问题进行求解；④通过仿真实验验证本章所提算法的有效性和优越性。

本章结构安排如下：4.2 节介绍本章用到的信号模型、目标运动模型和雷达量测模型，为本章后续的研究奠定理论基础；4.3 节研究面向射频隐身的机载网络化雷达辐射资源协同优化算法，并推导表征目标跟踪精度的 BCRLB 闭式解析表达式与机载网络化雷达射频隐身性能的机载网络化雷达被截获概率闭式解析表达式，在此基础上，建立面向射频隐身的机载网络化雷达辐射资源协同优化模型，并提出通过三步分解迭代算法对上述优化模型进行求解；4.4 节通过仿真实验给出采用本章所提算法得到的机载雷达射频辐射参数协同优化仿真结果，以验证本章所提算法的有效性和优越性；4.5 节对本章内容进行总结。

本章符号：$(\cdot)^{\mathrm{T}}$ 和 $(\cdot)^{\mathrm{H}}$ 分别表示矩阵或向量的转置和共轭转置；$\max(a,b)$ 表示取 a、b 中的较大值；$\min(c,d)$ 表示取 c、d 中的较小值。

4.2　系统模型描述

4.2.1　信号模型

本章考虑由 N 部单发单收机载雷达组成的机载网络化雷达，且各机载雷达间保持精确的时间同步、空间同步和相位同步。假设机载雷达所发射的信号是窄带信号，则 k 时刻第 n 部机载雷达的发射信号可以表示为

$$s_{n,k}(t) = \sqrt{P_{\mathrm{t},n,k}}\,\tilde{S}_{n,k}(t)\exp(-\mathrm{j}2\pi f_c t) \qquad (4.1)$$

式中，$P_{\mathrm{t},n,k}$ 表示 k 时刻第 n 部机载雷达的辐射功率；$\tilde{S}_{n,k}(t)$ 表示 k 时刻第 n 部机载雷达发射

信号的归一化复包络；f_c 表示机载雷达发射信号载频。需要指出的是，由于高斯线性调频信号具有良好的射频隐身性能，因此本章的机载雷达发射信号均采用高斯线性调频信号形式，即

$$\tilde{S}_{n,k}(t) = \left(\frac{1}{\pi\lambda_{n,k}^2}\right)^{\frac{1}{4}} \exp\left[-\left(\frac{1}{2\lambda_{n,k}^2} - j2\pi b_{n,k}\right)t^2\right] \tag{4.2}$$

式中，$b_{n,k} = W_{n,k}/(2T_{n,k})$，表示 k 时刻第 n 部机载雷达发射信号的调频斜率，其中，$W_{n,k}$ 表示 k 时刻第 n 部机载雷达发射信号的带宽，$T_{n,k}$ 表示 k 时刻第 n 部机载雷达发射信号的有效脉冲长度；$\lambda_{n,k}$ 表示 k 时刻第 n 部机载雷达发射信号的高斯脉冲长度，且 $T_{n,k} = 7.4338\lambda_{n,k}$。

于是，k 时刻第 n 部机载雷达的接收信号可表示为

$$r_{n,k} = s_k(t - \tau_{n,k})\exp(-j2\pi v_{n,k}t) + \tilde{n}_{n,k}(t) \tag{4.3}$$

式中，$\tau_{n,k}$ 和 $v_{n,k}$ 分别表示 k 时刻第 n 部机载雷达关于目标的时延和多普勒频移；$\tilde{n}_{n,k}(t)$ 表示第 n 部机载雷达接收机的加性零均值复高斯白噪声。

4.2.2　目标运动模型

假设二维空间中 k 时刻目标的运动状态向量可以表示为 $\boldsymbol{X}_k^{\text{tgt}} = \left[x_k^{\text{tgt}}, y_k^{\text{tgt}}, \dot{x}_k^{\text{tgt}}, \dot{y}_k^{\text{tgt}}\right]^{\text{T}}$，其中，$\left(x_k^{\text{tgt}}, y_k^{\text{tgt}}\right)$ 和 $\left(\dot{x}_k^{\text{tgt}}, \dot{y}_k^{\text{tgt}}\right)$ 分别表示 k 时刻目标的位置和速度。于是，目标运动状态方程可表示为

$$\boldsymbol{X}_k^{\text{tgt}} = \boldsymbol{F}\boldsymbol{X}_{k-1}^{\text{tgt}} + \boldsymbol{W}_{\text{N}} \tag{4.4}$$

式中，$\boldsymbol{F}$ 表示目标状态转移矩阵；$\boldsymbol{W}_{\text{N}}$ 表示均值为零的白色高斯过程噪声，其协方差矩阵 $\boldsymbol{Q}$ 可表示为

$$\boldsymbol{Q} = \sigma_w^2 \begin{bmatrix} \dfrac{\Delta T_0^3}{3} & 0 & \dfrac{\Delta T_0^2}{2} & 0 \\ 0 & \dfrac{\Delta T_0^3}{3} & 0 & \dfrac{\Delta T_0^2}{2} \\ \dfrac{\Delta T_0^2}{2} & 0 & \Delta T_0 & 0 \\ 0 & \dfrac{\Delta T_0^2}{2} & 0 & \Delta T_0 \end{bmatrix} \tag{4.5}$$

式中，ΔT_0 表示机载雷达重访时间间隔；σ_w^2 表示目标的过程噪声强度。

本章采用交互式多模型扩展卡尔曼滤波（Interacting Multiple Model-Extended Kalman Filter，IMM-EKF）算法对单目标进行跟踪。假设目标有 3 种运动模型，分别为匀速直线运动模型、正角速度转弯运动模型和负角速度转弯运动模型，其各自对应的目标状态转移矩阵表示如下。

（1）当目标的运动模型为匀速直线时，有

$$F_{\mathrm{CV}} = \begin{bmatrix} 1 & 0 & \Delta T_0 & 0 \\ 0 & 1 & 0 & \Delta T_0 \\ 0 & 0 & 1 & 0 \\ 0 & 0 & 0 & 1 \end{bmatrix} \tag{4.6}$$

（2）当目标的运动模型为正角速度转弯时，有

$$F_{\mathrm{CT+}} = \begin{bmatrix} 1 & \dfrac{\sin(\omega\Delta T_0)}{\omega} & 0 & \dfrac{\cos(\omega\Delta T_0)-1}{\omega} \\ 0 & \cos(\omega\Delta T_0) & 0 & -\sin(\omega\Delta T_0) \\ 0 & \dfrac{1-\cos(\omega\Delta T_0)}{\omega} & 1 & \dfrac{\sin(\omega\Delta T_0)}{\omega} \\ 0 & \sin(\omega\Delta T_0) & 0 & \cos(\omega\Delta T_0) \end{bmatrix} \tag{4.7}$$

式中，ω 表示转弯因子，且 $\omega > 0$。

（3）当目标的运动模型为负角速度转弯时，有

$$F_{\mathrm{CT-}} = \begin{bmatrix} 1 & \dfrac{\sin(\omega\Delta T_0)}{\omega} & 0 & \dfrac{\cos(\omega\Delta T_0)-1}{\omega} \\ 0 & \cos(\omega\Delta T_0) & 0 & -\sin(\omega\Delta T_0) \\ 0 & \dfrac{1-\cos(\omega\Delta T_0)}{\omega} & 1 & \dfrac{\sin(\omega\Delta T_0)}{\omega} \\ 0 & \sin(\omega\Delta T_0) & 0 & \cos(\omega\Delta T_0) \end{bmatrix} \tag{4.8}$$

式中，$\omega < 0$。

4.2.3　雷达量测模型

如前文所述，每部机载雷达只能接收自身发射信号的目标回波。在各个量测时刻，所有机载雷达均从目标回波信号中提取目标时延、多普勒频移和方位角信息，并将目标量测信息通过机间数据链传输到融合中心进行融合处理。因此，k 时刻融合中心接收到的各机载雷达关于目标的量测信息可表示为

$$Z_k = \left[\left(Z_{1,k}\right)^{\mathrm{T}}, \left(Z_{2,k}\right)^{\mathrm{T}}, \cdots, \left(Z_{n,k}\right)^{\mathrm{T}} \right]^{\mathrm{T}} \tag{4.9}$$

式中，$Z_{n,k}$ 表示第 n 部机载雷达的量测向量，是各机载雷达关于目标时延 $\tau_{n,k}$、多普勒频移 $v_{n,k}$ 和方位角 $\theta_{n,k}$ 的量测值。于是，k 时刻第 n 部机载雷达对目标的量测信息可表示为

$$Z_{n,k} = h_n\left(X_k^{\mathrm{tgt}}\right) + N_{n,k} \tag{4.10}$$

式中，$N_{n,k}$ 表示 k 时刻第 n 部机载雷达关于目标时延、多普勒频移和方位角的量测误差，服

从均值为零、方差为 $\boldsymbol{B}_{n,k}$ 的高斯分布。$\boldsymbol{B}_{n,k}$ 表示第 n 部机载雷达的量测向量关于 k 时刻目标时延、多普勒频移及方位角的 CRLB，与各机载雷达发射信号的波形参数有关；$h_n(\bullet)$ 表示非线性转移函数，$h_n\left(\boldsymbol{X}_k^{\text{tgt}}\right)$ 可表示为

$$h_n\left(\boldsymbol{X}_k^{\text{tgt}}\right)=\begin{bmatrix}\tau_{n,k}\\ v_{n,k}\\ \theta_{n,k}\end{bmatrix}=\begin{bmatrix}\dfrac{2\sqrt{\left(x_k^{\text{tgt}}-x_{n,k}\right)^2+\left(y_k^{\text{tgt}}-y_{n,k}\right)^2}}{c}\\[2ex] -\dfrac{2f_{\text{c}}\left[\left(\dot{x}_k^{\text{tgt}}-\dot{x}_{n,\text{s}}\right)\left(x_k^{\text{tgt}}-x_{n,k}\right)+\left(\dot{y}_k^{\text{tgt}}-\dot{y}_{n,\text{s}}\right)\left(y_k^{\text{tgt}}-y_{n,k}\right)\right]}{c\sqrt{\left(x_k^{\text{tgt}}-x_{n,k}\right)^2+\left(y_k^{\text{tgt}}-y_{n,k}\right)^2}}\\[2ex] \arctan 2\left(\dfrac{y_k^{\text{tgt}}-y_{n,k}}{x_k^{\text{tgt}}-x_{n,k}}\right)\end{bmatrix} \quad (4.11)$$

式中，$\left(x_{n,k},y_{n,k}\right)$ 表示 k 时刻第 n 部机载雷达的位置；$\left(\dot{x}_{n,\text{s}},\dot{y}_{n,\text{s}}\right)$ 表示第 n 部机载雷达的速度。

对于无偏估计，费舍尔信息矩阵的逆是量测向量的 CRLB，即 $\boldsymbol{J}_{n,k}=\boldsymbol{B}_{n,k}^{-1}$。量测向量关于目标时延和多普勒频移的费舍尔信息矩阵 $\boldsymbol{J}_{n,k}$ 为

$$\boldsymbol{J}_{n,k}=\frac{2E_{n,k}}{N_0}\begin{bmatrix}-\dfrac{\partial^2\phi\left(\tau_{n,k},v_{n,k}\right)}{\partial\tau_{n,k}^2} & -\dfrac{\partial^2\phi\left(\tau_{n,k},v_{n,k}\right)}{\partial\tau_n\partial v_n}\\[2ex] -\dfrac{\partial^2\phi\left(\tau_{n,k},v_{n,k}\right)}{\partial\tau_{n,k}\partial v_{n,k}} & -\dfrac{\partial^2\phi\left(\tau_{n,k},v_{n,k}\right)}{\partial v_{n,k}^2}\end{bmatrix}_{\substack{\tau_{n,k}=\tau_0,\\ v_{n,k}=v_0}} \quad (4.12)$$

式中，$E_{n,k}$ 表示 k 时刻第 n 部机载雷达接收到的目标回波信号能量；N_0 表示背景噪声单边功率谱密度；$\phi\left(\tau_{n,k},v_{n,k}\right)=\left|\chi\left(\tau_{n,k},v_{n,k}\right)\right|^2$，其中，$\chi\left(\tau_{n,k},v_{n,k}\right)=\displaystyle\int_{-\infty}^{\infty}s_{n,k}(t)s_{n,k}^*\left(t-\tau_{n,k}\right)\cdot\exp(-\text{j}2\pi v_{n,k}t)\text{d}t$ 表示第 n 部机载雷达发射信号的模糊函数；τ_0 和 v_0 分别表示实际的目标时延和多普勒频移。

由于机载网络化雷达采用相控阵天线估计目标方位信息，方位角估计值的 CRLB 与目标时延、多普勒频移估计值的 CRLB 及各机载雷达发射机发射信号的波形均相互独立。因此，量测向量关于目标时延、多普勒频移和方位角估计值的 CRLB 可以表示为

$$\boldsymbol{B}_{\tau,v,\theta}=\begin{bmatrix}\boldsymbol{B}_{\tau,v} & \boldsymbol{0}_{2\times 1}\\ \boldsymbol{0}_{2\times 1} & \boldsymbol{B}_{\theta}\end{bmatrix} \quad (4.13)$$

式中，$\boldsymbol{B}_{\tau,v}$ 表示目标时延和多普勒频移估计值的 CRLB；$\boldsymbol{B}_{\theta}$ 表示方位角估计值的 CRLB，可由 $\boldsymbol{B}_{\theta}=\sigma_{\theta}^2/\text{SNR}$ 计算得到。对于高斯线性调频信号，k 时刻第 n 部机载雷达关于目标时延、多普勒频移及方位角的 CRLB 可表示为[23]

$$B_{n,k} = \frac{1}{\mathrm{SNR}_{n,k}} \begin{bmatrix} 2\lambda_{n,k}^2 & -4b_{n,k}\lambda_{n,k}^2 & 0 \\ -4b_{n,k}\lambda_{n,k}^2 & \dfrac{1}{2\pi^2\lambda_{n,k}^2} + 8b_{n,k}^2\lambda_{n,k}^2 & 0 \\ 0 & 0 & \sigma_\theta^2 \end{bmatrix} \tag{4.14}$$

式中，$\mathrm{SNR}_{n,k}$ 表示 k 时刻第 n 部机载雷达的目标回波 SNR。假设机载网络化雷达采用相干积累技术对接收信号进行处理，则 $q_{n,k}$ 个脉冲积累后得到的目标回波 SNR 为

$$\begin{aligned} \mathrm{SNR}_{n,k} &= q_{n,k}\mathrm{SNR}_{n,k}^s \\ &= \frac{P_{\mathrm{t},n,k}T_{\mathrm{d},n,k}G_{\mathrm{t}}G_{\mathrm{r}}\sigma\lambda_{\mathrm{t}}^2 G_{\mathrm{RP}}}{(4\pi)^3 T_{\mathrm{r}}k_{\mathrm{B}}T_0 B_{\mathrm{r}}F_{\mathrm{r}}R_{n,k}^4} \end{aligned} \tag{4.15}$$

式中，$P_{\mathrm{t},n,k}$ 表示 k 时刻第 n 部机载雷达的辐射功率；$T_{\mathrm{d},n,k}$ 表示 k 时刻第 n 部机载雷达的驻留时间；G_{t} 表示机载雷达发射天线增益；G_{r} 表示机载雷达接收天线增益；σ 表示目标 RCS；λ_{t} 表示机载雷达发射信号波长；G_{RP} 表示机载雷达接收机处理增益；T_{r} 表示机载雷达脉冲重复周期；k_{B} 表示玻尔兹曼常数；T_0 表示机载雷达接收机噪声温度；B_{r} 表示机载雷达接收机匹配滤波器带宽；F_{r} 表示机载雷达接收机噪声系数；$R_{n,k}$ 表示 k 时刻目标与第 n 部机载雷达的距离。

4.3　面向射频隐身的机载网络化雷达辐射资源协同优化算法

4.3.1　问题描述

从数学上来讲，面向射频隐身的机载网络化雷达辐射资源协同优化算法就是在满足给定的机载网络化雷达射频资源和波形库要求的条件下，通过协同优化设计各机载雷达辐射功率、驻留时间、信号带宽和高斯脉冲长度，以达到同时最小化机载网络化雷达的被截获概率和目标跟踪 BCRLB 的目的。本章分别采用目标运动状态估计 BCRLB 闭式解析表达式和敌方无源探测系统对机载雷达的截获概率作为目标跟踪精度和机载网络化雷达射频隐身性能的衡量指标，并采用三步分解迭代算法对本章优化问题进行求解。

4.3.2　目标跟踪精度衡量指标

在参数无偏估计的条件下，BCRLB 表示均方误差的下界，可以用来衡量机载网络化雷达的目标跟踪性能。由于量测信息的非线性特征，目标运动状态估计 BCRLB 闭式解析表达式可近似为

$$J\left(X_k^{\text{tgt}}\right) \approx \left[Q + FJ^{-1}\left(X_{k-1}^{\text{tgt}}\right)F^{\text{T}}\right]^{-1} + \sum_{n=1}^{N}\left(H_{n,k}\right)^{\text{T}}\left(N_{n,k}\right)^{-1}H_{n,k} \tag{4.16}$$

对 $J\left(X_k^{\text{tgt}}\right)$ 求逆，即可得到目标状态估计 BCRLB 闭式解析表达式为

$$\begin{aligned} C_k &\triangleq J^{-1}\left(X_k^{\text{tgt}}\right) \\ &\approx \left\{\left[Q + FJ^{-1}\left(X_{k-1}^{\text{tgt}}\right)F^{\text{T}}\right]^{-1} + \sum_{n=1}^{N}\left(H_{n,k}\right)^{\text{T}}\left(N_{n,k}\right)^{-1}H_{n,k}\right\}^{-1} \end{aligned} \tag{4.17}$$

本章采用 IMM-EKF 算法对目标运动状态进行估计，则 $(k-1)$ 时刻目标状态信息的预测值可表示为

$$X_{k|k-1}^{\text{tgt}} = \sum_{j=1}^{3}\mu_{j,k|k-1}^{\text{tgt}}X_{j,k|k-1}^{\text{tgt}} \tag{4.18}$$

式中，$\mu_{j,k|k-1}^{\text{tgt}}$ 表示第 j 个运动模型的预测概率。当给定 k 时刻各机载雷达辐射功率、驻留时间、信号带宽和高斯脉冲长度时，预测 BCRLB 闭式解析表达式可由 $(k-1)$ 时刻目标运动状态的贝叶斯信息矩阵 $J\left(X_{k-1}^{\text{tgt}}\right)$ 迭代计算得到，即

$$\begin{aligned} C_{k|k-1} &\triangleq J^{-1}\left(X_{k|k-1}^{\text{tgt}}\right) \\ &\approx \left(\sum_{j=1}^{3}\left\{\mu_{j,k|k-1}\left[Q_j + F_jJ^{-1}\left(X_{k|k-1}^{\text{tgt}}\right)F_j^{\text{T}}\right]^{-1}\right\} + \sum_{n=1}^{N}\left(H_{n,k|k-1}\right)^{\text{T}}\left(N_{n,k|k-1}\right)^{-1}H_{n,k|k-1}\right)^{-1} \end{aligned} \tag{4.19}$$

式中，F_j 表示第 j 个运动模型的目标状态转移矩阵；Q_j 表示第 j 个运动模型的噪声协方差矩阵；$H_{n,k|k-1}$ 表示 $(k-1)$ 时刻第 n 部机载雷达相对于目标的雅可比矩阵预测值；$N_{n,k|k-1}$ 表示 $(k-1)$ 时刻第 n 部机载雷达相对于目标的量测噪声协方差矩阵预测值，其中，$N_{n,k|k-1}$ 与机载雷达辐射功率、驻留时间、信号带宽和高斯脉冲长度等射频辐射参数有关。因此，预测 BCRLB 闭式解析表达式不仅与当前时刻的目标位置和机载雷达位置有关，还与 k 时刻机载网络化雷达辐射功率、驻留时间、信号带宽和高斯脉冲长度有关。本章采用式（4.20）作为表征目标跟踪精度的衡量指标

$$F\left(X_{k-1}^{\text{tgt}}, P_{\text{t},k}, T_{\text{d},k}, W_k, \lambda_k\right) \triangleq \sqrt{C_{k|k-1}(1,1) + C_{k|k-1}(2,2)} \tag{4.20}$$

式中，$C_{k|k-1}(1,1)$ 和 $C_{k|k-1}(2,2)$ 分别表示目标位置在 x 方向和 y 方向的预测 BCRLB 闭式解析表达式；$P_{\text{t},k}$ 和 $T_{\text{d},k}$ 分别表示 k 时刻机载网络化雷达辐射功率和驻留时间向量；W_k 和 λ_k 分别表示 k 时刻机载网络化雷达信号带宽和高斯脉冲长度向量，即

$$\begin{cases} P_{\text{t},k} = \left[P_{\text{t},1,k}, P_{\text{t},2,k}, \cdots, P_{\text{t},N,k}\right]^{\text{T}} \\ T_{\text{d},k} = \left[T_{\text{d},1,k}, T_{\text{d},2,k}, \cdots, T_{\text{d},N,k}\right]^{\text{T}} \\ W_k = \left[W_{1,k}, W_{2,k}, \cdots, W_{N,k}\right]^{\text{T}} \\ \lambda_k = \left[\lambda_{1,k}, \lambda_{2,k}, \cdots, \lambda_{N,k}\right]^{\text{T}} \end{cases} \tag{4.21}$$

4.3.3 射频隐身性能衡量指标

敌方无源探测系统对机载雷达的截获概率可用于衡量机载网络化雷达的射频隐身性能。考虑实际战场对抗环境，假设截获接收机由目标自身搭载，并可覆盖机载网络化雷达的工作频段。本章讨论的机载雷达被截获概率是指被跟踪目标上搭载的截获接收机对机载雷达发射信号的前端截获概率[32]，即

$$p_{\mathrm{I}} = \frac{T_{\mathrm{d}}}{2T_{\mathrm{I}}} \cdot \mathrm{erfc}\left[\sqrt{-\ln p_{\mathrm{fa}}'} - \sqrt{\frac{P_{\mathrm{t}} G_{\mathrm{t}} G_{\mathrm{I}} \lambda_{\mathrm{t}}^2 G_{\mathrm{IP}}}{(4\pi)^2 R_{\mathrm{t}}^2 k T_0 B_{\mathrm{I}} F_{\mathrm{I}}} + 0.5}\right] \tag{4.22}$$

式中，$\mathrm{erfc}(\bullet)$ 表示互补误差函数；T_{d} 表示机载雷达驻留时间；T_{I} 表示截获接收机搜索时间；p_{fa}' 表示截获接收机虚警率；P_{t} 表示机载雷达辐射功率；G_{I} 表示截获接收机天线增益；G_{IP} 表示截获接收机处理增益；T_0 表示截获接收机噪声温度；B_{I} 表示截获接收机带宽；F_{I} 表示截获接收机噪声系数。在此，定义机载网络化雷达被截获概率为每部机载雷达均不被敌方无源探测系统截获的概率，即

$$p_{\mathrm{I},k}^{\mathrm{tot}}\left(\boldsymbol{X}_{k|k-1}^{\mathrm{tgt}}, \boldsymbol{P}_{\mathrm{t},k}, \boldsymbol{T}_{\mathrm{d},k}\right) \triangleq 1 - \prod_{n=1}^{N}\left[1 - p_{\mathrm{I},n,k}\left(\boldsymbol{X}_{k|k-1}^{\mathrm{tgt}}, P_{\mathrm{t},n,k}, T_{\mathrm{d},n,k}\right)\right] \tag{4.23}$$

式中，$p_{\mathrm{I},n,k}\left(\boldsymbol{X}_{k|k-1}^{\mathrm{tgt}}, P_{\mathrm{t},n,k}, T_{\mathrm{d},n,k}\right)$ 表示 k 时刻第 n 部机载雷达的被截获概率。由式（4.22）可知，当给定 k 时刻各机载雷达的辐射功率、驻留时间等参数时，$(k-1)$ 时刻机载网络化雷达被截获概率的预测值可由下式计算得到。

$$p_{\mathrm{I},k|k-1}^{\mathrm{tot}}\left(\boldsymbol{X}_{k|k-1}^{\mathrm{tgt}}, P_{\mathrm{t},n,k}, T_{\mathrm{d},n,k}\right) \triangleq 1 - \prod_{n=1}^{N}\left[1 - p_{\mathrm{I},n,k|k-1}\left(\boldsymbol{X}_{k|k-1}^{\mathrm{tgt}}, P_{\mathrm{t},n,k}, T_{\mathrm{d},n,k}\right)\right] \tag{4.24}$$

式中，$p_{\mathrm{I},n,k|k-1}\left(\boldsymbol{X}_{k|k-1}^{\mathrm{tgt}}, P_{\mathrm{t},n,k}, T_{\mathrm{d},n,k}\right)$ 表示 $(k-1)$ 时刻第 n 部机载雷达被截获概率的预测值，它可表示为

$$p_{\mathrm{I},n,k|k-1}\left(\boldsymbol{X}_{k|k-1}^{\mathrm{tgt}}, P_{\mathrm{t},n,k}, T_{\mathrm{d},n,k}\right) = \frac{T_{\mathrm{d},n,k}}{2T_{\mathrm{I}}} \cdot \mathrm{erfc}\left[\sqrt{-\ln p_{\mathrm{fa}}'} - \sqrt{\frac{P_{\mathrm{t},n,k} G_{\mathrm{t}} G_{\mathrm{I}} \lambda_{\mathrm{t}}^2 G_{\mathrm{IP}}}{(4\pi)^2 R_{n,k|k-1}^2 k_{\mathrm{B}} T_0 B_{\mathrm{I}} F_{\mathrm{I}}} + 0.5}\right] \tag{4.25}$$

式中，$R_{n,k|k-1}$ 表示 $(k-1)$ 时刻目标与第 n 部机载雷达之间距离的预测值。

4.3.4 优化模型建立

本章提出的面向射频隐身的机载网络化雷达辐射资源协同优化算法，在满足机载网络化雷达辐射资源和波形库要求的条件下，通过协同优化设计各机载雷达辐射功率、驻留时间、信号带宽和高斯脉冲长度，同时最小化机载网络化雷达被截获概率和目标跟踪精度，可建立如下优化模型。

$$
\begin{cases}
\min\limits_{\boldsymbol{P}_{\mathrm{t},k},\boldsymbol{T}_{\mathrm{d},k}} p_{\mathrm{I},k}^{\mathrm{tot}}\left(\boldsymbol{X}_{k|k-1}^{\mathrm{tgt}},\boldsymbol{P}_{\mathrm{t},k},\boldsymbol{T}_{\mathrm{d},k}\right) \\
\min\limits_{\boldsymbol{P}_{\mathrm{t},k},\boldsymbol{T}_{\mathrm{d},k},\boldsymbol{W}_k,\lambda_k} F\left(\boldsymbol{X}_{k|k-1}^{\mathrm{tgt}},\boldsymbol{P}_{\mathrm{t},k},\boldsymbol{T}_{\mathrm{d},k},\boldsymbol{W}_k,\lambda_k\right) \\
\mathrm{s.t.}\begin{cases}
\overline{P_{\min}}\leqslant P_{\mathrm{t},n,k}\leqslant\overline{P_{\max}}, & \forall n \\
\overline{T_{\min}}\leqslant T_{\mathrm{d},n,k}\leqslant\overline{T_{\max}}, & \forall n \\
W_{n,k}\in W_{\mathrm{set}},\lambda_{n,k}\in\lambda_{\mathrm{set}}, & \forall n \\
\mathrm{SNR}_{n,k|k-1}\geqslant\mathrm{SNR}_{\min}, & \forall n
\end{cases}
\end{cases}
\tag{4.26}
$$

式中，$\overline{P_{\min}}$ 和 $\overline{P_{\max}}$ 分别表示各机载雷达辐射功率的下限和上限；$\overline{T_{\min}}$ 和 $\overline{T_{\max}}$ 分别表示各机载雷达驻留时间的下限和上限；W_{set} 和 λ_{set} 分别表示信号波形库中的信号带宽和高斯脉冲长度集合；$\mathrm{SNR}_{\min}$ 表示预先设定的目标检测 SNR 阈值；$\mathrm{SNR}_{n,k|k-1}$ 表示（k-1）时刻第 n 部机载雷达接收到的目标预测回波 SNR，可表示为

$$
\mathrm{SNR}_{n,k|k-1}=\frac{P_{\mathrm{t},n,k}T_{\mathrm{d},n,k}G_{\mathrm{t}}G_{\mathrm{r}}\sigma\lambda_{\mathrm{t}}^2 G_{\mathrm{RP}}}{(4\pi)^3 T_{\mathrm{r}}k_{\mathrm{B}}T_0 B_{\mathrm{r}}F_{\mathrm{r}}R_{n,k|k-1}^4}
\tag{4.27}
$$

需要说明的是，在式（4.26）中，第 1 个约束条件表示各机载雷达的辐射功率限制；第 2 个约束条件表示各机载雷达的驻留时间限制；第 3 个约束条件表示各机载雷达的发射波形需从给定的波形库中选择；第 4 个约束条件表示跟踪过程中各机载雷达需要满足预先设定的目标检测 SNR 阈值要求。

4.3.5　优化模型求解

式（4.26）为含有 4 个变量的非凸、非线性、高维双目标优化问题。本章结合解析法和粒子群算法，提出了一种三步分解迭代算法，对机载网络化雷达辐射资源进行自适应协同优化设计，具体求解步骤如下。

步骤 1：子优化问题分解。

根据 4.3.2 节和 4.3.3 节的式（4.20）和式（4.24）可知，机载网络化雷达被截获概率仅取决于各机载雷达辐射功率和驻留时间，而目标跟踪精度不仅与各机载雷达辐射功率和驻留时间有关，还取决于各机载雷达信号带宽和高斯脉冲长度。因此，可将式（4.26）分解为以下 2 个子优化问题。

$$
\begin{cases}
\min\limits_{\boldsymbol{P}_{\mathrm{t},k},\boldsymbol{T}_{\mathrm{d},k}} p_{\mathrm{I},k}^{\mathrm{tot}}\left(\boldsymbol{X}_{k|k-1}^{\mathrm{tgt}},\boldsymbol{P}_{\mathrm{t},k},\boldsymbol{T}_{\mathrm{d},k}\right) \\
\mathrm{s.t.}\begin{cases}
\overline{P_{\min}}\leqslant P_{\mathrm{t},n,k}\leqslant\overline{P_{\max}}, & \forall n \\
\overline{T_{\min}}\leqslant T_{\mathrm{d},n,k}\leqslant\overline{T_{\max}}, & \forall n \\
\mathrm{SNR}_{n,k|k-1}\geqslant\mathrm{SNR}_{\min}, & \forall n
\end{cases}
\end{cases}
\tag{4.28}
$$

和

$$
\begin{cases}
\min_{P_{t,k},T_{d,k},W_k,\lambda_k} F\left(X_{k|k-1}^{\text{tgt}},P_{t,k},T_{d,k},W_k,\lambda_k\right) \\
\text{s.t.} \begin{cases}
\overline{P_{\min}} \leqslant P_{t,n,k} \leqslant \overline{P_{\max}}, & \forall n \\
\overline{T_{\min}} \leqslant T_{d,n,k} \leqslant \overline{T_{\max}}, & \forall n \\
W_{n,k} \in W_{\text{set}},\lambda_{n,k} \in \lambda_{\text{set}}, & \forall n \\
\text{SNR}_{n,k|k-1} \geqslant \text{SNR}_{\min}, & \forall n
\end{cases}
\end{cases}
\tag{4.29}
$$

由于各机载雷达工作于单发单收模式，根据式（4.24）和式（4.25）可知，最小化机载网络化雷达被截获概率等价于最小化各机载雷达被截获概率，则式（4.28）可以重写为

$$
\begin{cases}
\min_{P_{t,n,k},T_{d,n,k}} p_{I,n,k}\left(X_{k|k-1}^{\text{tgt}},P_{t,n,k},T_{d,n,k}\right) \\
\text{s.t.} \begin{cases}
\overline{P_{\min}} \leqslant P_{t,n,k} \leqslant \overline{P_{\max}}, & \forall n \\
\overline{T_{\min}} \leqslant T_{d,n,k} \leqslant \overline{T_{\max}}, & \forall n \\
\text{SNR}_{n,k|k-1} \geqslant \text{SNR}_{\min}, & \forall n
\end{cases}
\end{cases}
\tag{4.30}
$$

步骤 2：机载雷达辐射功率与驻留时间优化设计。

当各机载雷达以最小可检测 $\text{SNR}_{\min}$ 进行检波时，其被截获概率最小。由式（4.27）可得

$$
P_{t,n,k} = \frac{\text{SNR}_{\min}(4\pi)^3 T_r k_B T_0 B_r F_r R_{n,k|k-1}^4}{T_{d,k} G_t \sigma \lambda_t^2 G_{RP} G_r}
\tag{4.31}
$$

将式（4.31）带入式（4.25），可得

$$
p_{I,n,k} = \frac{T_{d,n,k}}{2T_I} \cdot \text{erfc}\left(\sqrt{-\ln p_{fa}'} - \sqrt{\frac{4\pi\text{SNR}_{\min}T_r B_r F_r G_I G_{IP} R_{n,k|k-1}^2}{T_{d,k} B_I F_I G_r \sigma G_{RP}} + 0.5}\right)
\tag{4.32}
$$

令 $p_I(x) = p_{I,n,k}$，$x = T_{d,n,k}$，$a = \sqrt{-\ln p_{fa}'}$，$b = 4\pi\text{SNR}_{\min}T_r B_r F_r G_I G_{IP} R_{n,k|k-1}^2 / B_I F_I G_r \sigma G_{RP}$，则式（4.32）可以重写为

$$
\begin{aligned}
p_I(x) &= \frac{x}{2T_I} \cdot \text{erfc}\left(a - \sqrt{\frac{b}{x} + \frac{1}{2}}\right) \\
&= \frac{x}{T_I} \cdot \left[\frac{1}{2} - \frac{1}{\sqrt{\pi}} \int_0^{a-\sqrt{\frac{b}{x}+\frac{1}{2}}} \exp(-t^2)\mathrm{d}t\right]
\end{aligned}
\tag{4.33}
$$

首先，将 $p_I(x)$ 对变量 x 求一阶偏导，可得

$$\frac{\partial p_{\mathrm{I}}(x)}{\partial x} = \frac{1}{T_{\mathrm{I}}} \cdot \left[\frac{1}{2} - \frac{1}{\sqrt{\pi}} \int_0^{a-\sqrt{\frac{b}{x}+\frac{1}{2}}} \exp(-t^2)\mathrm{d}t \right]$$

$$+ \frac{1}{4} \frac{\exp\left[-\left(a - \frac{\sqrt{2}}{2}\sqrt{\frac{2b+x}{x}}\right)^2\right]\sqrt{2}\left(\frac{1}{x} - \frac{2b+x}{x^2}\right)x}{\sqrt{\pi}\sqrt{\frac{2b+x}{x}}T_{\mathrm{I}}} \tag{4.34}$$

从式（4.34）可以看出，式（4.33）的极值点无法通过 $\partial p_{\mathrm{I}}(x)/\partial x = 0$ 获得。因此，将 $p_{\mathrm{I}}(x)$ 对变量 x 求二阶偏导，可得

$$\frac{\partial^2 p_{\mathrm{I}}(x)}{\partial^2 x} = -b^2 \frac{(\sqrt{2}b + \sqrt{2}xa - \sqrt{x}\sqrt{2b+x})}{T_{\mathrm{I}}(2b+x)^{3/2}\sqrt{\pi}x^{5/2}} \exp\left[-\frac{1}{4}\frac{(-2ax+\sqrt{2}\sqrt{2b+x}\sqrt{x})^2}{x^2}\right] \tag{4.35}$$

由于 $-b^2\exp\left[-(-2ax+\sqrt{2}\sqrt{2b+x}\sqrt{x})^2/4x^2\right]/\left[T_{\mathrm{I}}(2b+x)^{3/2}\sqrt{\pi}x^{5/2}\right] < 0$，故 $\partial^2 p_{\mathrm{I}}(x)/\partial^2 x$ 的正负性由 $\sqrt{2}b + \sqrt{2}xa - \sqrt{x}\sqrt{2b+x}$ 的正负性决定。在此，定义

$$f(x,a,b) = \sqrt{2}b + \sqrt{2}xa - \sqrt{x}\sqrt{2b+x} \tag{4.36}$$

假设 $f(x,a,b) > 0$，则有

$$\left(\sqrt{2}b + \sqrt{2}xa - \sqrt{x}\sqrt{2b+x}\right)\left(\sqrt{2}b + \sqrt{2}xa - \sqrt{x}\sqrt{2b+x}\right)$$
$$= (2a^2-1)x^2 - (4ab-2b)x + 2b^2 > 0 \tag{4.37}$$

易知一元二次方程 $a_0x^2 + b_0x + c_0 = 0$ 有实数解，则判别式 $\Delta = b_0^2 - 4a_0c_0 \geqslant 0$。故对于式（4.37）有

$$\Delta = (4ab-2b)^2 - 8b^2(2a^2-1)$$
$$= -4b^2(4a-3) \tag{4.38}$$

而 $a = \sqrt{-\ln p_{\mathrm{fa}}'} \in \left[\sqrt{\ln 10^3}, \sqrt{\ln 10^{12}}\right] \approx [2.628, 5.257]$，则有

$$\Delta = -4b^2(4a-3) < 0 \tag{4.39}$$

因此，方程 $(2a^2-1)x^2 - (4ab-2b)x + 2b^2 = 0$ 无实数解，且因为 $(2a^2-1) > 0$，所以不等式 $(2a^2-1)x^2 - (4ab-2b)x + 2b^2 > 0$ 恒成立，即 $f(x,a,b) > 0$ 恒成立。因此，$p_{\mathrm{I}}(x)$ 关于变量 x 的二阶偏导满足

$$\frac{\partial^2 p_{\mathrm{I}}(x)}{\partial^2 x} < 0 \tag{4.40}$$

根据式（4.40）可以得到，机载雷达被截获概率 $p_{\mathrm{I}}(x)$ 是驻留时间 $T_{\mathrm{d},n,k}$ 的上凸函数[37-39]，从而驻留时间的最优解 $T_{\mathrm{d},n,k}^{\mathrm{opt}}$ 会在参数范围的边界 $\overline{T_{\min}}$ 或 $\overline{T_{\max}}$ 处取得，也就是说，机载雷达

被截获概率的最小值会在驻留时间取值范围的边界处获得，即

$$T_{d,n,k}^{\text{opt}} = \arg\min\left[p_{\text{I}}\left(\overline{T_{\min}}\right), p_{\text{I}}\left(\overline{T_{\max}}\right) \right] \tag{4.41}$$

在获得 k 时刻各机载雷达的最优驻留时间后，k 时刻第 n 部机载雷达雷达的最优辐射功率可由式（4.42）计算得到，即

$$P_{\text{t},n,k} = \min\left\{ \overline{P_{\max}}, \max\left[\frac{\text{SNR}_{\min}\left(4\pi\right)^3 T_{\text{r}} k T_0 B_{\text{r}} F_{\text{r}} R_{n,k|k-1}^4}{T_{d,n,k} G_{\text{t}} \sigma \lambda_{\text{t}}^2 G_{\text{RP}} G_{\text{r}}}, \overline{P_{\min}} \right] \right\} \tag{4.42}$$

步骤 3：机载雷达发射波形参数优化选择。

在得到机载网络化雷达的最优辐射功率和驻留时间后，式（4.29）可以转化为

$$\begin{cases} \min_{\boldsymbol{W}_k, \boldsymbol{\lambda}_k} F\left(\boldsymbol{X}_{k|k-1}^{\text{tgt}}, \boldsymbol{\lambda}_k, \boldsymbol{W}_k \right) \\ \text{s.t.} \quad W_{n,k} \in W_{\text{set}}, \lambda_{n,k} \in \lambda_{\text{set}}, \forall n \end{cases} \tag{4.43}$$

在此，采用粒子群算法对各机载雷达发射波形参数进行优化选择。在 $2N$ 维的目标搜索空间中，由 Q 个代表优化问题潜在解的粒子组成一个种群 $\boldsymbol{Y} = \left[Y_1, Y_2, \cdots, Y_Q \right]$，第 q 个粒子的位置可以表示为 $\boldsymbol{Y}_q = \left[W_1, \cdots, W_N, \lambda_1, \cdots, \lambda_N \right]^{\text{T}}$，速度为 $\boldsymbol{V}_q = \left[V_{w1}, \cdots, V_{wN}, V_{\lambda 1}, \cdots, V_{\lambda N} \right]^{\text{T}}$。先对算法进行初始化，然后通过迭代找到最优解。在每一次迭代中，粒子群算法根据适应度计算函数更新个体最优粒子和全局最优粒子[40]

$$\boldsymbol{P}_q^{(l)} = \begin{cases} \boldsymbol{P}_q^{(l-1)}, f\left(\boldsymbol{Y}_q^{(l)}\right) > f\left(\boldsymbol{P}_q^{(l-1)}\right) \text{且} l \neq 0 \\ \boldsymbol{Y}_q^{(l)}, f\left(\boldsymbol{Y}_q^{(l)}\right) < f\left(\boldsymbol{P}_q^{(l-1)}\right) \text{且} l \neq 0 \\ \boldsymbol{Y}_q^{(0)}, l = 0 \end{cases} \tag{4.44}$$

$$\boldsymbol{P}_g^{(l)} = \arg\min\left[f\left(\boldsymbol{P}_1^{(l)}\right), f\left(\boldsymbol{P}_2^{(l)}\right), \cdots, f\left(\boldsymbol{P}_Q^{(l)}\right) \right] \tag{4.45}$$

式中，$\boldsymbol{P}_q^{(l)}$ 表示第 l 次循环中第 q 个个体最优粒子的位置；$\boldsymbol{P}_g^{(l)}$ 表示第 l 次循环中全局最优粒子的位置；$\boldsymbol{Y}_q^{(l)}$ 表示第 l 次循环中第 q 个粒子的位置；$f(\cdot)$ 表示粒子适应度计算函数。

在循环迭代过程中，每个粒子都代表一种潜在的可行解，通过跟踪个体最优粒子和全局最优粒子的位置，不断调整粒子的速度和位置，即

$$\begin{cases} \boldsymbol{V}_q^{(l+1)} = \zeta \boldsymbol{V}_q^{(l)} + c_1 r_1 \left(\boldsymbol{P}_q^{(l)} - \boldsymbol{Y}_q^{(l)} \right) + c_2 r_2 \left(\boldsymbol{P}_g^{(l)} - \boldsymbol{Y}_q^{(l)} \right) \\ \boldsymbol{Y}_q^{(l+1)} = \boldsymbol{Y}_q^{(l)} + \boldsymbol{V}_q^{(l+1)} \end{cases} \tag{4.46}$$

式中，$\boldsymbol{V}_q^{(l)}$ 表示第 l 次循环中第 q 个粒子的速度；ζ 表示权重系数；c_1 和 c_2 分别表示非负的常数；r_1 和 r_2 分别表示分布于 $[0,1]$ 区间的随机数；l 表示迭代次数。

由粒子群算法求解子优化问题的具体步骤如下。

（1）初始化 Q 个粒子的初始位置和速度，初始位置为机载网络化雷达发射波形参数；定义权重系数 ζ、常数 c_1 和 c_2、最大迭代次数 $l_{\max}$。

（2）根据 $F\left(\boldsymbol{X}_{k|k-1}, \boldsymbol{W}_k, \boldsymbol{\lambda}_k\right)$ 计算粒子适应度。

（3）根据式（4.44）和式（4.45）更新个体最优粒子和全局最优粒子位置。

（4）根据式（4.46）更新粒子的速度与位置。

（5）检验终止条件，若收敛或达到最大迭代次数，则算法终止，输出全局最优粒子；否则令 $l = l + 1$，转入步骤（2），继续迭代循环。

4.3.6　算法流程

总的来说，面向射频隐身的机载网络化雷达辐射资源协同优化算法可以描述为，各机载雷达在（$k-1$）时刻通过预测下一时刻目标与各机载雷达之间的距离，在满足给定的机载网络化雷达射频资源及波形库要求的条件下，计算出 k 时刻各机载雷达的辐射功率、驻留时间、信号带宽和高斯脉冲长度。机载网络化雷达根据反馈信息自适应地调整 k 时刻的射频辐射参数，从而最大限度地降低机载网络化雷达的被截获概率和目标跟踪误差。本章所提算法流程示意图如图 4.1 所示。

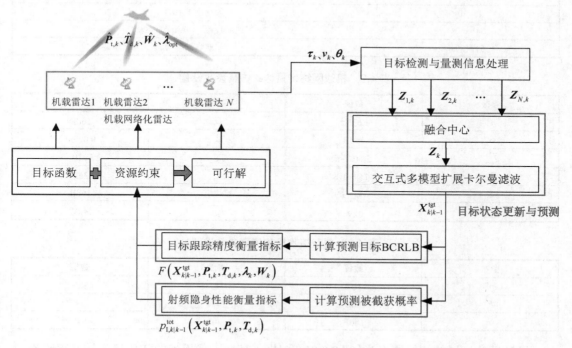

图 4.1　本章所提算法流程示意图

4.4 仿真结果与分析

4.4.1 仿真参数设置

为了验证本章所提的面向射频隐身的机载网络化雷达辐射资源协同优化算法的有效性和优越性，需要进行如下仿真：假设机载网络化雷达由 4 部机载雷达组成，各机载雷达的系统参数均相同，重访时间间隔为 1s，跟踪过程持续时间为 80s，用于算法结束循环的固定值设置为 $\varepsilon = 0.1$。雷达信号波形库分别为 $W_{set} = \{0.1, 0.3, 0.5, 0.7, 0.9\}$（单位：MHz）和 $\lambda_{set} = \{1, 3, 5, 7, 9\}$（单位：μs）。在粒子群算法中，相关参数设置分别为 $Q = 20$、$\zeta = 1$、$c_1 = 0.8$、$c_2 = 0.8$ 和 $l_{max} = 50$。目标运动状态变化如表 4.1 所示。机载网络化雷达和截获接收机的仿真参数设置如表 4.2～表 4.3 所示。

表 4.1　目标运动状态变化

时刻	目标运动状态
1～30s	匀速直线运动
31～50s	匀速右转弯（w=3rad）运动
51～80s	匀速直线运动

表 4.2　机载网络化雷达的仿真参数设置

参数	数值	参数	数值
f_c	12GHz	G_t	36dB
G_r	35dB	λ_t	0.025m
$\overline{T_{min}}$	5×10^{-4} s	$\overline{T_{max}}$	2.5×10^{-2} s
G_{RP}	16.5dB	F_r	3dB
B_r	1MHz	SNR_{min}	16dB
$\overline{P_{min}}$	0kW	$\overline{P_{max}}$	14kW

表 4.3　截获接收机的仿真参数设置

参数	数值	参数	数值
p'_{fa}	10^{-8}	G_{IP}	3dB
F_I	6dB	T_I	2s
G_I	10dB	B_I	40GHz

目标运动模型的初始概率为 $[0.98, 0.01, 0.01]^T$，目标运动模型的初始概率转移矩阵为

$$P_{\text{trans}} = \begin{bmatrix} 0.98 & 0.01 & 0.01 \\ 0.1 & 0.8 & 0.1 \\ 0.1 & 0.1 & 0.8 \end{bmatrix} \quad\quad (4.47)$$

　　为了分析机载网络化雷达位置分布对仿真结果的影响，可考虑以下两种不同的目标跟踪场景：目标跟踪场景 1 如图 4.2 所示，机载网络化雷达的初始运动状态 1 如表 4.4 所示；目标跟踪场景 2 如图 4.3 所示，机载网络化雷达的初始运动状态 2 如表 4.5 所示。同时，为了更好地分析目标 RCS 对仿真结果的影响，本章考虑以下 2 种目标 RCS 模型：在第 1 种模型中，目标 RCS 保持不变，且相对各机载雷达均为 $\sigma = 3\text{m}^2$；在第 2 种模型中，目标 RCS 分布如图 4.4 所示。

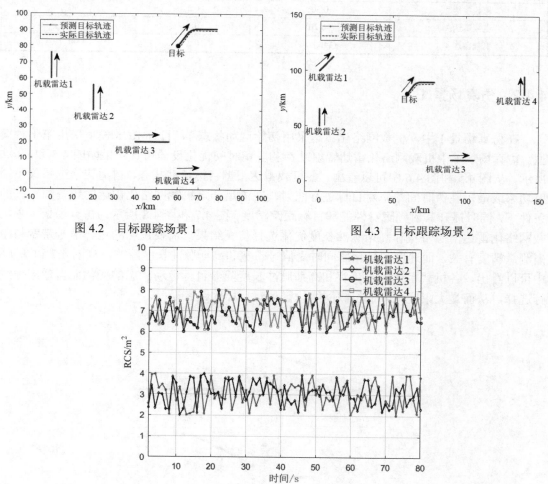

图 4.2　目标跟踪场景 1　　　　　　　　图 4.3　目标跟踪场景 2

图 4.4　目标 RCS 分布

表 4.4　机载网络化雷达的初始运动状态 1

雷达编号	初始位置/km	初始速度/（km/s）	初始朝向角
机载雷达 1	(0,60)	0.2	90°
机载雷达 2	(20,40)	0.2	90°
机载雷达 3	(40,20)	0.2	90°
机载雷达 4	(60,0)	0.2	90°

表 4.5　机载网络化雷达的初始运动状态 2

雷达编号	初始位置/km	初始速度/（km/s）	初始朝向角
机载雷达 1	(0,100)	0.2	53.13°
机载雷达 2	(0,50)	0.2	90°
机载雷达 3	(90,20)	0.2	0°
机载雷达 4	(140,80)	0.2	90°

4.4.2　仿真场景 1

在仿真场景 1 中，机载网络化雷达采用初始运动状态 1，目标 RCS 模型采用第 1 种模型。仿真场景 1 中机载网络化雷达辐射功率和驻留时间优化设计仿真结果如图 4.5 和图 4.6 所示。从图 4.5 和图 4.6 中可以看出，各机载雷达根据目标运动状态，自适应地选择最小辐射功率或最短驻留时间策略对目标进行照射，在满足一定机载网络化雷达射频资源约束的条件下，同时提升其射频隐身性能和目标跟踪精度。图 4.7 和图 4.8 所示为仿真场景 1 中机载网络化雷达信号带宽和高斯脉冲长度优化选择仿真结果。需要说明的是，信号带宽与距离测量精度有关，而速度测量精度同时受信号带宽和高斯脉冲长度影响。从图 4.7 和图 4.8 中可以看出，各机载雷达信号带宽和高斯脉冲长度随着目标运动状态的变化而自适应地进行选择，从而最大限度地降低机载网络化雷达对目标的跟踪误差。

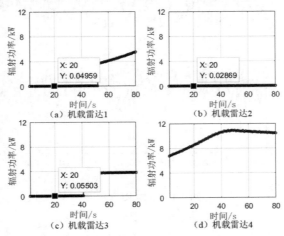

图 4.5 仿真场景 1 中机载网络化雷达辐射功率优化设计仿真结果

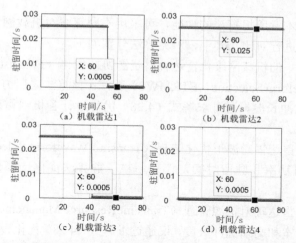

图 4.6　仿真场景 1 中机载网络化雷达驻留时间优化设计仿真结果

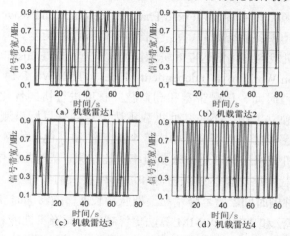

图 4.7　仿真场景 1 中机载网络化雷达信号带宽优化选择仿真结果

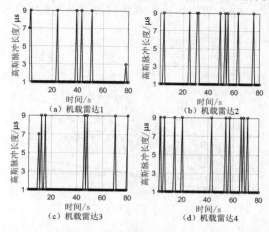

图 4.8　仿真场景 1 中机载网络化雷达高斯脉冲长度优化选择仿真结果

为了更好地验证本章所提算法的性能，可采用不同算法对机载网络化雷达的射频隐身性能和目标跟踪精度进行对比，其中，对比算法分别如下。

（1）基于参数穷举的机载网络化雷达辐射资源协同优化（Exhaustive Transmit Resource Management and Waveform Selection，ETRMWS）算法：该算法采用穷举法选择各机载雷达的信号带宽和高斯脉冲长度，通过求解式（4.28）优化设计各机载雷达的辐射功率和驻留时间。

（2）机载网络化雷达辐射波形优化选择（Transmit Waveform Selection，TWS）算法：固定各机载雷达辐射功率和驻留时间，仅采用粒子群算法优化选择信号带宽和高斯脉冲长度。

（3）机载网络化雷达辐射资源管理（Transmit Resource Management，TRM）算法：固定各机载雷达信号带宽和高斯脉冲长度，仅通过求解式（4.28）优化设计各机载雷达辐射功率和驻留时间。

（4）固定辐射资源和波形参数（Fixed Transmit Resource and Waveform，FTRW）算法：固定各机载雷达辐射功率、驻留时间、信号带宽和高斯脉冲长度。

（5）独立模式下机载网络化雷达辐射资源协同优化（Joint Transmit Resource Management and Waveform Selection Working in Independent Mode，JTRMWS-IM）算法：该算法对各机载雷达辐射功率、驻留时间、信号带宽和高斯脉冲长度进行协同优化设计，但机载网络化雷达中每部机载雷达独立工作，不与其他机载雷达节点共享目标量测信息。

图 4.9、图 4.10 和图 4.11 仿真场景 1 中本章所提算法和其他 4 种算法的目标跟踪 RMSE、目标跟踪 ARMSE 和机载网络化雷达被截获概率对比结果。从这些图中可以看出，本章所提算法在满足给定的机载网络化雷达射频资源和波形库要求的条件下，通过协同优化设计各机载雷达辐射功率、驻留时间、信号带宽和高斯脉冲长度，能够同时获得相比于 TWS 算法、TRM 算法、FTRW 算法和 JTRMWS-IM 算法更优越的射频隐身性能和目标跟踪精度。需要说明的是，虽然 ETRMWS 算法具有最低的目标跟踪 ARMSE，然而，在实际应用中，其计算复杂度是让人无法接受的。4.4.5 节将对比本章所提算法与 ETRMWS 算法的计算复杂度。

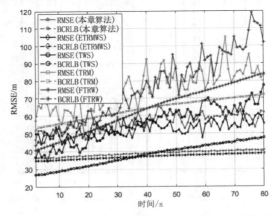

图 4.9　仿真场景 1 中本章所提算法和其他 4 种算法的目标跟踪 RMSE 对比结果

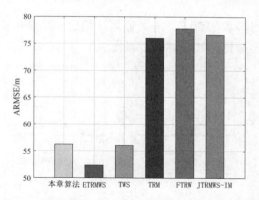

图 4.10   仿真场景 1 中本章所提算法和其他 5 种算法的目标跟踪 ARMSE 对比结果

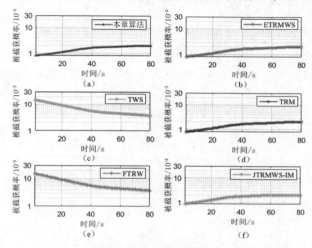

图 4.11   仿真场景 1 中本章所提算法和其他 5 种算法的机载网络化雷达被截获概率对比结果

4.4.3   仿真场景 2

在仿真场景 2 中，机载网络化雷达采用初始运动状态 2，即从同一个地点出发且朝向角不同，目标 RCS 模型采用第 1 种模型。仿真场景 2 中机载网络化雷达辐射功率和驻留时间优化设计仿真结果如图 4.12 和图 4.13 所示。仿真场景 2 中机载网络化雷达信号带宽和高斯脉冲长度优化选择仿真结果如图 4.14 和图 4.15 所示。从图 4.12～图 4.15 中可以看出，仿真场景 2 中的仿真结果明显不同于仿真场景 1，并且在目标跟踪过程中，随着目标运动状态的不断变化，机载网络化雷达能够动态调整各机载雷达的辐射功率、驻留时间、信号带宽和高斯脉冲长度。

图 4.16 所示为仿真场景 2 中本章所提算法和其他 4 种算法的目标跟踪 RMSE 对比结果。图 4.17 和图 4.18 所示为仿真场景 2 中本章所提算法和其他 5 种算法的目标跟踪 ARMSE 和机载网络化雷达被截获概率对比结果。从图 4.16～图 4.18 中可以看出，在同样的机载网

络化雷达射频资源和波形参数约束下，与其他算法相比，本章所提算法和 ETRMWS 算法均表现出更优越的射频隐身性能和目标跟踪精度。

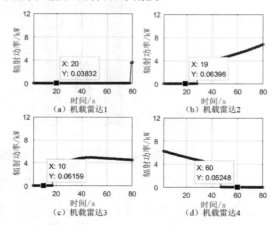

图 4.12 仿真场景 2 中机载网络化雷达辐射功率优化设计仿真结果

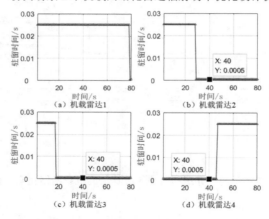

图 4.13 仿真场景 2 中机载网络化雷达驻留时间优化设计仿真结果

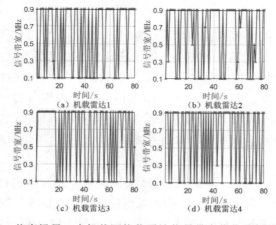

图 4.14 仿真场景 2 中机载网络化雷达信号带宽优化选择仿真结果

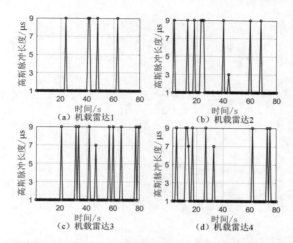

图 4.15　仿真场景 2 中机载网络化雷达高斯脉冲长度优化选择仿真结果

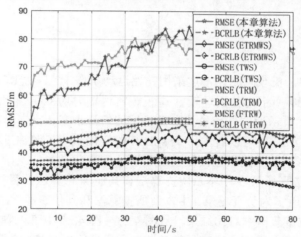

图 4.16　仿真场景 2 中本章所提算法与其他 4 种算法的目标跟踪 RMSE 对比结果

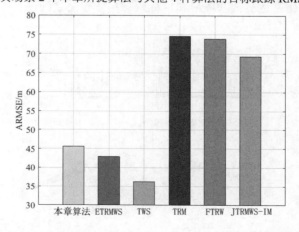

图 4.17　仿真场景 2 中本章所提算法与其他 5 种算法的目标跟踪 ARMSE 对比结果

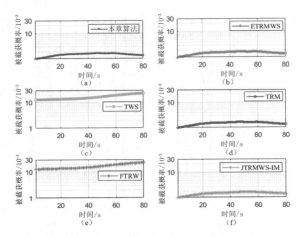

图 4.18　仿真场景 2 中本章所提算法与其他 5 种算法的机载网络化雷达被截获概率对比结果

4.4.4　仿真场景 3

在仿真场景 3 中，机载网络化雷达采用初始运动状态 1，目标 RCS 模型采用第 2 种模型。图 4.19 和图 4.20 所示为仿真场景 3 中机载雷达辐射功率和驻留时间优化设计仿真结果。图 4.21 和图 4.22 所示为仿真场景 3 中机载雷达信号带宽和高斯脉冲长度优化选择仿真结果。从图 4.19～图 4.22 中可以看出，目标 RCS 的变化影响了跟踪过程中接收到的目标回波 SNR，从而直接影响机载网络化雷达辐射资源协同优化结果。

图 4.23 所示为仿真场景 3 中本章所提算法和其他 4 种算法的目标跟踪 RMSE 对比结果。图 4.24 和图 4.25 所示为仿真场景 3 中本章所提算法和其他 5 种算法的目标跟踪 ARMSE 和机载网络化雷达被截获概率对比结果。从图 4.23～图 4.25 中可以看出，本章所提算法在仿真场景 3 中同样表现出更优越的射频隐身性能和目标跟踪精度。值得注意的是，目标 RCS 的变化使得机载网络化雷达被截获概率和目标跟踪精度也随之改变。

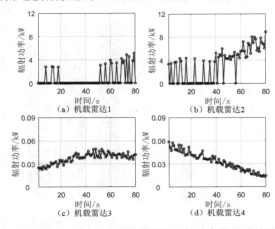

图 4.19　仿真场景 3 中机载网络化雷达辐射功率优化设计仿真结果

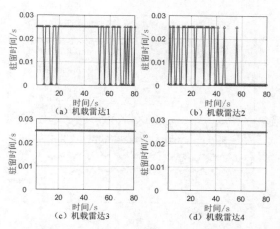

图 4.20　仿真场景 3 中机载网络化雷达驻留时间优化设计仿真结果

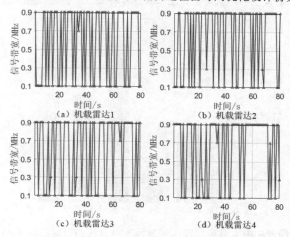

图 4.21　仿真场景 3 中机载网络化雷达信号带宽优化选择仿真结果

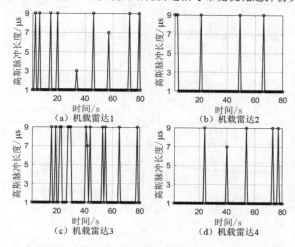

图 4.22　仿真场景 3 中机载网络化雷达高斯脉冲长度优化选择仿真结果

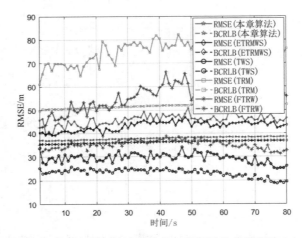

图 4.23　仿真场景 3 中本章所提算法和其他 4 种算法的目标跟踪 RMSE 对比结果

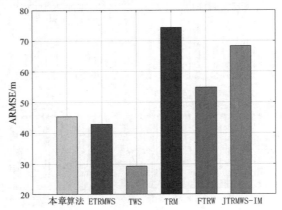

图 4.24　仿真场景 3 中本章所提算法和其他 5 种算法的目标跟踪 ARMSE 对比结果

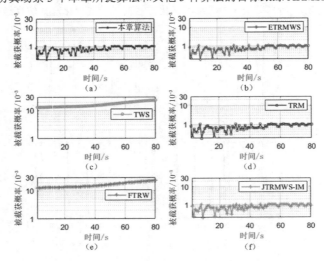

图 4.25　仿真场景 3 中本章所提算法和其他 5 种算法的机载网络化雷达被截获概率对比结果

4.4.5　计算复杂度对比

为了验证本章所提算法的实时性，图 4.26 给出了不同仿真场景中本章所提算法与 ETRMWS 算法的计算复杂度对比结果。从图中可以看出，相比 ETRMWS 算法而言，本章所提算法具有更低的计算复杂度，从而进一步证明了本章提出的三步分解迭代算法的有效性，且可以满足目标跟踪场景中的实时性要求。

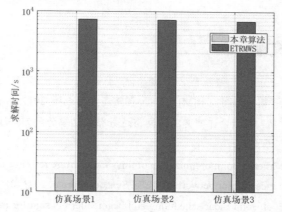

图 4.26　不同仿真场景中本章所提算法与 ETRMWS 算法的计算复杂度对比结果

4.5　本章小结

本章针对单目标跟踪场景中的机载网络化雷达辐射资源协同优化问题，提出了面向射频隐身的机载网络化雷达辐射资源协同优化算法，并分析了影响机载网络化雷达目标跟踪精度和射频隐身性能的关键因素，主要内容与创新点包括以下几点。

（1）推导了表征目标跟踪精度的 BCRLB 闭式解析表达式，并分析了各机载雷达辐射功率、驻留时间、信号带宽和高斯脉冲长度对目标跟踪性能的影响。

（2）推导了表征机载网络化雷达射频隐身性能的机载网络化雷达被截获概率闭式解析表达式，并分析了各机载雷达辐射功率、驻留时间等射频辐射参数对机载网络化雷达射频隐身性能的影响。

（3）提出了面向射频隐身的机载网络化雷达辐射资源协同优化算法。该算法的优势在于能够充分利用机载网络化雷达的分集增益、可控自由度及目标运动状态先验信息，对各机载雷达辐射功率、驻留时间、信号带宽和高斯脉冲长度进行协同优化设计，从而提升机载网络化雷达的射频隐身性能，并提高其目标跟踪精度。

（4）设计了一种有效的三步分解迭代算法对本章所提的优化问题进行求解。结合解析法和粒子群算法，可在获得机载网络化雷达射频辐射参数协同优化结果的同时，保证算法的实时性和稳健性。

（5）进行了仿真实验验证与分析。仿真结果表明，与 ETRMWS、TWS、TRM、FTRW、JTRMWS-IM 算法相比，本章所提算法能够通过对机载网络化雷达的辐射功率、驻留时间、信号带宽和高斯脉冲长度进行协同优化设计，有效提升机载网络化雷达的射频隐身性能，并提高其目标跟踪精度。目标运动轨迹、机载网络化雷达分布、目标 RCS 模型是影响机载网络化雷达射频辐射参数协同优化结果的关键因素。

 ## 4.6 参考文献

[1] 丁建江, 许红波, 周芬. 雷达组网技术[M]. 北京: 国防工业出版社, 2017.

[2] 靳标, 邝晓飞, 彭宇, 等. 基于合作博弈的组网雷达分布式功率分配方法[J]. 航空学报, 2022, 43(1): 419-429.

[3] Wang D, Zhang Q, Luo Y, et al. Joint optimization of time and aperture resource allocation strategy for multi-target ISAR imaging in radar sensor network[J]. IEEE Sensors Journal, 2021, 21(17): 19570-19581.

[4] Sun H, Li M, Zuo L, et al. Joint radar scheduling and beampattern design for multitarget tracking in netted colocated MIMO radar systems[J]. IEEE Signal Processing Letters, 2021, 28:1863-1867.

[5] 戴金辉, 严俊坤, 王鹏辉, 等. 基于目标容量的网络化雷达功率分配方案[J]. 电子与信息学报, 2021, 43(9): 2688-2694.

[6] Xie M C, Yi W, Kirubarajan T, et al. Joint node selection and power allocation strategy for multitarget tracking in decentralized radar networks[J]. IEEE Transactions on Signal Processing, 2018, 66(3): 729-743.

[7] Lu Y X, He Z S, Deng M L, et al. A cooperative node and waveform allocation scheme in distributed radar network for multiple targets tracking[C]. 2019 IEEE Radar Conference (RadarConf), Boston, 2019: 1-6.

[8] Zhang H W, Liu W J, Xie J W, et al. Joint subarray selection and power allocation for cognitive target tracking in large-scale MIMO radar networks[J]. IEEE Systems Journal, 2020, 14(2): 2569-2580.

[9] Yi W, Yuan Y, Hoseinnezhad R, et al. Resource scheduling for distributed multi-target tracking in netted colocated MIMO radar systems[J]. IEEE Transactions on Signal Processing, 2020, 68: 1602-1617.

[10] Sun H, Li M, Zuo L, et al. Resource allocation for multitarget tracking and data reduction in radar network with sensor location uncertainty[J]. IEEE Transactions on Signal Processing, 2021, 69: 4843-4858.

[11] Su Y, Cheng T, He Z S, et al. Joint waveform control and resource optimization for maneuvering targets tracking in netted colocated MIMO radar systems[J]. IEEE Systems Journal, 2021.

[12] Bell K, Kreucher C, Rangaswamy M. An evaluation of task and information driven approaches for radar resource allocation[C]. 2021 IEEE Radar Conference (RadarConf21), Atlanta, 2021: 1-6.

[13] Durst S, Bruggenwirth S. Quality of service based radar resource management using deep reinforcement learning[C]. 2021 IEEE Radar Conference (RadarConf21), Atlanta, 2021: 1-6.

[14] Rock J, Roth W, Toth M, et al. Resource-efficient deep neural networks for automotive radar interference mitigation[J]. IEEE Journal of Selected Topics in Signal Processing, 2021, 15(4): 927-940.

[15] Shi Y C, Jiu B, Yan J K, et al. Data-driven radar selection and power allocation method for target tracking in multiple radar system[J]. IEEE Sensors Journal, 2021, 21(17): 19296-19306.

[16] Sun J, Lu X J, Yuan Y, et al. Resource allocation for multi-target tracking in multi-static radar systems with imperfect detection performance[C]. 2020 IEEE Radar Conference (RadarConf20), Florence, 2020: 1-6.

[17] Sun H, Li M, Zuo L, et al. Joint threshold optimization and power allocation of cognitive radar network for target tracking in clutter[J]. Signal Processing, 2020, 172: 1-9.

[18] Yan J K, Pu W Q, Zhou S H, et al. Collaborative detection and power allocation framework for target tracking in multiple radar system[J]. Information Fusion, 2020, 55: 173-183.

[19] Li X, Cheng T, Su Y, et al. Joint time-space resource allocation and waveform selection for the collocated MIMO radar in multiple targets tracking[J]. Signal Processing, 2020, 176: 1-10.

[20] Du Y, Liao K F, Shan O Y, et al. Time and aperture resource management strategy for multitarget ISAR imaging in a radar network[J]. IEEE Sensors Journal, 2020, 20(6): 3196-3206.

[21] Yan J K, Dai J H, Pu W Q, et al. Target capacity based resource optimization for multiple target tracking in radar network[J]. IEEE Transactions on Signal Processing, 2021, 69: 2410-2421.

[22] Nguyen N H, Dogançay K, Davis L M. Adaptive waveform scheduling for target tracking in clutter by multistatic radar system[C]. 2014 IEEE International Conference on Acoustics, Speech and Signal Processing (ICASSP), FLorence 2014: 1449-1453.

[23] Nguyen N H, Dogancay K, Davis L. Adaptive waveform selection for multistatic target tracking[J]. IEEE Transactions on Aerospace and Electronic Systems, 2015, 51(1): 688-701.

[24] 薛钧舰. 面向跟踪优化的雷达协同探测波形参数智能选择技术[D]. 哈尔滨: 哈尔滨工业大学, 2020.

[25] 乔彦铭. 基于深度强化学习的认知雷达波形选择研究[D]. 天津: 天津大学, 2020.

[26] 王鹏峥, 李杨, 张宁. 环境感知信息辅助的认知雷达波形参数智能选择[J]. 信号处理, 2021, 37(2): 186-198.

[27] 时晨光, 周建江, 汪飞, 等. 机载雷达组网射频隐身技术[M]. 北京: 国防工业出版社, 2019.

[28] Lynch D. Introduction to RF stealth[M]. Hampshire: Sci Tech Publishing Inc, 2004.

[29] 时晨光, 董璟, 周建江, 等. 飞行器射频隐身技术研究综述[J]. 系统工程与电子技术, 2021, 43(6): 1452-1467.

[30] 王谦喆, 何召阳, 宋博文, 等. 射频隐身技术研究综述[J]. 电子与信息学报, 2018, 40(6): 1505-1514.

[31] 张澎, 张成, 管洋阳, 等. 关于电磁频谱作战的思考[J]. 航空学报, 2021, 42(8): 94-105.

[32] Shi C G, Wang Y J, Salous S, et al. Joint transmit resource management and waveform selection strategy for target tracking in distributed phased array radar network[J]. IEEE Transactions on Aerospace and Electronic Systems, 2021, 58(4): 2762-2778.

[33] Shi C G, Dai X R, Wang Y J, et al. Joint route optimization and multidimensional resource management for airborne radar network in target tracking application[J]. IEEE Systems Journal, 2021.

[34] Shi C G, Ding L T, Wang F, et al. Joint target assignment and resource optimization framework for multitarget tracking in phased array radar network[J]. IEEE Systems Journal, 2021, 15(3): 4379-4390.

[35] Shi C G, Ding L T, Wang F, et al. Low probability of intercept-based collaborative power and bandwidth allocation strategy for multi-target tracking in distributed radar network system[J]. IEEE Sensors Journal, 2020, 20(12): 6367-6377.

[36] 刘永坚, 司伟建, 杨承志. 现代电子战支援侦查系统分析与设计[M]. 北京: 国防工业出版社, 2016.

[37] Boyd S, Vandenberghe L. Convex optimization[M]. Cambridge: Cambridge University Press, 2004.

[38] 刘宏强, 魏贤智, 李飞, 等. 基于射频隐身的雷达跟踪状态下单次辐射能量实时控制方法[J]. 电子学报, 2015, 43(10): 2047-2052.

[39] Shi C G, Wang F, Salous S, et al. Joint transmitter selection and resource management strategy based on low probability of intercept optimization for distributed radar networks[J]. Radio Science, 2018, 53(9): 1108-1134.

[40] 温正, 孙华克. MATLAB 智能算法[M]. 北京: 清华大学出版社, 2017.

第5章

面向射频隐身的机载网络化雷达辐射资源
与航迹协同优化

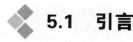 **5.1 引言**

5.1.1 飞行器航迹规划研究现状

航迹规划是飞行器任务规划的关键问题之一，也是保证飞行器安全、可靠地完成作战任务的重要手段。简而言之，飞行器航迹规划是指在满足飞行器平台自身动力学限制和各种威胁等约束的条件下，设计出从起始点到目标点的一条或多条实际可飞的航线[1]。通常，规划的航迹要尽可能最优，尽量避开威胁，同时航迹代价要最小。飞行器航迹规划起始于无人机航迹规划。目前，无人机航迹规划技术已经有了较为成熟的算法体系，包括遍历搜索算法、传统数学算法、基于控制理论优化的算法、启发式算法、人工势场法、群体智能算法等。目前，关于飞行器航迹规划的研究工作大致可以分为以下 2 类：单飞行器航迹规划；飞行器集群航迹规划。

对于单飞行器航迹规划方面，Yang 等学者[2]构建了基于部分可观测马尔可夫决策过程的无人机航迹规划模型，利用 IMM 思想优化设计无人机航迹，从而获得更好的目标跟踪性能。Nguyen 等学者[3]考虑了联合检测和跟踪多个未知的无线电目标场景下实时航迹规划问题，提出了一种联合检测和跟踪的在线航迹规划算法。吴坤等学者[4]提出了复杂地形环境下基于改进鲸鱼优化算法的无人机航路规划算法，在保证收敛性能的同时，有效提高了鲸鱼优化算法的开发能力和搜索能力，从而能够得到相较于传统算法更优的航路规划结果。Brown 等学者[5]针对海事监视任务场景，提出了高空长航时无人机飞行路径规划算法，通过对无人机飞行速度、偏转角、海拔等参数进行自适应动态优化，实现了最小化耗油量、最大化检测性能及最小化平均重访时间等诸多设计目标。Lee 等学者[6]研究了自由空间光通信场景下固定翼无人机的航迹规划问题，考虑了天气状况、信道特性、无人机动力性能及传输数据率等约束，对无人机飞行路径进行优化设计，从而最大化其飞行时长。文献[7]针对传统群体智能算法求解无人机突防路径搜索能力不足、易陷入局部最优解等缺陷，提出了基于改进飞蛾扑火算法的无人机低空突防路径规划方法。仿真结果表明，所提算法能够使无人机自主选择最优路径，避开危险区域，提高了无人机的生存概率和突防成功率。文献[8]研究了基于改进人工势场法的无人机航迹规划算法，克服了传统人工势场法在无人机航迹规划时航迹摆动幅度大且易陷入局部极小值的问题，能够实现在避障的同时获得更加平滑的轨迹。Chai 等学者[9]采用有偏 PSO 算法求解带约束的路径规划问题，获得了良好的优化结果和收敛性能。

对于飞行器集群航迹规划方面，杨俊岭等学者[10]针对多无人机在无源定位中协同动态规划提高定位精度的问题，提出了基于演化深度神经网络的分布式动态航迹优化算法，将多无人机协同航迹规划的动态优化问题转化为带行为序列的连续预测问题，并采用深度神经网络进行求解，提高了算法的时效性。文献[11]考虑了航迹威胁、航迹代价、任务分配等多种因素，研究了目标移动环境下基于博弈策略的多无人机航迹规划问题，提高了对抗场景下无人机集群的整体作战效能。Yao 等学者[12]研究了动态目标搜索过程中多无人机信息融合与协同路径优化问题，有效缩短了搜索时间。针对无人机辅助移动边缘计算应用场景，Xu 等学者[13]提出了面向安全性的多无人机资源与路径联合优化算法，通过对通信资源、计算资源及各无人机飞行路径进行协同优化设计，最大限度地提升系统最小安全计算容量。文献[14]提出了基于高维多目标优化的多无人机协同航迹规划算法，能够同时对多无人机航迹距离代价、威胁代价、耗能代价及协同性能等进行综合优化。张广驰等学者[15]针对离线无人机基站飞行路线设计难以满足随机、动态地面用户通信请求的问题，提出了无人机基站飞行路线在线优化设计算法，通过对无人机飞行路线进行在线实时优化设计，最大限度地降低了与地面用户的平均通信时延，且优于固定位置和贪婪算法的时延性能。

Nguyen 等学者[16]首次将雷达辐射参数优化与运动平台路径规划相结合，提出了面向目标跟踪的多基地雷达发射波形选择与接收机路径规划联合设计算法。该算法对雷达发射波形参数进行自适应选择，并对各接收机路径进行优化设计，从而最小化目标跟踪精度。孟令同[17]针对分布式机载平台相控阵雷达协同跟踪路径优化问题，推导了基于费舍尔信息矩阵的解析代价函数，提出了一种高效解决非线性约束和规避障碍的路径优化算法，使机载平台能够以平滑的路径实时精确地跟踪目标。Lu 等学者[18]针对机载雷达多目标跟踪问题，提出了面向多目标跟踪的机载雷达在线路径规划与资源分配联合优化算法，通过对机载平台航向角和各波束雷达发射功率进行优化设计，有效提高了多目标跟踪精度。

总的来说，近年来飞行器航迹规划算法取得了令人瞩目的发展，上述研究成果通过遍历搜索、动态规划、模拟退火、遗传算法、A-star 搜索、神经网络、Voronoi 图形等算法对飞行器航迹规划问题进行了求解[19-32]。然而，已有的对于有约束的飞行器集群协同航迹优化问题研究仍处于起步阶段，并没有形成一套行之有效的理论和方法，而且大多数航迹规划问题采用遍历搜索算法进行求解，具有较高的计算复杂度，不利于实现飞行器的快速高效机动。另外，已有研究基本都以最短航迹、燃油代价和跟踪精度等为优化目标，并未结合传感器本身的探测优势以探测任务（如目标搜索、定位、跟踪等）或射频隐身性能为目标[33-41]。本章讨论的机载网络化雷达航迹优化设计是指各机载雷达根据作战任务、雷达资源边界条件、飞行器动力学性能及战场态势等多种因素为各平台设计最优的飞行路径，以完成典型作战任务[17]。因此，如何通过对机载网络化雷达航迹进行优化设计提高其目标跟踪精度及提升其射频隐身性能还有待进一步研究。另外，至今尚未有面向射频隐身的机载网络化雷达辐射资源与航迹协同优化的公开报道。

5.1.2　本章内容及结构安排

本章针对上述存在的问题，将在第 4 章内容的基础上，研究面向射频隐身的机载网络化雷达辐射资源与航迹协同优化问题，其主要内容如下：①建立机载雷达运动模型；②推导包含各机载雷达辐射功率、驻留时间、信号带宽和高斯脉冲长度等射频辐射参数及其飞行速度、朝向角等运动参数的目标状态估计 BCRLB 闭式解析表达式，以此作为表征目标跟踪精度的衡量指标，推导包含各机载雷达辐射功率、驻留时间等射频辐射参数及其飞行速度、朝向角等运动参数的机载网络化雷达被截获概率闭式解析表达式，以此作为表征机载网络化雷达射频隐身性能的衡量指标；③提出面向射频隐身的机载网络化雷达辐射资源与航迹协同优化算法，即以最小化机载网络化雷达的目标跟踪 BCRLB 为优化目标，以满足给定的机载网络化雷达射频资源、机载雷达机动能力和预先设定的机载网络化雷达被截获概率阈值要求，对各机载雷达飞行速度、朝向角、辐射功率、驻留时间、信号带宽和高斯脉冲长度进行协同优化设计，并采用五步分解迭代算法对本章优化问题进行求解；④通过仿真实验验证本章所提算法的优越性。

本章结构安排如下：5.2 节介绍本章采用的信号模型、目标运动模型、机载雷达运动模型和雷达量测模型，为本章后续的研究奠定理论基础；5.3 节研究面向射频隐身的机载网络化雷达辐射资源与航迹协同优化算法，并分别推导表征目标跟踪精度的 BCRLB 闭式解析表达式与表征机载网络化雷达射频隐身性能的机载网络化雷达被截获概率闭式解析表达式，在此基础上，建立面向射频隐身的机载网络化雷达辐射资源与航迹协同优化模型，并提出了五步分解迭代算法对上述优化模型进行求解；5.4 节通过仿真实验给出采用本章所提算法得到的机载雷达射频辐射参数与运动参数协同优化仿真结果，以此验证本章所提算法的优越性；5.5 节对本章内容进行总结。

本章符号：$(\bullet)^{\mathrm{T}}$ 和 $(\bullet)^{\mathrm{H}}$ 分别表示矩阵或向量的转置和共轭转置；$\max(a,b)$ 表示取 a、b 中的较大值；$\min(c,d)$ 表示取 c、d 中的较小值；$(\bullet)_{ii}$ 表示矩阵的第 i 个对角元素。

5.2 系统模型描述

5.2.1 信号模型

本章采用的信号模型与第 4 章相同，此处不再赘述。

5.2.2 目标运动模型

本章采用的目标运动模型与第 4 章相同，此处不再赘述。

5.2.3 机载雷达运动模型

为了保证机载雷达航迹平滑，假设各机载雷达在相邻两个时刻间做匀速直线运动、匀加速/匀减速直线运动或匀加速/匀减速曲线运动，即在 $(k-1)$ 时刻到 k 时刻之间，机载雷达的加速度保持不变。机载雷达运动模型示意图如图 5.1 所示，定义 k 时刻第 n 部机载雷达的朝向角 $\theta_{n,k}$ 为机载雷达飞行朝向与 x 轴之间的夹角。已知 $(k-1)$ 时刻第 n 部机载雷达的飞行速度 $v_{n,k-1}$ 和朝向角 $\theta_{n,k-1}$，以及 k 时刻的飞行速度 $v_{n,k}$ 和朝向角 $\theta_{n,k}$，则在 $(k-1)$ 时刻到 k 时刻之间，第 n 部机载雷达的加速度 $a_{n,k-1}$ 可以表示为

$$a_{n,k-1} = \begin{bmatrix} a_{x,n,k-1} \\ a_{y,n,k-1} \end{bmatrix} = \begin{bmatrix} \dfrac{v_{n,k}\cos\theta_{n,k} - v_{n,k-1}\cos\theta_{n,k-1}}{\Delta T_0} \\ \dfrac{v_{n,k}\sin\theta_{n,k} - v_{n,k-1}\sin\theta_{n,k-1}}{\Delta T_0} \end{bmatrix} \tag{5.1}$$

式中，$a_{x,n,k-1}$ 表示第 n 部机载雷达沿 x 轴方向的加速度；$a_{y,n,k-1}$ 表示第 n 部机载雷达沿 y 轴方向的加速度。

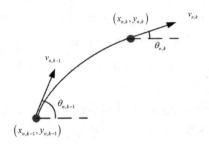

图 5.1　机载雷达运动模型示意图

在（$k-1$）时刻到 k 时刻之间，第 n 部机载雷达沿 x 轴方向飞行的路程 $\Delta x_{n,k-1}$ 和沿 y 轴方向飞行的路程 $\Delta y_{n,k-1}$ 可分别表示为

$$
\begin{aligned}
\Delta x_{n,k-1} &= v_{n,k}\Delta T_0 \cos\theta_{n,k} + \frac{1}{2}a_{x,n,k-1}\Delta T_0^2 \\
&= \frac{v_{n,k}\cos\theta_{n,k} + v_{n,k-1}\cos\theta_{n,k-1}}{2}\Delta T_0
\end{aligned}
\tag{5.2}
$$

$$
\begin{aligned}
\Delta y_{n,k-1} &= v_{n,k}\Delta T_0 \sin\theta_{n,k} + \frac{1}{2}a_{y,n,k-1}\Delta T_0^2 \\
&= \frac{v_{n,k}\sin\theta_{n,k} + v_{n,k-1}\sin\theta_{n,k-1}}{2}\Delta T_0
\end{aligned}
\tag{5.3}
$$

结合（$k-1$）时刻第 n 部机载雷达的位置 $(x_{n,k-1},y_{n,k-1})$，可得 k 时刻第 n 部机载雷达的位置 $(x_{n,k},y_{n,k})$ 为

$$
\begin{aligned}
x_{n,k} &= x_{n,k-1} + \Delta x_{n,k-1} \\
&= x_{n,k-1} + \frac{v_{n,k}\cos\theta_{n,k} + v_{n,k-1}\cos\theta_{n,k-1}}{2}\Delta T_0
\end{aligned}
\tag{5.4}
$$

$$
\begin{aligned}
y_{n,k} &= y_{n,k-1} + \Delta y_{n,k-1} \\
&= y_{n,k-1} + \frac{v_{n,k}\sin\theta_{n,k} + v_{n,k-1}\sin\theta_{n,k-1}}{2}\Delta T_0
\end{aligned}
\tag{5.5}
$$

值得注意的是，在已知（$k-1$）时刻第 n 部机载雷达飞行速度 $v_{n,k-1}$ 和朝向角 $\theta_{n,k-1}$ 的情况下，（$k-1$）时刻到 k 时刻之间第 n 部机载雷达的航迹可由 k 时刻的飞行速度 $v_{n,k}$ 和朝向角 $\theta_{n,k}$ 确定。因此，优化（$k-1$）时刻到 k 时刻之间的机载雷达航迹就可以等效为优化 k 时刻机载雷达的飞行速度 $v_{n,k}$ 和朝向角 $\theta_{n,k}$。

5.2.4　雷达量测模型

如前文所述，每部机载雷达只能接收自身发射信号的目标回波信号，且所有机载雷达均从回波信号中提取目标时延、多普勒频移和方位角信息。于是，k 时刻第 n 部机载雷达对目标的量测信息可表示为

$$
\boldsymbol{Z}_{n,k} = h_n\left(\boldsymbol{X}_k^{\text{tgt}}\right) + \boldsymbol{N}_{n,k}
\tag{5.6}
$$

式中，$\boldsymbol{Z}_{n,k}$ 表示 k 时刻第 n 部机载雷达的量测向量，是各机载雷达关于目标时延、多普勒频移和方位角的量测值；$\boldsymbol{N}_{n,k}$ 表示 k 时刻第 n 部机载雷达关于目标时延、多普勒频移和方位角的量测误差，服从均值为零、方差为 $\boldsymbol{B}_{n,k}$ 的高斯分布；$h_n(\bullet)$ 表示非线性转移函数，$h_n\left(\boldsymbol{X}_k^{\text{tgt}}\right)$ 可表示为

$$h_n\left(\boldsymbol{X}_k^{\text{tgt}}\right) = \begin{bmatrix} \dfrac{2\sqrt{\left(x_k^{\text{tgt}} - x_{n,k}\right)^2 + \left(y_k^{\text{tgt}} - y_{n,k}\right)^2}}{c} \\[2em] -\dfrac{2f_c\left(\dot{x}_k^{\text{tgt}} - v_{n,k}\cos\theta_{n,k}\right)\left(x_k^{\text{tgt}} - x_{n,k}\right)}{c\sqrt{\left(x_k^{\text{tgt}} - x_{n,k}\right)^2 + \left(y_k^{\text{tgt}} - y_{n,k}\right)^2}} - \dfrac{2f_c\left(\dot{y}_k^{\text{tgt}} - v_{n,k}\sin\theta_{n,k}\right)\left(y_k^{\text{tgt}} - y_{n,k}\right)}{c\sqrt{\left(x_k^{\text{tgt}} - x_{n,k}\right)^2 + \left(y_k^{\text{tgt}} - y_{n,k}\right)^2}} \\[2em] \arctan\left(\dfrac{y_k^{\text{tgt}} - y_{n,k}}{x_k^{\text{tgt}} - x_{n,k}}\right) \end{bmatrix} \quad (5.7)$$

对于高斯线性调频信号，第 n 部机载雷达测量误差的方差 $\boldsymbol{B}_{n,k}$ 可表示为

$$\boldsymbol{B}_{n,k} = \frac{1}{\text{SNR}_{n,k}} \begin{bmatrix} 2\lambda_{n,k}^2 & -4b_{n,k}\lambda_{n,k}^2 & 0 \\ -4b_{n,k}\lambda_{n,k}^2 & \dfrac{1}{2\pi^2\lambda_{n,k}^2} + 8b_{n,k}^2\lambda_{n,k}^2 & 0 \\ 0 & 0 & \sigma_\theta^2 \end{bmatrix} \quad (5.8)$$

式中，$b_{n,k} = W_{n,k}\big/\left(2T_{n,k}\right)$，表示 k 时刻第 n 部机载雷达发射信号的调频斜率，其中，$W_{n,k}$ 表示 k 时刻的信号带宽，$T_{n,k}$ 表示 k 时刻发射信号的有效脉冲长度；$\lambda_{n,k}$ 表示 k 时刻的高斯脉冲长度，$T_{n,k} = 7.4338\lambda_{n,k}$；$\text{SNR}_{n,k}$ 表示 k 时刻第 n 部机载雷达的目标回波 SNR，即

$$\text{SNR}_{n,k} = \frac{P_{\text{t},n,k}T_{\text{d},n,k}G_{\text{t}}G_{\text{r}}\sigma\lambda_{\text{t}}^2 G_{\text{RP}}}{\left(4\pi\right)^3 T_{\text{r}}k_{\text{B}}T_0 B_{\text{r}}F_{\text{r}}R_{n,k}^4} \quad (5.9)$$

式中，$P_{\text{t},n,k}$ 表示 k 时刻第 n 部机载雷达的辐射功率；$T_{\text{d},n,k}$ 表示 k 时刻第 n 部机载雷达的驻留时间；G_{t} 表示机载雷达发射天线增益；G_{r} 表示机载雷达接收天线增益；σ 表示目标 RCS；λ_{t} 表示机载雷达发射信号波长；G_{RP} 表示机载雷达接收机处理增益；T_{r} 表示机载雷达脉冲重复周期；k_{B} 表示玻尔兹曼常数；T_0 表示噪声温度；B_{r} 表示机载雷达接收机匹配滤波器带宽；F_{r} 表示机载雷达接收机噪声系数；$R_{n,k}$ 表示 k 时刻目标与第 n 部机载雷达之间的距离。

5.3 面向射频隐身的机载网络化雷达辐射资源与航迹协同优化算法

5.3.1 问题描述

从数学上来讲，面向射频隐身的机载网络化雷达辐射资源与航迹协同优化算法就是在满足给定的机载网络化雷达射频资源、机载雷达机动能力和预先设定的被截获概率阈值要求的条件下，通过协同优化设计各机载雷达飞行速度、朝向角、辐射功率、驻留时间、信

号带宽和高斯脉冲长度，来达到最小化机载网络化雷达目标跟踪 BCRLB 的目的。同样地，本章仍然采用目标运动状态估计 BCRLB 闭式解析表达式和敌方无源探测系统对机载雷达的截获概率作为目标跟踪精度和机载网络化雷达射频隐身性能的衡量指标，并采用五步分解迭代算法对本章优化问题进行求解。

5.3.2　目标跟踪精度衡量指标

从雷达辐射资源控制角度出发，增加雷达对目标的辐射资源，能够提高目标回波信噪比，从而改善目标跟踪性能。从航迹规划角度出发，规划合理的航迹有利于减小雷达与目标之间的距离，并以合适的方位角对目标进行照射，以进一步提高目标跟踪精度。因此，在建立优化模型之前，需要推导表征目标跟踪精度的 BCRLB 闭式解析表达式。在参数无偏估计的条件下，BCRLB 表示均方误差的下界，可以用来衡量机载网络化雷达的目标跟踪精度。由于量测信息的非线性特征，目标运动状态估计 BCRLB 闭式解析表达式可近似为

$$
\begin{aligned}
\boldsymbol{C}_k &\triangleq \boldsymbol{J}^{-1}\!\left(\boldsymbol{X}_k^{\mathrm{tgt}}\right) \\
&\approx \left\{\left[\boldsymbol{Q}+\boldsymbol{F}\boldsymbol{J}^{-1}\!\left(\boldsymbol{X}_{k-1}^{\mathrm{tgt}}\right)\boldsymbol{F}^{\mathrm{T}}\right]^{-1}+\sum_{n=1}^{N}\left(\boldsymbol{H}_{n,k}\right)^{\mathrm{T}}\left(\boldsymbol{N}_{n,k}\right)^{-1}\boldsymbol{H}_{n,k}\right\}^{-1}
\end{aligned}
\tag{5.10}
$$

当给定 k 时刻各机载雷达飞行速度、朝向角、辐射功率、驻留时间、信号带宽和高斯脉冲长度时，预测 BCRLB 闭式解析表达式可由（$k-1$）时刻目标运动状态的贝叶斯信息矩阵 $\boldsymbol{J}\!\left(\boldsymbol{X}_{k-1}^{\mathrm{tgt}}\right)$ 迭代计算得到，即

$$
\begin{aligned}
\boldsymbol{C}_{k|k-1} &\triangleq \boldsymbol{J}^{-1}\!\left(\boldsymbol{X}_{k-1}^{\mathrm{tgt}}\right) \\
&\approx \left(\sum_{j=1}^{3}\left\{\mu_{j,k|k-1}\left[\boldsymbol{Q}_j+\boldsymbol{F}_j\boldsymbol{J}^{-1}\!\left(\boldsymbol{X}_{k|k-1}^{\mathrm{tgt}}\right)\boldsymbol{F}_j^{\mathrm{T}}\right]^{-1}\right\}+\sum_{n=1}^{N}\left(\boldsymbol{H}_{n,k|k-1}\right)^{\mathrm{T}}\left(\boldsymbol{N}_{n,k|k-1}\right)^{-1}\boldsymbol{H}_{n,k|k-1}\right)^{-1}
\end{aligned}
\tag{5.11}
$$

式中，$\boldsymbol{X}_{k|k-1}^{\mathrm{tgt}}=\left[x_{k|k-1}^{\mathrm{tgt}},y_{k|k-1}^{\mathrm{tgt}},\dot{x}_{k|k-1}^{\mathrm{tgt}},\dot{y}_{k|k-1}^{\mathrm{tgt}}\right]^{\mathrm{T}}$，表示扩展卡尔曼滤波处理后的预测目标运动状态矩阵；$\mu_{j,k|k-1}$ 表示第 j 个运动模型的预测概率；$\boldsymbol{F}_j$ 表示第 j 个运动模型的目标状态转移矩阵；$\boldsymbol{Q}_j$ 表示第 j 个运动模型的噪声协方差矩阵；$\boldsymbol{H}_{n,k|k-1}$ 表示（$k-1$）时刻第 n 部机载雷达相对于目标的雅可比矩阵预测值；$\boldsymbol{N}_{n,k|k-1}$ 表示（$k-1$）时刻第 n 部机载雷达相对于目标的量测噪声协方差矩阵预测值，$\boldsymbol{N}_{n,k|k-1}$ 与机载雷达飞行速度、朝向角、辐射功率、驻留时间、信号带宽和高斯脉冲长度有关。因此，预测 BCRLB 闭式解析表达式不仅与当前时刻的目标位置和机载雷达位置有关，还与 k 时刻机载雷达飞行速度、朝向角、辐射功率、驻留时间、信号带宽和高斯脉冲长度有关。本章采用式（5.12）作为目标跟踪精度衡量指标，即

$$F\left(\boldsymbol{X}_{k|k-1}^{\text{tgt}}, \boldsymbol{v}_k, \boldsymbol{\theta}_k, \boldsymbol{P}_{t,k}, \boldsymbol{T}_{d,k}, \boldsymbol{W}_k, \boldsymbol{\lambda}_k\right) \triangleq \sqrt{\boldsymbol{C}_{k|k-1}(1,1) + \boldsymbol{C}_{k|k-1}(2,2)} \qquad (5.12)$$

式中，$\boldsymbol{C}_{k|k-1}(1,1)$ 和 $\boldsymbol{C}_{k|k-1}(2,2)$ 分别表示目标位置在 x 方向和 y 方向的预测 BCRLB 闭式解析表达式；$\boldsymbol{v}_k$ 和 $\boldsymbol{\theta}_k$ 分别表示 k 时刻各机载雷达飞行速度和朝向角向量；$\boldsymbol{P}_{t,k}$ 和 $\boldsymbol{T}_{d,k}$ 分别表示 k 时刻各机载雷达的辐射功率和驻留时间向量；$\boldsymbol{W}_k$ 和 $\boldsymbol{\lambda}_k$ 分别表示 k 时刻机载网络化雷达信号带宽和高斯脉冲长度向量，即

$$\begin{cases} \boldsymbol{v}_k = \left[v_{1,k}, v_{2,k}, \cdots, v_{N,k}\right]^{\mathrm{T}} \\ \boldsymbol{\theta}_k = \left[\theta_{1,k}, \theta_{2,k}, \cdots, \theta_{N,k}\right]^{\mathrm{T}} \\ \boldsymbol{P}_{t,k} = \left[P_{t,1,k}, P_{t,2,k}, \cdots, P_{t,N,k}\right]^{\mathrm{T}} \\ \boldsymbol{T}_{d,k} = \left[T_{d,1,k}, T_{d,2,k}, \cdots, T_{d,N,k}\right]^{\mathrm{T}} \\ \boldsymbol{W}_k = \left[W_{1,k}, W_{2,k}, \cdots, W_{N,k}\right]^{\mathrm{T}} \\ \boldsymbol{\lambda}_k = \left[\lambda_{1,k}, \lambda_{2,k}, \cdots, \lambda_{N,k}\right]^{\mathrm{T}} \end{cases} \qquad (5.13)$$

5.3.3 射频隐身性能衡量指标

同样地，敌方无源探测系统对机载雷达的截获概率可用于衡量机载网络化雷达的射频隐身性能。考虑实际战场对抗环境，假设截获接收机由目标自身搭载，并可覆盖机载网络化雷达的工作频段。本章讨论的机载雷达被截获概率是指被跟踪目标上搭载的截获接收机对机载雷达发射信号的前端截获概率，即

$$p_{\mathrm{I}} = \frac{T_{\mathrm{d}}}{2T_{\mathrm{I}}} \mathrm{erfc}\left[\sqrt{-\ln p_{\mathrm{fa}}'} - \sqrt{\frac{P_{\mathrm{t}} G_{\mathrm{t}} G_{\mathrm{I}} \lambda_{\mathrm{t}}^2 G_{\mathrm{IP}}}{(4\pi)^2 R_{\mathrm{t}}^2 k_{\mathrm{B}} T_0 B_{\mathrm{I}} F_{\mathrm{I}}} + 0.5}\right] \qquad (5.14)$$

式中，$\mathrm{erfc}(\bullet)$ 表示互补误差函数；T_{d} 表示机载雷达驻留时间；T_{I} 表示截获接收机搜索时间；p_{fa}' 表示截获接收机虚警率；P_{t} 表示机载雷达辐射功率；G_{I} 表示截获接收机天线增益；G_{IP} 表示截获接收机处理增益；T_0 表示噪声温度；B_{I} 表示截获接收机带宽；F_{I} 表示截获接收机噪声系数；R_{t} 表示目标与机载雷达之间的距离。于是，在给定机载雷达辐射功率和驻留时间的条件下，$(k-1)$ 时刻第 n 部机载雷达的被截获概率预测值可表示为

$$p_{n,k|k-1} = \frac{T_{\mathrm{d},n,k}}{2T_{\mathrm{I}}} \mathrm{erfc}\left[\sqrt{-\ln p_{\mathrm{fa}}'} - \sqrt{\frac{P_{\mathrm{t},n,k} G_{\mathrm{t}} G_{\mathrm{I}} \lambda_{\mathrm{t}}^2 G_{\mathrm{IP}}}{(4\pi)^2 R_{n,k|k-1}^2 k_{\mathrm{B}} T_0 B_{\mathrm{I}} F_{\mathrm{I}}} + 0.5}\right] \qquad (5.15)$$

式中，$R_{n,k|k-1}$ 表示 $(k-1)$ 时刻目标与第 n 部机载雷达之间距离的预测值。

5.3.4　优化模型建立

本章在第 4 章内容的基础上，提出了面向射频隐身的机载网络化雷达辐射资源与航迹协同优化算法，在满足给定的机载网络化雷达射频资源、机载雷达机动能力和预先设定的被截获概率阈值要求的条件下，通过协同优化设计各机载雷达飞行速度、朝向角、辐射功率、驻留时间、信号带宽和高斯脉冲长度，最大限度地降低机载网络化雷达的目标跟踪精度，故可建立如下优化模型。

$$
\left\{
\begin{aligned}
&\min_{v_k,\theta_k,P_{\mathrm{t},k},T_{\mathrm{d},k},W_k,\lambda_k} F\left(X^{\mathrm{tgt}}_{k|k-1},v_k,\theta_k,P_{\mathrm{t},k},T_{\mathrm{d},k},W_k,\lambda_k\right)\\
&\text{s.t.}
\begin{cases}
\overline{v_{\min}} \leqslant v_{n,k} \leqslant \overline{v_{\max}}, & \forall n\\
\theta_{n,k-1}-\overline{\theta_{\max}} \leqslant \theta_{n,k} \leqslant \theta_{n,k-1}+\overline{\theta_{\max}}, & \forall n\\
\overline{P_{\min}} \leqslant P_{\mathrm{t},n,k} \leqslant \overline{P_{\max}}, & \forall n\\
\overline{T_{\min}} \leqslant T_{\mathrm{d},n,k} \leqslant \overline{T_{\max}}, & \forall n\\
W_{n,k} \in W_{\mathrm{set}},\lambda_{n,k} \in \lambda_{\mathrm{set}}, & \forall n\\
p_{n,k|k-1} \leqslant p_{\mathrm{th}}, & \forall n
\end{cases}
\end{aligned}
\right.
\tag{5.16}
$$

式中，$\overline{v_{\min}}$ 和 $\overline{v_{\max}}$ 分别表示各机载雷达飞行速度的最小值和最大值；$\overline{\theta_{\max}}$ 表示各机载雷达最大转弯角，其中转弯角定义为机载雷达相邻两个时刻的朝向角之差；$\overline{P_{\min}}$ 和 $\overline{P_{\max}}$ 分别表示各机载雷达辐射功率的下限和上限；$\overline{T_{\min}}$ 和 $\overline{T_{\max}}$ 分别表示各机载雷达驻留时间的下限和上限；W_{set} 和 λ_{set} 表示对应的波形参数集合；$p_{n,k|k-1}$ 表示（$k-1$）时刻第 n 部机载雷达被截获概率的预测值；p_{th} 表示给定的被截获概率阈值。需要说明的是，在式（5.16）中，第 1 个约束条件表示各机载雷达的飞行速度限制；第 2 个约束条件表示各机载雷达的转弯角限制；第 3 个约束条件表示各机载雷达的辐射功率限制；第 4 个约束条件表示各机载雷达的驻留时间限制；第 5 个约束条件表示各机载雷达的发射波形需要从给定的波形库中选择；第 6 个约束条件表示目标跟踪过程中各机载雷达的射频隐身性能需要满足预先设定的被截获概率阈值要求。

5.3.5　优化模型求解

式（5.16）为含有 6 个变量的非凸、非线性、高维优化问题。本章结合循环最小法和粒子群算法，提出了一种五步分解迭代算法，对机载网络化雷达辐射资源与航迹进行自适应协同优化设计，具体求解步骤如下。

步骤 1：给定各机载雷达发射波形参数 $W_k=\hat{W}_k$ 和 $\lambda_k=\hat{\lambda}_k$，式（5.16）可以简化为

$$\begin{cases} \min_{v_k,\theta_k,P_{t,k},T_{d,k}} F\left(X_{k|k-1}^{\text{tgt}},v_k,\theta_k,P_{t,k},T_{d,k}\right) \\ \text{s.t.} \begin{cases} \overline{v_{\min}} \leqslant v_{n,k} \leqslant \overline{v_{\max}}, \quad \forall n \\ \theta_{n,k-1}-\overline{\theta_{\max}} \leqslant \theta_{n,k} \leqslant \theta_{n,k-1}+\overline{\theta_{\max}}, \quad \forall n \\ \overline{P_{\min}} \leqslant P_{t,n,k} \leqslant \overline{P_{\max}}, \quad \forall n \\ \overline{T_{\min}} \leqslant T_{d,n,k} \leqslant \overline{T_{\max}}, \quad \forall n \\ p_{n,k|k-1} \leqslant p_{\text{th}}, \quad \forall n \end{cases} \end{cases} \quad (5.17)$$

步骤 2：由于式（5.17）仍然是非凸、非线性优化问题，目标函数还受到机载网络化雷达辐射功率、驻留时间及其运动参数的影响，直接采用粒子群算法进行求解容易得到局部最优解，且收敛速度慢，求解效果不佳。因此，在步骤 2 中建立机载网络化雷达辐射功率、驻留时间及其运动参数之间的函数关系，以降低粒子群算法中粒子变量的维度，即降低机载网络化雷达辐射功率和驻留时间的维度，从而加快粒子群算法的收敛速度。

当满足下列两个定理时，对于任意的机载雷达运动参数 $\hat{v}_k$ 和 $\hat{\theta}_k$，可通过解析法获得当前运动参数下的机载网络化雷达的最优辐射功率 $P_{t,k,\text{opt}}$ 和驻留时间 $T_{d,k,\text{opt}}$。

定理 5.1：对于机载网络化雷达中的任意一部机载雷达，目标函数 $F\left(X_{k|k-1}^{\text{tgt}},v_k,\theta_k,P_{t,k},T_{d,k}\right)$ 是各机载雷达辐射功率与驻留时间之积 $P_{t,n,k}T_{d,n,k}$ 的减函数。

证明：在给定机载雷达发射波形参数 W_k、λ_k 及其运动参数 v_k、θ_k 的情况下，探究优化目标函数 $F\left(X_{k|k-1}^{\text{tgt}},P_{t,k},T_{d,k}\right)$ 与辐射功率和驻留时间的关系。

根据式（5.11），令 $N_{n,k}=P_{t,n,k}T_{d,n,k}\hat{N}_{n,k}$，$\hat{N}_{n,k}$ 表示剔除参数 $P_{t,n,k}T_{d,n,k}$ 后得到的矩阵。因此，可以得到目标状态的贝叶斯信息矩阵 $J\left(X_{k|k-1}^{\text{tgt}},P_{t,k},T_{d,k}\right)$，即

$$\begin{aligned} &J\left(X_{k|k-1}^{\text{tgt}},P_{t,k},T_{d,k}\right) \\ &=\sum_{j=1}^{3}\left\{\mu_{j,k|k-1}\left[Q_j+F_j J^{-1}\left(X_{k|k-1}^{\text{tgt}}\right)F_j^{\text{T}}\right]^{-1}\right\}+\sum_{n=1}^{N}\left(H_{n,k|k-1}\right)^{\text{T}}\left(P_{t,n,k}T_{d,n,k}\hat{N}_{n,k}\right)^{-1}H_{n,k|k-1} \end{aligned} \quad (5.18)$$

在此，定义：

$$g\left(P_{t,k},T_{d,k}\right)=\text{Tr}\left[\left(Z+\sum_{n=1}^{N}P_{t,n,k}T_{d,n,k}V_n\right)^{-1}\right] \quad (5.19)$$

式中，Z 表示先验信息的费舍尔信息矩阵；V_n 表示 k 时刻第 n 部机载雷达量测信息的费舍尔信息矩阵。随后，对式（5.19）进行进一步推导，可得

$$g\left(\boldsymbol{P}_{\mathrm{t},k}, \boldsymbol{T}_{\mathrm{d},k}\right)$$

$$= \mathrm{Tr}\left[\left(\boldsymbol{Z} + \sum_{n=1}^{N} P_{\mathrm{t},n,k} T_{\mathrm{d},n,k} \boldsymbol{V}_n\right)^{-1}\right]$$

$$= \mathrm{Tr}\left[\boldsymbol{Z}^{-1/2}\left(\boldsymbol{I} + \sum_{n=1}^{N} P_{\mathrm{t},n,k} T_{\mathrm{d},n,k} \boldsymbol{Z}^{-1/2} \boldsymbol{V}_n \boldsymbol{Z}^{-1/2}\right)^{-1} \boldsymbol{Z}^{-1/2}\right]$$

$$= \mathrm{Tr}\left[\boldsymbol{Z}^{-1/2} \boldsymbol{Q}\left(\boldsymbol{I} + \sum_{n=1}^{N} P_{\mathrm{t},n,k} T_{\mathrm{d},n,k} \boldsymbol{\Pi}_n\right)^{-1} \boldsymbol{Q}^{\mathrm{T}} \boldsymbol{Z}^{-1/2}\right] \qquad (5.20)$$

$$= \mathrm{Tr}\left[\boldsymbol{Q}^{\mathrm{T}} \boldsymbol{Z}^{-1/2} \boldsymbol{Z}^{-1/2} \boldsymbol{Q}\left(\boldsymbol{I} + \sum_{n=1}^{N} P_{\mathrm{t},n,k} T_{\mathrm{d},n,k} \boldsymbol{\Pi}_n\right)^{-1}\right]$$

$$= \sum_{i=1}^{4}\left(\boldsymbol{Q}^{\mathrm{T}} \boldsymbol{Z}^{-1/2} \boldsymbol{Z}^{-1/2} \boldsymbol{Q}\right)_{ii}\left(1 + \sum_{n=1}^{N} P_{\mathrm{t},n,k} T_{\mathrm{d},n,k} \pi_i\right)^{-1}$$

由于对于任意 n，矩阵 $\boldsymbol{Z}^{-1/2} \boldsymbol{V}_n \boldsymbol{Z}^{-1/2}$ 均为正定矩阵，故总能找到矩阵 $\boldsymbol{Q}$，使得矩阵 $\boldsymbol{Z}^{-1/2} \boldsymbol{V}_n \boldsymbol{Z}^{-1/2}$ 对角化，即 $\boldsymbol{Z}^{-1/2} \boldsymbol{V}_n \boldsymbol{Z}^{-1/2} = \boldsymbol{Q} \boldsymbol{\Pi}_n \boldsymbol{Q}$，其中，$\boldsymbol{\Pi}_n$ 为第 n 个对角矩阵，π_i 为矩阵 $\boldsymbol{\Pi}_n$ 的特征值。值得注意的是，目标函数 $F\left(\boldsymbol{X}_{k|k-1}^{\mathrm{tgt}}, \boldsymbol{P}_{\mathrm{t},k}, \boldsymbol{T}_{\mathrm{d},k}\right)$ 取的是目标位置分量的预测 BCRLB 闭式解析表达式。因此，在式（5.20）的基础上，$F\left(\boldsymbol{X}_{k|k-1}^{\mathrm{tgt}}, \boldsymbol{P}_{\mathrm{t},k}, \boldsymbol{T}_{\mathrm{d},k}\right)$ 可写为

$$\begin{aligned} F\left(\boldsymbol{X}_{k|k-1}^{\mathrm{tgt}}, \boldsymbol{P}_{\mathrm{t},k}, \boldsymbol{T}_{\mathrm{d},k}\right) &= \sum_{i=1}^{4}\left(\boldsymbol{Q}^{\mathrm{T}} \boldsymbol{Z}^{-1/2} \boldsymbol{Z}^{-1/2} \boldsymbol{Q}\right)_{ii}\left(1 + \sum_{n=1}^{N} P_{\mathrm{t},n,k} T_{\mathrm{d},n,k} \pi_i\right)^{-1} \\ &= \left(a_1 + \sum_{n=1}^{N} P_{\mathrm{t},n,k} T_{\mathrm{d},n,k} b_{1,n}\right)^{-1} + \left(a_2 + \sum_{n=1}^{N} P_{\mathrm{t},n,k} T_{\mathrm{d},n,k} b_{2,n}\right)^{-1} \end{aligned} \qquad (5.21)$$

式中，a_1、a_2 及对于任意 n 的 $b_{1,n}$、$b_{2,n}$ 均为正数，这是由于其对应矩阵均为对称正定矩阵。

对 $F\left(\boldsymbol{X}_{k|k-1}^{\mathrm{tgt}}, \boldsymbol{P}_{\mathrm{t},k}, \boldsymbol{T}_{\mathrm{d},k}\right)$ 关于 $P_{\mathrm{t},n,k} T_{\mathrm{d},n,k}$ 求一阶偏导，可得

$$\begin{aligned} &\frac{\partial F\left(\boldsymbol{X}_{k|k-1}^{\mathrm{tgt}}, \boldsymbol{P}_{\mathrm{t},k}, \boldsymbol{T}_{\mathrm{d},k}\right)}{\partial(P_{\mathrm{t},n,k} T_{\mathrm{d},n,k})} \\ &= -b_{1,n}\left(a_1 + \sum_{n=1}^{N} P_{\mathrm{t},n,k} T_{\mathrm{d},n,k} b_{1,n}\right)^{-2} - b_{2,n}\left(a_2 + \sum_{n=1}^{N} P_{\mathrm{t},n,k} T_{\mathrm{d},n,k} b_{2,n}\right)^{-2} \end{aligned} \qquad (5.22)$$

从式（5.22）中可以看出，$\partial F\left(\boldsymbol{X}_{k|k-1}^{\mathrm{tgt}}, \boldsymbol{P}_{\mathrm{t},k}, \boldsymbol{T}_{\mathrm{d},k}\right) \big/ \partial(P_{\mathrm{t},n,k} T_{\mathrm{d},n,k}) < 0$，即机载网络化雷达的目标函数 $F\left(\boldsymbol{X}_{k|k-1}^{\mathrm{tgt}}, \boldsymbol{P}_{\mathrm{t},k}, \boldsymbol{T}_{\mathrm{d},k}\right)$ 是辐射功率与驻留时间之积 $P_{\mathrm{t},n,k} T_{\mathrm{d},n,k}$ 的减函数，即定理 5.1 得证。

定理 5.2：在各机载雷达接收机输出信噪比固定的情况下，机载雷达被截获概率的最小值将在驻留时间取值范围的边界处获得。

由于本书第 4 章已对定理 5.2 进行了严格证明，故在此不再赘述。

本步骤给出了机载雷达辐射功率、驻留时间及其运动参数之间的关系。因此，对于给定机载雷达发射信号的波形参数及机载雷达运动参数，式（5.17）可以进一步简化为

$$
\begin{cases}
\min\limits_{\boldsymbol{P}_{\mathrm{t},k},\boldsymbol{T}_{\mathrm{d},k}} F\left(\boldsymbol{X}_{k|k-1}^{\mathrm{tgt}},\boldsymbol{P}_{\mathrm{t},k},\boldsymbol{T}_{\mathrm{d},k}\right) \\
\mathrm{s.t.}\begin{cases}
\overline{P_{\min}}\leqslant P_{\mathrm{t},n,k}\leqslant\overline{P_{\max}}, & \forall n \\
\overline{T_{\min}}\leqslant T_{\mathrm{d},n,k}\leqslant\overline{T_{\max}}, & \forall n \\
p_{n,k|k-1}\leqslant p_{\mathrm{th}}, & \forall n
\end{cases}
\end{cases}
\tag{5.23}
$$

由第 4 章内容可知，在机载雷达接收机输出信噪比固定的情况下，机载雷达被截获概率的最小值会在驻留时间取值范围的边界处获得。相反，当被截获概率固定时，可以用类似方法求得机载雷达接收机输出信噪比的最大值，而输出信噪比与机载雷达辐射功率和驻留时间有关。从而，在满足优化目标函数 $F\left(\boldsymbol{X}_{k|k-1}^{\mathrm{tgt}},\boldsymbol{P}_{\mathrm{t},k},\boldsymbol{T}_{\mathrm{d},k}\right)$ 最小的条件下，可建立机载网络化雷达辐射功率、驻留时间及其运动参数之间的关系。给定被截获概率阈值 p_{th}，当第 n 部机载雷达的驻留时间取最大值时，其辐射功率 $P_{\mathrm{t,tmp1}}\left(v_{n,k},\theta_{n,k}\right)$ 可表示为

$$
\begin{aligned}
&P_{\mathrm{t,tmp1}}\left(v_{n,k},\theta_{n,k}\right)\\
&=\left\{\left[\sqrt{-\ln p_{\mathrm{fa}}'}-\mathrm{erfc}^{-1}\left(\frac{2p_{\mathrm{th}}T_{\mathrm{I}}}{T_{\mathrm{d,max}}}\right)\right]^2-0.5\right\}\times\frac{\left(4\pi\right)^2 R_{n,k|k-1}^2\left(v_{n,k},\theta_{n,k}\right)k_{\mathrm{B}}T_0 B_{\mathrm{I}}F_{\mathrm{I}}}{G_{\mathrm{t}}G_{\mathrm{I}}\lambda_{\mathrm{t}}^2 G_{\mathrm{IP}}}
\end{aligned}
\tag{5.24}
$$

式中，$\mathrm{erfc}^{-1}(\bullet)$ 表示互补误差函数的反函数。当第 n 部机载雷达的驻留时间取最小值时，该机载雷达的辐射功率 $P_{\mathrm{t,tmp2}}\left(v_{n,k},\theta_{n,k}\right)$ 可表示为

$$
\begin{aligned}
&P_{\mathrm{t,tmp2}}\left(v_{n,k},\theta_{n,k}\right)\\
&=\left\{\left[\sqrt{-\ln p_{\mathrm{fa}}'}-\mathrm{erfc}^{-1}\left(\frac{2p_{\mathrm{th}}T_{\mathrm{I}}}{T_{\mathrm{d,min}}}\right)\right]^2-0.5\right\}\times\frac{\left(4\pi\right)^2 R_{n,k|k-1}^2\left(v_{n,k},\theta_{n,k}\right)k_{\mathrm{B}}T_0 B_{\mathrm{I}}F_{\mathrm{I}}}{G_{\mathrm{t}}G_{\mathrm{I}}\lambda_{\mathrm{t}}^2 G_{\mathrm{IP}}}
\end{aligned}
\tag{5.25}
$$

值得注意的是，当机载雷达的驻留时间取最小值时，其辐射功率可能会超过自身辐射功率的上限。于是，在满足第 n 部机载雷达辐射功率约束的条件下，机载雷达的辐射功率可表示为

$$
P_{\mathrm{t},n}=\min\left[P_{\mathrm{t,tmp2}}\left(v_{n,k},\theta_{n,k}\right),\overline{P_{\max}}\right]
\tag{5.26}
$$

由于第 n 部机载雷达接收机输出信噪比与机载雷达驻留时间和辐射功率的乘积成正比，因此求其最大输出信噪比就等价于求驻留时间和辐射功率乘积的最大值，即

$$
P_{\mathrm{t},n}T_{\mathrm{d},n}=\max\left[P_{\mathrm{t,tmp2}}'\left(v_{n,k},\theta_{n,k}\right)\overline{T_{\min}},P_{\mathrm{t,tmp1}}\left(v_{n,k},\theta_{n,k}\right)\overline{T_{\max}}\right]
\tag{5.27}
$$

步骤 3：采用粒子群算法对式（5.23）进行求解，在给定机载网络化雷达发射信号波形参数的条件下，得到各机载雷达运动参数优化结果 $\boldsymbol{v}_{k,\mathrm{opt}}$、$\boldsymbol{\theta}_{k,\mathrm{opt}}$ 和机载网络化雷达射频辐射参数优化结果 $\boldsymbol{P}_{\mathrm{t},k,\mathrm{opt}}$、$\boldsymbol{T}_{\mathrm{d},k,\mathrm{opt}}$。

在循环迭代过程中，每个粒子都代表一种潜在的可行解，根据全局最优粒子 $P_g^{(l)}$ 和个体最优粒子 $P_q^{(l)}$ 的位置，不断调整粒子的速度和位置[42]，有

$$\begin{cases} \boldsymbol{V}_q^{(l+1)} = \zeta \boldsymbol{V}_q^{(l)} + c_1 r_1 \left(\boldsymbol{P}_q^{(l)} - \boldsymbol{Y}_q^{(l)} \right) + c_2 r_2 \left(\boldsymbol{P}_g^{(l)} - \boldsymbol{Y}_q^{(l)} \right) \\ \boldsymbol{Y}_q^{(l+1)} = \boldsymbol{Y}_q^{(l)} + \boldsymbol{V}_q^{(l+1)} \end{cases} \tag{5.28}$$

式中，$\boldsymbol{Y}_q^{(l)}$ 和 $\boldsymbol{V}_q^{(l)}$ 分别表示第 l 次循环中第 q 个粒子的位置和速度；ζ 表示权重系数；c_1 和 c_2 分别表示非负的常数；r_1 和 r_2 分别表示分布于 $[0,1]$ 区间的随机数；l 表示迭代次数。

采用粒子群算法求解子优化问题的具体步骤如下。

（1）初始化 Q 个粒子的初始位置和速度，初始位置代表各机载雷达飞行速度和朝向角；定义权重系数 ζ、常数 c_1 和 c_2、最大迭代次数 $l_{\max}$。

（2）根据机载网络化雷达射频辐射参数与各机载雷达运动参数之间的关系，在任意机载雷达满足约束条件 $p_{n,k} \leqslant p_{\mathrm{th}}$ 的情况下，计算每个粒子当前位置下的最优机载网络化雷达射频辐射参数。

（3）根据优化目标函数 $F\left(\boldsymbol{X}_{k|k-1}^{\mathrm{tgt}}, \boldsymbol{P}_{\mathrm{t},k}, \boldsymbol{T}_{\mathrm{d},k} \right)$ 计算粒子适应度。

（4）更新全局最优粒子和个体最优粒子。

（5）根据式（5.28）更新粒子的速度与位置。

（6）检验结束条件，若结果收敛或达到最大迭代次数，则迭代结束，输出全局最优粒子；否则，令 $l = l+1$，转步骤（2），继续迭代循环。

步骤 4：固定步骤 3 获得的各机载雷达运动参数优化结果和机载网络化雷达射频辐射参数优化结果，则式（5.16）可以进一步简化为

$$\begin{cases} \min_{\boldsymbol{W}_k, \boldsymbol{\lambda}_k} F\left(\boldsymbol{X}_{k|k-1}^{\mathrm{tgt}}, \boldsymbol{W}_k, \boldsymbol{\lambda}_k \right) \\ \mathrm{s.t.} \quad W_{n,k} \in W_{\mathrm{set}}, \lambda_{n,k} \in \lambda_{\mathrm{set}}, \quad \forall n \end{cases} \tag{5.29}$$

值得说明的是，式（5.29）同样可以通过粒子群算法进行求解。

步骤 5：跳转到步骤 3，直到连续两次得到的目标函数之差小于一个任意大于零的固定值 ε，即可得到 k 时刻各机载雷达运动参数优化设计结果 $\boldsymbol{v}_{k,\mathrm{opt}}$、$\boldsymbol{\theta}_{k,\mathrm{opt}}$ 及机载网络化雷达射频辐射参数优化设计结果 $\boldsymbol{P}_{\mathrm{t},k,\mathrm{opt}}$、$\boldsymbol{T}_{\mathrm{d},k,\mathrm{opt}}$、$\boldsymbol{W}_{k,\mathrm{opt}}$、$\boldsymbol{\lambda}_{k,\mathrm{opt}}$，即

$$\begin{cases} \boldsymbol{v}_{k,\mathrm{opt}} = \left[v_{1,k,\mathrm{opt}}, v_{2,k,\mathrm{opt}}, \cdots, v_{N,k,\mathrm{opt}} \right]^{\mathrm{T}} \\ \boldsymbol{\theta}_{k,\mathrm{opt}} = \left[\theta_{1,k,\mathrm{opt}}, \theta_{2,k,\mathrm{opt}}, \cdots, \theta_{N,k,\mathrm{opt}} \right]^{\mathrm{T}} \\ \boldsymbol{P}_{\mathrm{t},k,\mathrm{opt}} = \left[P_{\mathrm{t},1,k,\mathrm{opt}}, P_{\mathrm{t},2,k,\mathrm{opt}}, \cdots, P_{\mathrm{t},N,k,\mathrm{opt}} \right]^{\mathrm{T}} \\ \boldsymbol{T}_{\mathrm{d},k,\mathrm{opt}} = \left[T_{\mathrm{d},1,k,\mathrm{opt}}, T_{\mathrm{d},2,k,\mathrm{opt}}, \cdots, T_{\mathrm{d},N,k,\mathrm{opt}} \right]^{\mathrm{T}} \\ \boldsymbol{W}_{k,\mathrm{opt}} = \left[W_{1,k,\mathrm{opt}}, W_{2,k,\mathrm{opt}}, \cdots, W_{N,k,\mathrm{opt}} \right]^{\mathrm{T}} \\ \boldsymbol{\lambda}_{k,\mathrm{opt}} = \left[\lambda_{1,k,\mathrm{opt}}, \lambda_{2,k,\mathrm{opt}}, \cdots, \lambda_{N,k,\mathrm{opt}} \right]^{\mathrm{T}} \end{cases} \tag{5.30}$$

5.3.6 算法流程

总的来说，面向射频隐身的机载网络化雷达辐射资源与航迹协同优化算法可以描述为，各机载雷达在（$k-1$）时刻通过预测下一时刻目标与各平台之间的距离，在满足预先设定的机载网络化雷达射频资源、机载雷达机动能力和被截获概率阈值要求的条件下，计算出 k 时刻各机载雷达飞行速度、朝向角、辐射功率、驻留时间、信号带宽和高斯脉冲长度。机载网络化雷达根据反馈信息自适应地调整 k 时刻的平台运动参数和射频辐射参数，从而可以在保证满足机载网络化雷达射频隐身性能需求的情况下，最大限度地降低目标跟踪误差。本章所提算法流程示意图如图 5.2 所示。

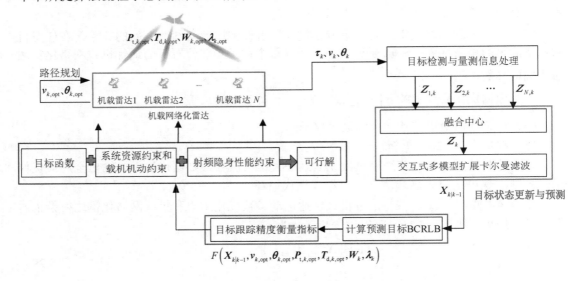

图 5.2 本章所提算法流程示意图

 # 5.4 仿真结果与分析

5.4.1 仿真参数设置

为了验证本章所提的面向射频隐身的机载网络化雷达辐射资源与航迹协同优化算法的优越性，需要进行如下仿真：假设机载网络化雷达由 N 部机载雷达组成，各机载雷达的系统参数均相同，重访时间间隔为 1s，跟踪过程持续时间为 80s，用于算法结束循环的固定值设置为 $\varepsilon = 0.1$。雷达发射信号波形库分别为 $W_{set} = \{0.1, 0.3, 0.5, 0.7, 0.9\}$（单位：MHz）和 $\lambda_{set} = \{1, 3, 5, 7, 9\}$（单位：μs）。在粒子群算法中，相关参数设置分别为 $Q = 20$、$\zeta = 1$、$c_1 = 0.8$、

$c_2 = 0.8$ 和 $l_{\max} = 50$。机载网络化雷达和截获接收机的仿真参数设置如表 5.1 和表 5.2 所示。

表 5.1　机载网络化雷达的仿真参数设置

参数	数值	参数	数值
G_t	36dB	B_r	1MHz
G_r	35dB	F_r	3dB
G_{RP}	16.5dB	f_c	12GHz
$\overline{P_{\min}}$	0	$\overline{P_{\max}}$	5kW
$\overline{\theta_{\max}}$	15°	k_B	1.38×10^{-23} J/K
$\overline{v_{\min}}$	0.1km/s	$\overline{v_{\max}}$	0.4km/s
$\overline{T_{\min}}$	5×10^{-4}s	$\overline{T_{\max}}$	2.5×10^{-2}s

表 5.2　截获接收机的仿真参数设置

参数	数值	参数	数值
p'_{fa}	10^{-8}	G_{IP}	3dB
F_I	6dB	T_I	2s
G_I	10dB	B_I	40GHz

　　为了进一步分析机载网络化雷达位置分布对仿真结果的影响，考虑以下两种不同的目标跟踪场景：目标跟踪场景 1 如图 5.3 所示，机载网络化雷达的初始运动状态 1 如表 5.3 所示；目标跟踪场景 2 如图 5.4 所示，机载网络化雷达的初始运动状态 2 如表 5.5 所示。同时，为了更好地分析目标 RCS 对仿真结果的影响，本章考虑以下 2 种目标 RCS 模型：在第 1 种模型中，目标 RCS 保持不变，且相对各机载雷达均为 $\sigma = 3\text{m}^2$；在第 2 种模型中，目标 RCS 分布如图 5.5 所示。本章分别取 $p_{th} = 0.001$、$p_{th} = 0.0003$ 和 $p_{th} = 0.00005$，以探究被截获概率阈值对目标跟踪性能的影响。

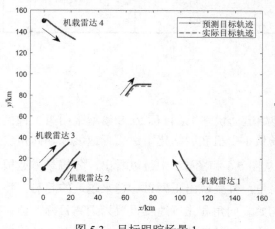

图 5.3　目标跟踪场景 1

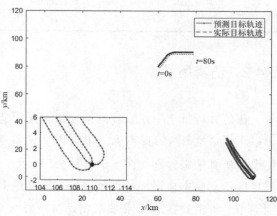

图 5.4　目标跟踪场景 2

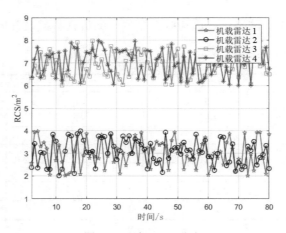

图 5.5　目标 RCS 分布

表 5.3　机载网络化雷达的初始运动状态 1

雷达编号	初始位置/km	初始速度/（km/s）	初始朝向角
机载雷达 1	(110,0)	0.4	0°
机载雷达 2	(10,0)	0.4	0°
机载雷达 3	(0,10)	0.4	90°
机载雷达 4	(0,150)	0.4	90°

表 5.4　机载网络化雷达的初始运动状态 2

雷达编号	初始位置/km	初始速度/（km/s）	初始朝向角
机载雷达 1	(110,0)	0.4	90°
机载雷达 2	(110,0)	0.4	0°
机载雷达 3	(110,0)	0.4	150°
机载雷达 4	(110,0)	0.4	240°

5.4.2　仿真场景 1

在仿真场景 1 中，机载网络化雷达采用初始运动状态 1，目标 RCS 模型采用第 1 种模型，被截获概率阈值设为 $p_{th} = 0.0003$。仿真场景 1 中机载网络化雷达飞行速度和朝向角优化设计仿真结果分别如图 5.6 和图 5.7 所示。从图 5.6 和图 5.7 中可以看出，各机载雷达根据目标运动状态自适应地调整飞行速度和朝向角，且呈现出距离目标越来越近的趋势。特别地，对于机载雷达 1 和机载雷达 4，虽然初始朝向角和飞行速度设置为远离目标，但在协同优化设计过程中，机载雷达适当降低飞行速度，并调整朝向角，按与目标距离减小的趋势飞行，从而达到航迹优化设计效果。图 5.8 和图 5.9 所示为仿真场景 1 中机载网络化雷达辐射功率和驻留时间优化设计仿真结果。从图 5.8 和图 5.9 中可以看出，各机载雷达根据目标实时运动状态，自适应地选择最小功率策略或最短驻留时间策略对目标进行照射，在满足一定射频隐身性能要求的条件下，提高机载网络化雷达的目标跟踪精度。图 5.10 和图 5.11 所示为仿真场景 1 中机载网络化雷达信号带宽和高斯脉冲长度优化选择仿真结果。从图 5.10 和图 5.11 中可以看出，各机载雷达信号带宽和高斯脉冲长度随着目标运动状态的变化而自适应地进行选择，从而最大限度地减小机载网络化雷达对目标的跟踪误差，进一步提升其目标跟踪性能。

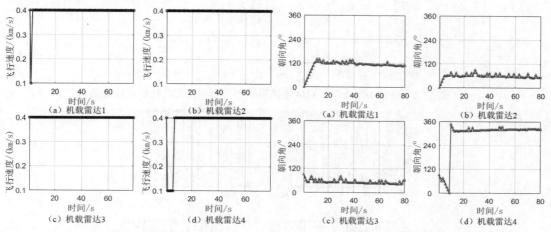

图 5.6　仿真场景 1 中机载网络化雷达
飞行速度优化设计仿真结果

图 5.7　仿真场景 1 中机载网络化雷达
朝向角优化设计仿真结果

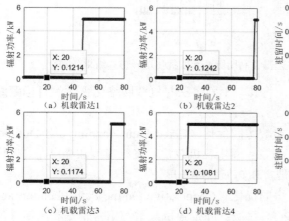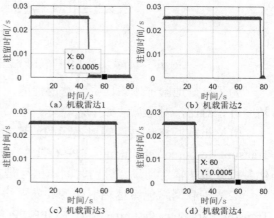

图 5.8　仿真场景 1 中机载网络化雷达
辐射功率优化设计仿真结果

图 5.9　仿真场景 1 中机载网络化雷达
驻留时间优化设计仿真结果

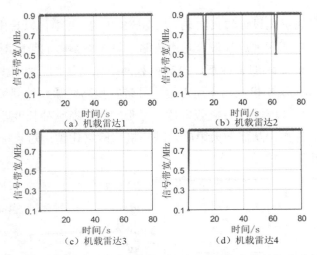

图 5.10　仿真场景 1 中机载网络化雷达信号带宽优化选择仿真结果

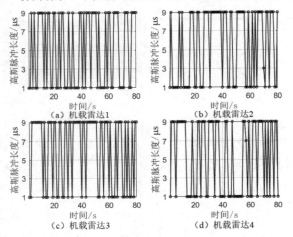

图 5.11　仿真场景 1 中机载网络化雷达高斯脉冲长度优化选择仿真结果

为了更好地验证本章所提算法的性能，将其与不同算法对机载网络化雷达的目标跟踪精度进行对比，对比算法如下。

（1）机载网络化雷达辐射资源和波形参数协同优化（Fixed Path Planning and Optimal Transmit Resource Scheduling，FPP-OTRS）算法：固定各机载雷达飞行速度和朝向角，仅优化各机载雷达辐射功率、驻留时间、信号带宽和高斯脉冲长度。

（2）机载网络化雷达辐射资源和航迹协同优化（Cooperative Online Path Planning and Transmit Parameter Optimization，COPP-TPO）算法：固定各机载雷达信号带宽和高斯脉冲长度，仅优化各机载雷达飞行速度、朝向角、辐射功率、驻留时间。

（3）机载网络化雷达发射波形和航迹协同优化（Cooperative Online Path Planning and Waveform Parameter Selection，COPP-WPS）算法：固定各机载雷达辐射功率和驻留时间，仅优化各机载雷达飞行速度、朝向角、信号带宽、高斯脉冲长度。

（4）机载网络化雷达航迹优化（Online Path Planning and Fixed Transmit Resource Scheduling，OPP-FTRS）算法：固定各机载雷达辐射功率、驻留时间、信号带宽和高斯脉冲长度，仅优化各机载雷达飞行速度和朝向角。

图 5.12 和图 5.13 所示为仿真场景 1 中本章所提算法和其他 4 种算法的目标跟踪 RMSE 和 ARMSE 对比结果。从图 5.12 和图 5.13 中可以看出，本章所提算法能够在满足各机载雷达射频隐身性能要求的条件下，通过协同优化设计各机载雷达飞行速度、朝向角、辐射功率、驻留时间、信号带宽和高斯脉冲长度，获得相比于其他 4 种算法更优越的目标跟踪精度。

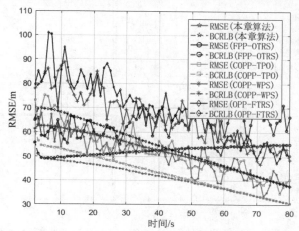

图 5.12　仿真场景 1 中本章所提算法和其他 4 种算法的目标跟踪 RMSE 对比结果

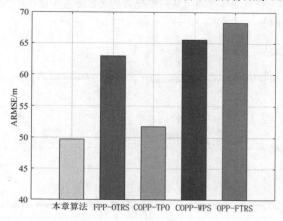

图 5.13　仿真场景 1 中本章所提算法和其他 4 种算法的目标跟踪 ARMSE 对比结果

5.4.3　仿真场景 2

在仿真场景 2 中，机载网络化雷达采用初始运动状态 2，即从同一个地点出发且朝向角不同，目标 RCS 模型采用第 1 种模型，被截获概率阈值设为 $p_{th} = 0.0003$。仿真场景 2 中机载网络化雷达飞行速度和朝向角优化设计仿真结果如图 5.14 和图 5.15 所示。图 5.16 和图 5.17 所示为仿真场景 2 中机载网络化雷达辐射功率和驻留时间优化设计仿真结果。图 5.18 和图 5.19 所示为仿真场景 2 中机载网络化雷达信号带宽和高斯脉冲长度优化选择仿真结果。虽然上述仿真结果明显不同于仿真场景 1，但仍然可以看出，本章所提算法能够根据目标的实时运动状态，动态调整各机载雷达飞行速度、朝向角、辐射功率、驻留时间、信号带宽和高斯脉冲长度，从而使得机载网络化雷达具有更优越的目标跟踪精度。

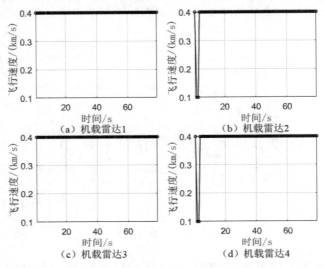

图 5.14　仿真场景 2 中机载网络化雷达飞行速度优化设计仿真结果

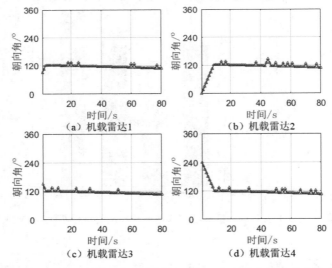

图 5.15　仿真场景 2 中机载网络化雷达朝向角优化设计仿真结果

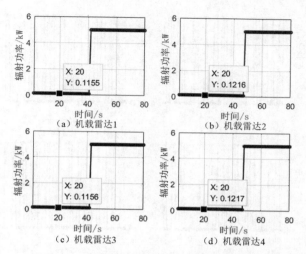

图 5.16　仿真场景 2 中机载网络化雷达辐射功率优化设计仿真结果

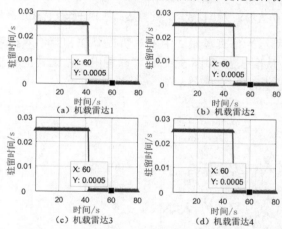

图 5.17　仿真场景 2 中机载网络化雷达驻留时间优化设计仿真结果

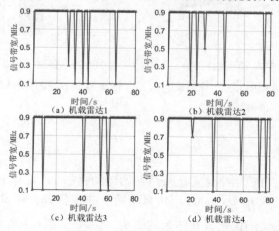

图 5.18　仿真场景 2 中机载网络化雷达信号带宽优化选择仿真结果

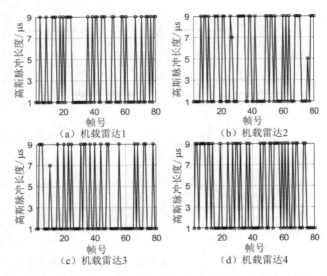

（a）机载雷达1   （b）机载雷达2

（c）机载雷达3   （d）机载雷达4

图 5.19　仿真场景 2 中机载网络化雷达高斯脉冲长度优化选择仿真结果

图 5.20 和图 5.21 所示为仿真场景 2 中本章所提算法和其他 4 种算法的目标跟踪 RMSE 和 ARMSE 对比结果。从图 5.20 和图 5.21 中可以看出，相比其他算法，本章所提算法在仿真场景 2 中表现出更优越的目标跟踪精度。

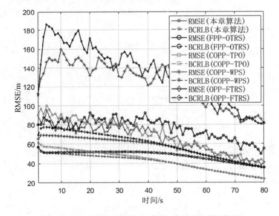

图 5.20　仿真场景 2 中本章所提算法和
其他 4 种算法的目标跟踪 RMSE 对比结果

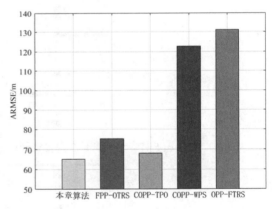

图 5.21　仿真场景 2 中本章所提算法和
其他 4 种算法的目标跟踪 ARMSE 对比结果

5.4.4　仿真场景 3

在仿真场景 3 中，机载网络化雷达采用初始运动状态 1，目标 RCS 模型采用第 2 种模型，被截获概率阈值设为 $p_{th} = 0.0003$。仿真场景 3 主要探究目标 RCS 的变化对机载网络化雷达辐射资源与航迹协同优化设计结果的影响。仿真场景 3 中机载网络化雷达飞行速度和朝向角优化设计仿真结果如图 5.22 和图 5.23 所示。图 5.24 和图 5.25 所示为仿真场景 3 中机载网络化雷达辐射功率和驻留时间优化设计仿真结果。图 5.26 和图 5.27 所示为仿真场景 3 中机载网络化雷达信号带宽和高斯脉冲长度优化选择仿真结果。从图 5.26 和图 5.27 中可以看出，目标 RCS 的变化对各机载雷达飞行速度、朝向角、辐射功率、驻留时间、信号带宽和高斯脉冲长度的仿真结果产生了一定影响，这是由于目标 RCS 的变化主要影响跟踪过程中接收到的目标回波信噪比，从而影响目标跟踪精度。

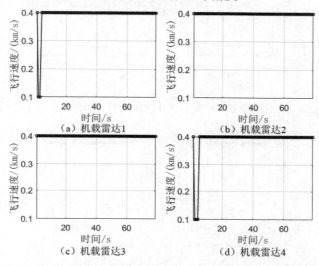

图 5.22　仿真场景 3 中机载网络化雷达飞行速度优化设计仿真结果

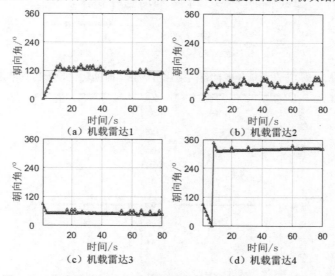

图 5.23　仿真场景 3 中机载网络化雷达朝向角优化设计仿真结果

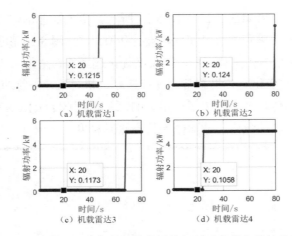

图 5.24　仿真场景 3 中机载网络化雷达辐射功率优化设计仿真结果

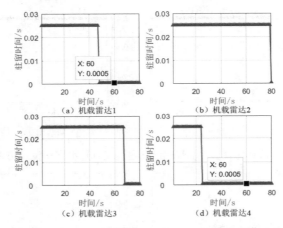

图 5.25　仿真场景 3 中机载网络化雷达驻留时间优化设计仿真结果

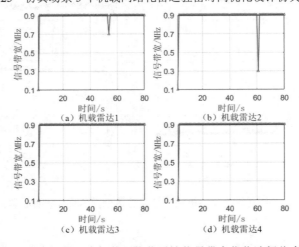

图 5.26　仿真场景 3 中机载网络化雷达信号带宽优化选择仿真结果

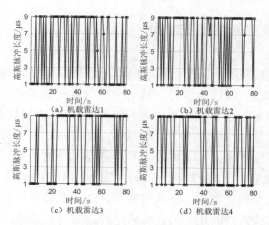

图 5.27　仿真场景 3 中机载网络化雷达高斯脉冲长度优化选择仿真结果

图 5.28 和图 5.29 所示为仿真场景 3 中本章所提算法和其他 4 种算法的目标跟踪 RMSE 和 ARMSE 对比结果。从图 5.28 和图 5.29 中可以看出，本章所提算法在仿真场景 3 中表现出更优越的目标跟踪精度。值得注意的是，目标 RCS 的变化使得目标跟踪精度也随之改变。

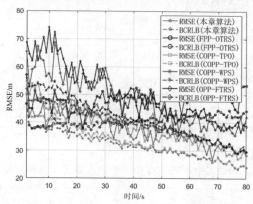

图 5.28　仿真场景 3 中本章所提算法和其他 4 种算法的目标跟踪 RMSE 对比结果

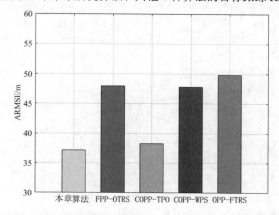

图 5.29　仿真场景 3 中本章所提算法和其他 4 种算法的目标跟踪 ARMSE 对比结果

5.4.5 不同被截获概率阈值情况对比

为了进一步探究被截获概率阈值对机载网络化雷达辐射资源与航迹协同优化仿真结果的影响，图 5.30～图 5.32 所示为仿真场景 1～3 中不同被截获概率阈值情况下目标跟踪 RMSE 对比。图 5.33 所示为各仿真场景中不同被截获概率阈值情况下目标跟踪 ARMSE 对比。从仿真结果中可以看出，在 3 个仿真场景中，随着设定的被截获概率阈值的增加，机载网络化雷达的目标跟踪 RMSE 和 ARMSE 呈现逐渐减小的趋势，目标跟踪性能逐渐变好。这是由于被截获概率阈值在一定程度上约束了机载网络化雷达的辐射功率和驻留时间资源，所设定的被截获概率阈值越大，机载网络化雷达所允许优化的辐射资源越多，并且接收到的目标回波信噪比越大，因此，机载网络化雷达的目标跟踪精度就越高。

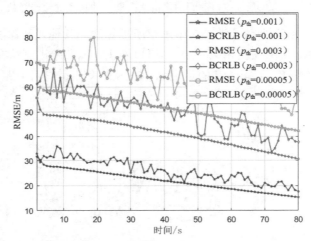

图 5.30 仿真场景 1 中不同被截获概率阈值情况下目标跟踪 RMSE 对比

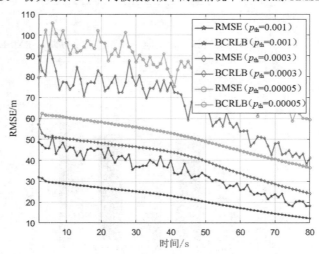

图 5.31 仿真场景 2 中不同被截获概率阈值情况下目标跟踪 RMSE 对比

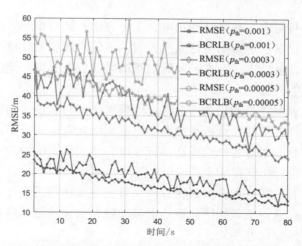

图 5.32　仿真场景 3 中不同被截获概率阈值情况下目标跟踪 RMSE 对比

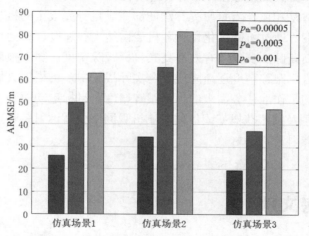

图 5.33　各仿真场景中不同被截获概率阈值情况下目标跟踪 ARMSE 对比

 ## 5.5　本章小结

本章针对单目标跟踪场景下的机载网络化雷达辐射资源与航迹协同优化问题，提出了面向射频隐身的机载网络化雷达辐射资源与航迹协同优化算法，并分析了影响机载网络化雷达目标跟踪精度和射频隐身性能的关键因素，主要内容与创新点包括以下几点。

（1）建立了机载雷达运动模型。该模型由各机载雷达的飞行速度和朝向角描述，并假设各机载雷达在相邻两个时刻之间做匀速直线运动、匀加速/匀减速直线运动或匀加速/匀减速曲线运动，从而保证各机载雷达航迹平滑。

（2）推导了表征目标跟踪精度的 BCRLB 闭式解析表达式，并分析了各机载雷达辐射功率、驻留时间、信号带宽、高斯脉冲长度、飞行速度、朝向角对目标跟踪性能的影响；推导了表征机载网络化雷达射频隐身性能的机载网络化雷达被截获概率闭式解析表达式，并分析了各机载雷达辐射功率、驻留时间等射频辐射参数及其飞行速度、朝向角对机载网络化雷达射频隐身性能的影响。

（3）提出了面向射频隐身的机载网络化雷达辐射资源与航迹协同优化算法。该算法的优势在于能够充分利用各机载雷达机动能力、机载网络化雷达的分集增益和可控自由度及目标运动状态先验信息，来对各机载雷达飞行速度、朝向角、辐射功率、驻留时间、信号带宽和高斯脉冲长度进行协同优化设计。

（4）设计了一种有效的五步分解迭代算法来对上述优化问题进行求解。结合循环最小法和粒子群算法，可在获得机载网络化雷达射频辐射参数及其运动参数协同优化结果的同时，保证算法的实时性和稳健性。

（5）进行了仿真实验验证与分析。仿真结果表明，与 FPP-OTRS、COPP-TPO、COPP-WPS、OPP-FTRS 算法相比，本章所提算法能够在满足预先设定的机载网络化雷达射频隐身性能要求的条件下，通过协同优化设计各机载雷达飞行速度、朝向角、辐射功率、驻留时间、信号带宽和高斯脉冲长度，有效提高其目标跟踪精度；随着被截获概率阈值增大，机载网络化雷达的目标跟踪精度逐渐降低，在实际战场中，可根据具体环境设定被截获概率阈值，从而获得满足作战任务需求的目标跟踪精度；目标运动轨迹、机载网络化雷达的分布、目标 RCS 模型及被截获概率阈值是影响机载网络化雷达射频辐射参数及其运动参数协同优化结果的关键因素。

 ## 5.6　参考文献

[1]　陆天和, 刘莉, 贺云涛, 等. 多无人机航迹规划算法及关键技术[J]. 战术导弹技术, 2020, (1): 85-90.

[2]　Yang Q M, Zhang J D, Shi G Q. Modeling of UAV path planning based on IMM under POMDP framework[J]. Journal of Systems Engineering and Electronics, 2019, 30(4): 545-554.

[3]　Nguyen H V, Rezatofighi H, Vo B N, et al. Online UAV path planning for joint detection and tracking of multiple radio-tagged objects[J]. IEEE Transactions on Signal Processing, 2019, 67(20): 5365-5379.

[4]　吴坤, 谭劲昌. 基于改进鲸鱼优化算法的无人机航路规划[J]. 航空学报, 2020, 41(2): 107-114.

[5]　Brown A, Anderson D. Trajectory optimization for high-altitude long-endurance UAV maritime radar surveillance[J]. IEEE Transactions on Aerospace and Electronic Systems, 2020, 56(3): 2406-2421.

[6]　Lee J H, Park K H, Ko Y C, et al. A UAV-mounted free space optical communication: Trajectory optimization for flight time[J]. IEEE Transactions on Wireless Communications, 2020, 19(3): 1610-1621.

[7]　黄鹤, 吴琨, 王会峰, 等. 基于改进飞蛾扑火算法的无人机低空突防路径规划[J]. 中国惯性技术学报, 2021, 29(2): 256-263.

[8] 韩尧, 李少华. 基于改进人工势场法的无人机航迹规划[J]. 系统工程与电子技术, 2021, 43(11): 3305-3311.

[9] Chai R Q, Tsourdos A, Savvaris A, et al. Solving constrained trajectory planning problems using biased particle swarm optimization[J]. IEEE Transactions on Aerospace and Electronic Systems, 2021, 57(3): 1685-1701.

[10] 杨俊岭, 周宇, 王维佳, 等. 基于演化深度神经网络的无人机协同无源定位动态航迹规划[J]. 科技导报, 2018, 36(24): 26-32.

[11] 陈侠, 李光耀, 于兴超. 基于博弈策略的多无人机航迹规划研究[J]. 战术导弹技术, 2020, (1): 77-84.

[12] Yao P, Wei X. Multi-UAV information fusion and cooperative trajectory optimization in target search[J]. IEEE Systems Journal, 2021.

[13] Xu Y, Zhang T H, Yang D C. Joint resource and trajectory optimization for security in UAV-assisted MEC systems[J]. IEEE Transactions on Communications, 2021, 69(1): 573-588.

[14] 蔡星娟, 胡钊鸣, 张志霞, 等. 基于高维多目标优化的多无人机协同航迹规划[J]. 中国科学: 信息科学, 2021, 51(6): 985-996.

[15] 张广驰, 严雨琳, 崔苗, 等. 无人机基站的飞行路线在线优化设计[J]. 电子与信息学报, 2021, 43(12): 3605-3611.

[16] Nguyen N H, Dogancay K, Davis L M. Joint transmitter waveform and receiver path optimization for target tracking by multistatic radar system[C]. IEEE Workshop on Statistical Signal Processing (SSP), 2014: 444-447.

[17] 孟令同. 机载平台相控阵雷达波束和路径资源管理算法研究[D]. 成都: 电子科技大学, 2019.

[18] Lu X J, Yi W, Kong L J. Joint online route planning and resource optimization for multitarget tracking in airborne radar systems[J]. IEEE Systems Journal, 2021.

[19] Kucharzak M, Zydek D, Poźniak-Koszałka I. Overlay multicast optimization: IBM ILOG CPLEX[J]. International Journal of Electronics & Telecommunications, 2012, 58(4):381-388.

[20] 龚晶. 数学规划与约束规划整合下的多目标分组排序问题研究[J]. 运筹学学报, 2016, 20(1): 61-74.

[21] Dorling K, Heinrichs J, Messier G G, et al. Vehicle routing problems for drone delivery[J]. IEEE Transactions on Systems, Man, and Cybernetics: Systems, 2017, 47(1): 70-85.

[22] Yue X, Zhang W. UAV path planning based on K-means algorithm and simulated annealing algorithm[C]. 37th Chinese Control Conference, 2018: 2290-2295.

[23] Ji Y, Dong C, Zhu X, et al. Fair-energy trajectory planning for multi-target positioning based on cooperative unmanned aerial vehicles[J]. IEEE Access, 2020, 8: 9782-9795.

[24] Zhou Z Y, Feng J H, Gu B, et al. When mobile crowd sensing meets UAV: energy-efficient task assignment and route planning[J]. IEEE Transactions on Communications, 2018, 66(11): 5526-5538.

[25] Góez G D, Velásquez R A, Botero J S. UAV route planning optimization using PSO implemented on microcontrollers[J]. IEEE Latin America Transactions, 2016, 14(4): 1705-1710.

[26] Huang C, Fei J Y, Deng W. A novel route planning method of fixed-wing unmanned aerial vehicle based on improved QPSO[J]. IEEE Access, 2020, 8: 65071-65084.

[27] Zhang Z, Wu J, Dai J Y, et al. A novel real-time penetration path planning algorithm for stealth UAV in 3D complex dynamic environment[J]. IEEE Access, 2020, 8: 122757-122771.

[28] Ji J Q, Zhu K, Niyato D, et al. Joint trajectory design and resource allocation for secure transmission in cache-enabled UAV-relaying networks With D2D communications[J]. IEEE Internet of Things Journal, 2021, 8(3): 1557-1571.

[29] Li B Y, Gao S, Li C, et al. Maritime buoyage inspection system based on an unmanned aerial vehicle and active disturbance rejection control[J]. IEEE Access, 2021, 9: 22883-22893.

[30] Chai S Q, Lau Vincent K N. Multi-UAV trajectory and power optimization for cached UAV wireless networks with energy and content recharging-demand driven deep learning approach[J]. IEEE Journal on Selected Areas in Communications, 2021, 39(10): 3208-3224.

[31] Li J, Han Y. Optimal resource allocation for packet delay minimization in multi-layer UAV networks[J]. IEEE Communications Letters, 2017, 21(3): 580-583.

[32] Mozaffari M, Saad W, Bennis M, et al. Wireless communication using unmanned aerial vehicles: optimal transport theory for hover time optimization[J]. IEEE Transactions on Wireless Communications, 2017, 16(12): 8052-8066.

[33] 时晨光, 周建江, 汪飞, 等. 机载雷达组网射频隐身技术[M]. 北京: 国防工业出版社, 2019.

[34] Lynch D. Introduction to RF stealth[M]. Hampshire: Sci Tech Publishing Inc, 2004.

[35] 时晨光, 董璟, 周建江, 等. 飞行器射频隐身技术研究综述[J]. 系统工程与电子技术, 2021, 43(6): 1452-1467.

[36] 王谦喆, 何召阳, 宋博文, 等. 射频隐身技术研究综述[J]. 电子与信息学报, 2018, 40(6): 1505-1514.

[37] 张澎, 张成, 管洋阳, 等. 关于电磁频谱作战的思考[J]. 航空学报, 2021, 42(8): 94-105.

[38] Shi C G, Wang Y J, Salous S, et al. Joint transmit resource management and waveform selection strategy for target tracking in distributed phased array radar network[J]. IEEE Transactions on Aerospace and Electronic Systems, 2021, 58(4): 2762-2778.

[39] Shi C G, Dai X R, Wang Y J, et al. Joint route optimization and multidimensional resource management for airborne radar network in target tracking application[J]. IEEE Systems Journal, 2021.

[40] Shi C G, Ding L T, Wang F, et al. Joint target assignment and resource optimization framework for multitarget tracking in phased array radar network[J]. IEEE Systems Journal, 2021, 15(3): 4379-4390.

[41] Shi C G, Ding L T, Wang F, et al. Low probability of intercept-based collaborative power and bandwidth allocation strategy for multi-target tracking in distributed radar network system[J]. IEEE Sensors Journal, 2020, 20(12): 6367-6377.

[42] 温正, 孙华克. MATLAB 智能算法[M]. 北京: 清华大学出版社, 2017.

第6章

面向射频隐身的机载网络化雷达波形自适应优化设计

6.1 引言

6.1.1 雷达波形设计研究现状

波形对于实现雷达功能十分重要，是雷达系统设计的重要组成部分。雷达通过向感兴趣的区域发射特定波形并分析接收到的回波信号，来确定目标或环境特性[1]。由于现代雷达面临的作战环境日趋严峻，故对雷达发射波形的要求也更为严苛。一方面，波形要具有优良的分辨能力，满足目标探测、跟踪、识别等功能需求；另一方面，波形需要具有较好的电磁兼容、射频隐身和抗干扰等能力[2]。此外，一些新体制雷达对波形还有一些特殊的要求，如网络化雷达系统和 MIMO 雷达对波形正交性的要求、模糊函数性能和频谱特性等。

雷达波形设计与优化是提高雷达系统性能的重要手段。近年来，国内外学者对雷达波形设计与优化问题进行了大量研究。SINR 是表征雷达系统目标检测性能的重要指标，提高 SINR 对雷达系统检测性能的提升起着关键性作用。Friedlander[3]通过最大化 MIMO 雷达检测器输出端的 SINR，提出了一种最优波形设计方法。Stoica 等学者[4]通过最大化目标位置附近的回波功率，提出了基于发射波束方向图的共址 MIMO 雷达信号设计方法，显著提升了 MIMO 雷达的目标检测性能。Daniel 等学者[5]提出了基于 SINR 最大化的 MIMO 雷达发射波形和接收滤波器联合优化的迭代算法。该算法不仅可实现对多个扩展目标的发射波形进行联合优化，还可最大化各目标响应与接收回波信号之间的互信息之和。Panoui 等学者[6]将多个 MIMO 雷达网络之间的交互作用建模为势博弈模型，利用博弈论思想来优化各雷达网络的最优发射波形，根据纳什均衡解最大化每个 MIMO 雷达网络的 SINR。针对分布式 MIMO 雷达正交相位编码信号和其失配滤波器组分开设计输出的距离旁瓣电平依然过高的问题，徐磊磊等学者[7]提出了一种正交相位编码信号和失配滤波器组联合设计方法，以约束 SNR 损失和最小化失配滤波器组输出的距离旁瓣电平为目标，构建了联合设计准则，并采用双最小 p 范数算法进行求解。刘永军等学者[8]立足于分布式多功能一体化系统，分析了现有一体化波形设计和处理的优缺点，探究了分布式多功能一体化系统存在的关键科学问题，并就面临的诸多基础性挑战给出了相关建议。

20 世纪 50 年代，Woodward 等学者[9,10]分析了信息论原理对于雷达系统设计的重要性。然而，直到 1993 年，Bell[11]才首次将互信息应用到雷达波形设计中，研究了在噪声背景下利用雷达回波与随机扩展目标之间的互信息进行波形优化设计的注水算法。在此基础上，互信息准则被引入到 MIMO 雷达波形设计中并受到了广泛关注。Yang 等学者[12]提出了基于互信息和最小均方误差准则的 MIMO 雷达波形优化设计方法。仿真结果表明，基于互信息和最小均方误差准则的波形设计方法等价。在杂波环境中，Naghsh 等学者[13]研究了基于信息论准则的多站雷达信号编码设计算法，以提高系统的目标检测性能。针对分布式 MIMO 雷达，Chen 等学者[14]提出了一种新的自适应波形优化设计算法，以提升认知环境下 MIMO 雷达的目标检测与目标参数估计性能。

上述研究成果提出了雷达波形优化设计的思想，以提升杂波环境下雷达系统的目标检测与目标参数估计性能，为后续研究奠定了坚实的理论基础。然而，上述算法却存在如下问题：①上述算法都通过雷达波形优化设计以达到提升系统目标检测与目标参数估计性能的目的，而现代战争对雷达及其搭载平台射频隐身性能的需求则要求严格管控雷达系统的辐射能量[15-28]，因此，如何对雷达波形进行自适应优化设计，进而在满足一定任务性能要求的条件下，获得更好的射频隐身性能，已成为雷达系统设计的一个关键问题；②上述算法都是在假设目标频率响应能够精确估计或先验已知的前提下进行的，然而，由于实际中目标的真实频率响应难以获得，且目标频率响应敏感于雷达视线角，以上算法很难在应用中保持稳健性和可靠性，在这种情况下，稳健信号处理方法[29]能够有效解决上述问题，并在过去的半个多世纪中得到了长足发展和广泛应用。不少国内外学者讨论了在参数不确定性情况下的稳健波形设计方法[30-33]。另外，至今尚未有面向射频隐身的机载网络化雷达波形自适应优化设计的公开报道。

6.1.2　本章内容及结构安排

本章针对上述存在的问题，将研究面向射频隐身的机载网络化雷达波形自适应优化设计问题，其主要内容如下：①建立扩展目标冲激响应模型和机载网络化雷达信号模型；②推导表征机载网络化雷达目标检测性能的 SINR 闭式解析表达式和表征目标参数估计性能的 MI 闭式解析表达式；③提出基于 SINR 准则和 MI 准则的机载网络化雷达最优波形设计算法，即考虑目标相对于各机载雷达的频率响应和路径传播损耗、杂波功率谱密度（Power Spectral Density，PSD）先验已知的情况，在满足预先设定的目标检测 SINR 阈值或目标参数估计 MI 阈值要求的条件下，通过自适应优化设计各机载雷达发射波形，最小化机载网络化雷达的总辐射能量，并采用卡罗需-库恩-塔克（Karush-Kuhn-Tucker，KKT）条件对上述优化问题进行求解；④针对实际应用中目标真实频率响应难以获得的问题，将目标的真实频率响应建模为上、下界已知的不确定集合，在此基础上，分别提出基于 SINR 准则和 MI 准则的机载网络化雷达稳健波形设计算法，即考虑目标相对于各机载雷达真实频率响应的不确定性，在满足预先设定的目标检测 SINR 阈值或目标参数估计 MI 阈值要求的条件下，通过自适应优化设计各机载雷达发射波形，最小化最差情况下机载网络化雷达的总辐射能量，并采用 KKT 条件对上述优化问题进行求解；⑤通过仿真实验验证本章所提算法的优越性。

本章结构安排如下：6.2 节介绍本章采用的扩展目标冲激响应模型和机载网络化雷达信号模型，为本章后续的研究奠定理论基础；6.3 节研究面向射频隐身的机载网络化雷达最优波形设计算法，推导表征机载网络化雷达目标检测性能的 SINR 闭式解析表达式和表征目标参数估计性能的 MI 闭式解析表达式，在此基础上，建立基于 SINR 准则和 MI 准则的机载网络化雷达最优波形设计模型，并采用 KKT 条件对上述优化模型进行求解；6.4 节研究面向射频隐身的机载网络化雷达稳健波形设计算法，并定义目标频率响应不确定集合，在此基础上，建立基于 SINR 准则和 MI 准则的机载网络化雷达稳健波形设计模型；6.5 节通过仿真实验给出采用本章所提算法得到的机载网络化雷达波形优化设计仿真结果，并验证本章所提算法的优越性；6.6 节对本章内容进行总结。

本章符号：$*$ 表示卷积运算；$E(\cdot)$ 表示求数学期望运算；$\max(a,b)$ 表示取 a、b 中的较大值；$(\cdot)^{*}$ 表示参数的最优值；$|\cdot|^{2}$ 表示模的平方。

6.2 系统模型描述

6.2.1 扩展目标冲激响应模型

根据雷达信号带宽 BW 与目标物理尺寸 $c_{\mathrm{v}}/2\Delta L$ 之间的关系，可以将雷达目标分为点目标和扩展目标，其中，c_{v} 表示光速，ΔL 表示目标在距离向的空间展布[34]。当雷达信号为窄带信号时，雷达目标可以看作具有无限小物理尺寸的点目标，其各方向上的雷达散射系数相同，雷达发射波形经目标散射后具有一定的时延和多普勒频移。当雷达信号带宽与目标物理尺寸可比拟时，目标回波信号将不再是单色波信号，而是具有不同的频率响应分量的信号，点目标模型不再适用。此时，可将目标回波看作多个点或连续点在一定扩展区域的回波叠加，这种目标称为扩展目标。

研究针对扩展目标的机载网络化雷达波形设计，通常用时域的目标冲激响应函数 $h(t,\theta,\varphi)$ 来表征扩展目标的电磁散射特性，其中，θ 表示目标相对于雷达的方位角，φ 表示俯仰角。目标冲激响应函数 $h(t,\theta,\varphi)$ 是目标相对于雷达的方位角 θ 和俯仰角 φ 的函数。当目标相对雷达姿态角一定时，目标冲激响应可以看作一个线性时不变系统。从信号与系统的角度来看，扩展目标冲激响应是当雷达发射信号为冲激函数 $s(t)=\delta(t)$ 时的目标回波信号 $y(t)$，如图 6.1 所示。

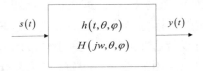

图 6.1 扩展目标冲激响应

图 6.1 中的 $H(jw,\theta,\varphi)$ 表示目标冲激响应函数 $h(t,\theta,\varphi)$ 的傅里叶变换。当雷达发射信号为 $s(t)$ 时，目标回波信号为

$$y(t)=s(t)*h(t)=\int_{-\infty}^{\infty}h(\tau)s(t-\tau)\mathrm{d}\tau \tag{6.1}$$

6.2.2 机载网络化雷达信号模型

机载网络化雷达信号模型如图 6.2 所示。假设扩展目标的确定频率响应可由先验信息（军事情报、目标散射特性建模与仿真、目标数据库等）获得，机载网络化雷达由 N_t 部机载雷达组成，$x_i(t)$ 表示第 i 部机载雷达的复基带发射信号波形。T_i 表示该信号持续时间。$h_i(t)$ 表示目标相对于第 i 部机载雷达的复基带冲激响应，其持续时间为 T_{h_i}。$X_i(f)$ 和 $H_i(f)$ 分别表示 $x_i(t)$ 和 $h_i(t)$ 的傅里叶变换。$n_i(t)$ 表示第 i 部机载雷达的零均值复高斯白噪声，其 PSD 为 $S_{\mathrm{nn},i}(f)$。同样地，$c_i(t)$ 表示第 i 部机载雷达所对应的环境杂波，它服从零均值复高斯分布，其 PSD 为 $S_{\mathrm{cc},i}(f)$。需要注意的是，此时的杂波特性不再与机载雷达信号波形无关，而是依赖于各机载雷达发射波形。$y_i(t)$ 表示第 i 部机载雷达发射并经目标散射的回波信号。$r_i(t)$ 表示第 i 部机载雷达发射信号所对应的匹配滤波器冲激响应。$s_{\mathrm{tot}}(t)$ 表示机载网络化雷达总输出信号。

假设机载网络化雷达中各机载雷达接收到的目标回波信号 $y_i(t)$ 之间相互独立，则总输出信号可表示为[35]

$$
\begin{aligned}
s_{\mathrm{tot}}(t)&=\sum_{i=1}^{N_t}r_i(t)*y_i(t)\\
&=\sum_{i=1}^{N_t}r_i(t)*\left[x_i(t)*h_i(t)+x_i(t)*c_i(t)+n_i(t)\right]\\
&=\sum_{i=1}^{N_t}r_i(t)*x_i(t)*h_i(t)+\sum_{i=1}^{N_t}r_i(t)*\left[x_i(t)*c_i(t)+n_i(t)\right]\\
&=\sum_{i=1}^{N_t}s_{\mathrm{s},i}(t)+\sum_{i=1}^{N_t}s_{\mathrm{n},i}(t)
\end{aligned}\tag{6.2}
$$

式中，$s_{s,i}(t)$ 和 $s_{n,i}(t)$ 分别表示 $s_{tot}(t)$ 中第 i 部机载雷达的信号分量与噪声分量。

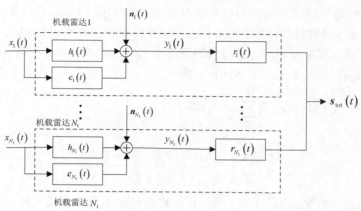

图 6.2　机载网络化雷达信号模型

在机载网络化雷达中，每部机载雷达都可以独立地探测并提取目标信息，且各机载雷达采用正交相位编码信号以避免不同雷达间的相互干扰。假设机载网络化雷达中每部机载雷达都能够精确地保持时间同步、空间同步和相位同步，则每部机载雷达将探测所得目标信息经机间射频隐身数据链发送给融合中心（战斗机编队长机、预警机或地面指控中心等）进行信息融合，即可提升机载网络化雷达的目标检测性能与目标参数估计性能。

 ## 6.3　面向射频隐身的机载网络化雷达最优波形设计算法

6.3.1　问题描述

从数学上讲，面向射频隐身的机载网络化雷达最优波形设计算法就是在满足预先设定的目标检测 SINR 阈值或目标参数估计 MI 阈值要求的条件下，通过自适应优化设计各机载雷达发射波形，来达到最小化机载网络化雷达总辐射能量的目的。本章分别采用 SINR 和 MI 作为目标检测性能和目标参数估计性能的表征指标，并采用 KKT 条件对本章优化问题进行求解。

6.3.2　基于 SINR 准则的机载网络化雷达最优波形设计算法

雷达系统的一个重要任务是有效获取目标信息。要使雷达能从回波中获取关于目标最多、最精确的信息，就要求雷达系统的发射与接收处理都与目标特性达到最佳匹配。由于机载网络化雷达具有波形分集与空间分集的特性，故其能够有效提高扩展目标的检测性能。

对雷达系统而言，获取良好的目标检测性能是以较高的回波 SINR 为基础的。因此，本章采用 SINR 来表征机载网络化雷达的目标检测性能。基于 SINR 准则所设计的发射波形不仅能够使雷达检测性能得到提升，还对杂波干扰抑制和目标识别具有良好效果。假设信号带宽为 BW，且目标的真实频率响应与环境中的杂波频率响应先验已知，根据 Romero 等学者[36] 的推导，机载网络化雷达的输出总 SINR 可表示为

$$(\text{SINR})_{\text{tot}} \triangleq \sum_{i=1}^{N_t} \frac{\left|s_{s,i}(t)\right|^2}{E\left[\left|s_{n,i}(t)\right|^2\right]}$$

$$\approx \sum_{i=1}^{N_t} \int_{\text{BW}} \frac{\left|H_i(f)\right|^2 \left|X_i(f)\right|^2 L_{r,i}}{S_{cc,i}(f)\left|X_i(f)\right|^2 L_{r,i} + S_{nn,i}(f)} \mathrm{d}f \tag{6.3}$$

式中，$L_{r,i}$ 表示机载网络化雷达中第 i 部机载雷达到目标的路径传播损耗，即

$$L_{r,i} = \frac{G_{t,i} G_{r,i} \left[\lambda(f)\right]^2}{(4\pi)^3 R_i^4} \tag{6.4}$$

式中，$G_{t,i}$ 表示第 i 部机载雷达发射天线增益；$G_{r,i}$ 表示第 i 部机载雷达接收天线增益；R_i 表示第 i 部机载雷达到目标之间的距离；$\lambda(f)$ 表示频率 f 所对应的机载雷达信号波长。

由式（6.3）可以看出，机载网络化雷达的输出总 SINR 与各机载雷达发射波形、目标相对于各机载雷达的频率响应和路径传播损耗、杂波 PSD 及噪声 PSD 等因素有关，因此最大化 SINR 即可使机载网络化雷达获得更好的目标检测性能。然而，这又将导致各机载雷达辐射更多的能量，从而降低其射频隐身性能。因此，从提升机载网络化雷达射频隐身性能的角度出发，可建立基于 SINR 准则的机载网络化雷达最优波形设计模型，即

$$\begin{cases} \min_{|X_i(f)|^2, \forall i=1,\cdots,N_t} \sum_{i=1}^{N_t} \int_{\text{BW}} \left|X_i(f)\right|^2 \mathrm{d}f \\ \text{s.t.} \quad (\text{SINR})_{\text{tot}} \approx \sum_{i=1}^{N_t} \int_{\text{BW}} \frac{\left|H_i(f)\right|^2 \left|X_i(f)\right|^2 L_{r,i}}{S_{cc,i}(f)\left|X_i(f)\right|^2 L_{r,i} + S_{nn,i}(f)} \mathrm{d}f \geqslant \gamma_{\text{SINR}}^{\text{th}} \\ \int_{\text{BW}} \left|X_i(f)\right|^2 \mathrm{d}f > 0 \, (\forall i) \end{cases} \tag{6.5}$$

式中，$\gamma_{\text{SINR}}^{\text{th}}$ 表示预先设定的目标检测 SINR 阈值。

基于 SINR 准则的机载网络化雷达最优波形设计是指在满足给定目标检测性能要求的条件下，通过优化各机载雷达发射波形的能量配置，最大限度地降低机载网络化雷达的总辐射能量，从而提升其在杂波环境下的射频隐身性能。

定理 6.1：在满足一定目标检测性能要求，如 $(\text{SINR})_{\text{tot}} \geqslant \gamma_{\text{SINR}}^{\text{th}}$ 的条件下，最小化机载网络化雷达总辐射能量 $\sum_{i=1}^{N_t} \int_{\text{BW}} \left|X_i(f)\right|^2 \mathrm{d}f$ 的雷达最优发射波形应满足

$$\left|X_i(f)\right|^2 = \max\left\{0, B_i(f)\left[A - D_i(f)\right]\right\} (\forall i=1,\cdots,N_t) \tag{6.6}$$

式中，$B_i(f)$ 和 $D_i(f)$ 可表示为

$$B_i(f) = \frac{\sqrt{|H_i(f)|^2 S_{\mathrm{nn},i}(f) L_{\mathrm{r},i}}}{S_{\mathrm{cc},i}(f) L_{\mathrm{r},i}} \tag{6.7}$$

$$D_i(f) = \sqrt{\frac{S_{\mathrm{nn},i}(f)}{|H_i(f)|^2 L_{\mathrm{r},i}}} \tag{6.8}$$

A 是一个常数，其大小取决于预先设定的目标检测 SINR 阈值，即

$$\sum_{i=1}^{N_{\mathrm{t}}} \int_{\mathrm{BW}} \frac{|H_i(f)|^2 \left(\max\left\{ 0, B_i(f)\left[A - D_i(f) \right] \right\} \right) L_{\mathrm{r},i}}{S_{\mathrm{cc},i}(f) \left(\max\left\{ 0, B_i(f)\left[A - D_i(f) \right] \right\} \right) L_{\mathrm{r},i} + S_{\mathrm{nn},i}(f)} \, \mathrm{d}f \geqslant \gamma_{\mathrm{SINR}}^{\mathrm{th}} \tag{6.9}$$

证明：构建拉格朗日目标函数，即

$$\Phi\left[|X_i(f)|^2, \mu_i, \lambda \right] = \sum_{i=1}^{N_{\mathrm{t}}} \int_{\mathrm{BW}} |X_i(f)|^2 \, \mathrm{d}f - \sum_{i=1}^{N_{\mathrm{t}}} \mu_i \int_{\mathrm{BW}} |X_i(f)|^2 \, \mathrm{d}f$$
$$+ \lambda \left[\sum_{i=1}^{N_{\mathrm{t}}} \int_{\mathrm{BW}} \frac{|H_i(f)|^2 |X_i(f)|^2 L_{\mathrm{r},i}}{S_{\mathrm{cc},i}(f) |X_i(f)|^2 L_{\mathrm{r},i} + S_{\mathrm{nn},i}(f)} \, \mathrm{d}f - \gamma_{\mathrm{SINR}}^{\mathrm{th}} \right] \tag{6.10}$$

式中，$\mu_i\,(\forall i)$ 和 λ 分别表示拉格朗日乘子。

式（6.10）等价于

$$\varphi\left[|X_i(f)|^2, \mu_i, \lambda \right] = \sum_{i=1}^{N_{\mathrm{t}}} |X_i(f)|^2 - \sum_{i=1}^{N_{\mathrm{t}}} \mu_i |X_i(f)|^2 + \lambda \sum_{i=1}^{N_{\mathrm{t}}} \frac{|H_i(f)|^2 |X_i(f)|^2 L_{\mathrm{r},i}}{S_{\mathrm{cc},i}(f) |X_i(f)|^2 L_{\mathrm{r},i} + S_{\mathrm{nn},i}(f)} \tag{6.11}$$

则 KKT 条件为

$$\begin{cases} \left. \dfrac{\partial}{\partial |X_i(f)|^2} \varphi\left[|X_i(f)|^2, \mu_i, \lambda \right] \right|_{|X_i^*(f)|^2, \mu_i^*, \lambda^*} = 0 \\[2mm] \mu_i^* < 0, \text{if } \displaystyle\int_{\mathrm{BW}} |X_i^*(f)|^2 \, \mathrm{d}f = 0 \\[2mm] \mu_i^* = 0, \text{if } \displaystyle\int_{\mathrm{BW}} |X_i^*(f)|^2 \, \mathrm{d}f > 0 \\[2mm] \lambda^* < 0, \text{if } \displaystyle\sum_{i=1}^{N_{\mathrm{t}}} \int_{\mathrm{BW}} \dfrac{|H_i(f)|^2 |X_i^*(f)|^2 L_{\mathrm{r},i}}{S_{\mathrm{cc},i}(f) |X_i^*(f)|^2 L_{\mathrm{r},i} + S_{\mathrm{nn},i}(f)} \, \mathrm{d}f = \gamma_{\mathrm{SINR}}^{\mathrm{th}} \\[2mm] \lambda^* = 0, \text{if } \displaystyle\sum_{i=1}^{N_{\mathrm{t}}} \int_{\mathrm{BW}} \dfrac{|H_i(f)|^2 |X_i^*(f)|^2 L_{\mathrm{r},i}}{S_{\mathrm{cc},i}(f) |X_i^*(f)|^2 L_{\mathrm{r},i} + S_{\mathrm{nn},i}(f)} \, \mathrm{d}f > \gamma_{\mathrm{SINR}}^{\mathrm{th}} \end{cases} \tag{6.12}$$

式中，$|X_i(f)|^2$ 可表示为

$$\left|X_i(f)\right|^2 = -\frac{S_{\mathrm{nn},i}(f)}{S_{\mathrm{cc},i}(f)L_{\mathrm{r},i}} \pm \sqrt{\frac{(-\lambda)S_{\mathrm{nn},i}(f)\left|H_i(f)\right|^2 L_{\mathrm{r},i}}{S_{\mathrm{cc},i}^2(f)L_{\mathrm{r},i}^2}} \tag{6.13}$$

假设 $A = \sqrt{-\lambda}$，为保证 $\left|X_i(f)\right|^2$ 为正，最小化总辐射能量的 $\left|X_i(f)\right|^2$ 可表示为

$$\left|X_i(f)\right|^2 = \max\left\{0, B_i(f)\left[A - D_i(f)\right]\right\} \tag{6.14}$$

式中，$B_i(f)$ 和 $D_i(f)$ 可表示为

$$B_i(f) = \frac{\sqrt{\left|H_i(f)\right|^2 L_{\mathrm{r},i}S_{\mathrm{nn},i}(f)}}{S_{\mathrm{cc},i}(f)L_{\mathrm{r},i}} \tag{6.15}$$

$$D_i(f) = \sqrt{\frac{S_{\mathrm{nn},i}(f)}{\left|H_i(f)\right|^2 L_{\mathrm{r},i}}} \tag{6.16}$$

A 是一个常数，它的大小取决于预先设定的目标检测 SINR 阈值，即

$$\sum_{i=1}^{N_t} \int_{\mathrm{BW}} \frac{\left|H_i(f)\right|^2 \left(\max\left\{0, B_i(f)\left[A - D_i(f)\right]\right\}\right)L_{\mathrm{r},i}}{S_{\mathrm{cc},i}(f)\left(\max\left\{0, B_i(f)\left[A - D_i(f)\right]\right\}\right)L_{\mathrm{r},i} + S_{\mathrm{nn},i}(f)}\mathrm{d}f \geqslant \gamma_{\mathrm{SINR}}^{\mathrm{th}} \tag{6.17}$$

证毕。

由定理 6.1 可以看出，基于 SINR 准则的机载网络化雷达最优波形设计算法依据注水算法将辐射能量主要分配给目标频率响应高、杂波 PSD 水平低的机载雷达，同时针对每部机载雷达，按照整个频段上目标频率响应和杂波 PSD 水平，在目标频率响应较高且杂波 PSD 水平较低的频点处分配较多的能量，从而最小化机载网络化雷达的总辐射能量，达到提升机载网络化雷达射频隐身性能的目的[37]。对于给定的目标检测 SINR 阈值，一旦得到常数 A，则可将式（6.6）代入式（6.5）计算机载网络化雷达的总辐射能量。基于 SINR 准则的机载网络化雷达最优波形设计步骤如下。

（1）参数初始化：设置参数初始值 $\gamma_{\mathrm{SINR}}^{\mathrm{th}}$，迭代步长 s_t，迭代次数索引 $t=1$。

（2）循环：对 $i=1,\cdots,N_t$，利用式（6.6）计算 $\left|X_i^{(t)}(f)\right|^2$。

计算 $\left|X_i^{(t)}(f)\right|^2 \leftarrow \max\left\{0, B_i^{(t)}(f)\left[A^{(t)} - D_i^{(t)}(f)\right]\right\}$。

$A^{(t+1)} \leftarrow A^{(t)} + s_t$。

令 $t \leftarrow t+1$。

（3）当 $(\mathrm{SINR})_{\mathrm{tot}} \geqslant \gamma_{\mathrm{SINR}}^{\mathrm{th}}$ 时，结束循环。

（4）参数更新：对 $\forall i$，更新 $\left|X_i^*(f)\right|^2 \leftarrow \left|X_i^{(t)}(f)\right|^2$。

需要注意的是，式（6.6）须满足一定条件才有效。首先，计算 A 的上界。观察式（6.13）中的非零项，若要保证式（6.6）中的 $\left|X_i(f)\right|^2$ 为正，则须满足

$$A \cdot \sqrt{\left|H_i(f)\right|^2 \cdot S_{\mathrm{nn},i}(f) \cdot L_{\mathrm{r},i}} > S_{\mathrm{nn},i}(f) \tag{6.18}$$

否则，$\left|X_i\left(f\right)\right|^2$ 为 0。将式（6.18）两边同时除以 $\sqrt{\left|H_i\left(f\right)\right|^2 \cdot S_{\mathrm{nn},i}\left(f\right) \cdot L_{\mathrm{r},i}}$，可得常数 A 的下界，即

$$A > \sqrt{\frac{S_{\mathrm{nn},i}\left(f\right)}{\left|H_i\left(f\right)\right|^2 \cdot L_{\mathrm{r},i}}} \tag{6.19}$$

计算 A 的上界。若将式（6.13）看作关于 $S_{\mathrm{nn},i}\left(f\right)$ 的函数，则该函数关于 $S_{\mathrm{nn},i}\left(f\right)$ 的一阶偏导为

$$\frac{\partial\left|X_i\left(f\right)\right|^2}{\partial S_{\mathrm{nn},i}\left(f\right)} = -\frac{1}{S_{\mathrm{cc},i}\left(f\right) \cdot L_{\mathrm{r},i}} + \frac{A \cdot \left|H_i\left(f\right)\right|}{2\sqrt{S_{\mathrm{nn},i}\left(f\right) \cdot L_{\mathrm{r},i}}\,S_{\mathrm{cc},i}\left(f\right)} \tag{6.20}$$

在式（6.20）中，对于固定的 A 和 $S_{\mathrm{nn},i}\left(f\right)$，当 $S_{\mathrm{nn},i}\left(f\right)$ 趋于零时，$\partial\left|X_i\left(f\right)\right|^2 / \partial S_{\mathrm{nn},i}\left(f\right)$ 为正且趋于无穷大。由于要保证式（6.6）关于 $S_{\mathrm{nn},i}\left(f\right)$ 单调递减，因此常数 A 必须使得 $\partial\left|X_i\left(f\right)\right|^2 / \partial S_{\mathrm{nn},i}\left(f\right)$ 在 $S_{\mathrm{nn},i}\left(f\right)$ 的取值范围内始终为负，即 $\partial\left|X_i\left(f\right)\right|^2 / \partial S_{\mathrm{nn},i}\left(f\right)$ 小于零，由此可得

$$\frac{A \cdot \left|H_i\left(f\right)\right|}{2\sqrt{S_{\mathrm{nn},i}\left(f\right) \cdot L_{\mathrm{r},i}} \cdot S_{\mathrm{cc},i}\left(f\right)} < \frac{1}{S_{\mathrm{cc},i}\left(f\right) \cdot L_{\mathrm{r},i}} \tag{6.21}$$

对式（6.21）进行化简，可得

$$A < 2\sqrt{\frac{S_{\mathrm{nn},i}\left(f\right)}{\left|H_i\left(f\right)\right|^2 \cdot L_{\mathrm{r},i}}} \tag{6.22}$$

因此，常数 A 的范围为

$$\sqrt{\frac{S_{\mathrm{nn},i}\left(f\right)}{\left|H_i\left(f\right)\right|^2 \cdot L_{\mathrm{r},i}}} < A < 2\sqrt{\frac{S_{\mathrm{nn},i}\left(f\right)}{\left|H_i\left(f\right)\right|^2 \cdot L_{\mathrm{r},i}}} \tag{6.23}$$

显然，当 $A \leqslant \sqrt{S_{\mathrm{nn},i}\left(f\right) / \left[\left|H_i\left(f\right)\right|^2 \cdot L_{\mathrm{r},i}\right]}$ 或 $A \geqslant 2\sqrt{S_{\mathrm{nn},i}\left(f\right) / \left[\left|H_i\left(f\right)\right|^2 \cdot L_{\mathrm{r},i}\right]}$ 时，$\left|X_i\left(f\right)\right|^2$ 的值将为零。

6.3.3　基于 MI 准则的机载网络化雷达最优波形设计算法

雷达系统的工作实质是从目标回波信号中提取目标信息，因此，如何衡量目标信息获取的多少是雷达波形设计的重要问题。本章采用机载网络化雷达接收到的目标回波信号与目标冲激响应之间的 MI 来表征目标参数估计性能。根据 Romero 等学者[36]的推导，机载网络化雷达的总 MI 可表示为

$$(\text{MI})_{\text{tot}} \triangleq \sum_{i=1}^{N_t} \text{MI}\left[y_i(t); h_i(t) \mid x_i(t)\right]$$

$$\approx \sum_{i=1}^{N_t} T_{y_i} \int_{\text{BW}} \ln\left\{1 + \frac{\left|H_i(f)\right|^2 \left|X_i(f)\right|^2 L_{\text{r},i}}{T_{y_i}\left[S_{\text{cc},i}(f)\left|X_i(f)\right|^2 L_{\text{r},i} + S_{\text{nn},i}(f)\right]}\right\} \text{d}f \qquad (6.24)$$

式中，$T_{y_i} = T_{h_i} + T_i (\forall i)$，表示回波信号 $y_i(t)$ 的持续时间。

为推导方便起见，假设 $T_y = T_{y_i} (\forall i)$，则式（6.24）可化简为

$$(\text{MI})_{\text{tot}} \approx \sum_{i=1}^{N_t} T_y \int_{\text{BW}} \ln\left\{1 + \frac{\left|H_i(f)\right|^2 \left|X_i(f)\right|^2 L_{\text{r},i}}{T_y\left[S_{\text{cc},i}(f)\left|X_i(f)\right|^2 L_{\text{r},i} + S_{\text{nn},i}(f)\right]}\right\} \text{d}f \qquad (6.25)$$

由式（6.25）可以看出，机载网络化雷达的总 MI 与各机载雷达发射波形、目标相对于各机载雷达的频率响应和路径传播损耗、杂波 PSD 及噪声 PSD 等因素有关，因此最大化 MI 即可使机载网络化雷达获得更好的目标参数估计性能，但这同样会导致各机载雷达辐射更多的能量，从而降低其射频隐身性能。类似地，从提升机载网络化雷达射频隐身性能的角度出发，可建立基于 MI 准则的机载网络化雷达最优波形设计模型，即

$$\begin{cases} \min\limits_{\left|X_i(f)\right|^2, \forall i=1,\cdots,N_t} \sum_{i=1}^{N_t} \int_{\text{BW}} \left|X_i(f)\right|^2 \text{d}f \\[2mm] \text{s.t.} \quad (\text{MI})_{\text{tot}} \approx \sum_{i=1}^{N_t} T_y \int_{\text{BW}} \ln\left\{1 + \frac{\left|H_i(f)\right|^2 \left|X_i(f)\right|^2 L_{\text{r},i}}{T_y\left[S_{\text{cc},i}(f)\left|X_i(f)\right|^2 L_{\text{r},i} + S_{\text{nn},i}(f)\right]}\right\} \text{d}f \geqslant \gamma_{\text{MI}}^{\text{th}} \quad (6.26) \\[2mm] \int_{\text{BW}} \left|X_i(f)\right|^2 \text{d}f > 0 (\forall i) \end{cases}$$

式中，$\gamma_{\text{MI}}^{\text{th}}$ 表示预先设定的目标参数估计 MI 阈值。

定理 6.2：在满足一定目标参数估计性能要求，如 $(\text{MI})_{\text{tot}} \geqslant \gamma_{\text{MI}}^{\text{th}}$ 的条件下，最小化机载网络化雷达总辐射能量 $\sum_{i=1}^{N_t} \int_{\text{BW}} \left|X_i(f)\right|^2 \text{d}f$ 的雷达最优发射波形应满足

$$\left|X_i(f)\right|^2 \approx \max\left\{0, B_i(f)\left[A - D_i(f)\right]\right\} (\forall i = 1,\cdots,N_t) \qquad (6.27)$$

式中，$B_i(f)$ 和 $D_i(f)$ 可表示为

$$B_i(f) = \frac{\left|H_i(f)\right|^2 / T_y}{2S_{\text{cc},i}(f) + \left|H_i(f)\right|^2 / T_y} \qquad (6.28)$$

$$D_i(f) = \frac{S_{\text{nn},i}(f)}{\left|H_i(f)\right|^2 L_{\text{r},i} / T_y} \qquad (6.29)$$

A 是一个常数，它的大小取决于预先设定的目标参数估计 MI 阈值，即

$$\sum_{i=1}^{N_t} T_y \int_{\text{BW}} \ln\left\{1 + \frac{|H_i(f)|^2 \left(\max\left\{0, B_i(f)[A - D_i(f)]\right\}\right) L_{r,i}}{T_y \left[S_{cc,i}(f)\left(\max\left\{0, B_i(f)[A - D_i(f)]\right\}\right) L_{r,i} + S_{nn,i}(f)\right]}\right\} df \geqslant \gamma_{\text{MI}}^{\text{th}} \quad (6.30)$$

证明：构建拉格朗日目标函数，即

$$\begin{aligned}
\Phi\left[|X_i(f)|^2, \mu_i, \lambda\right] &= \sum_{i=1}^{N_t} \int_{\text{BW}} |X_i(f)|^2 \, df - \sum_{i=1}^{N_t} \mu_i \int_{\text{BW}} |X_i(f)|^2 \, df \\
&+ \lambda\left(\sum_{i=1}^{N_t} T_y \int_{\text{BW}} \ln\left\{1 + \frac{|H_i(f)|^2 |X_i(f)|^2 L_{r,i}}{T_y\left[S_{cc,i}(f)|X_i(f)|^2 L_{r,i} + S_{nn,i}(f)\right]}\right\} df - \gamma_{\text{MI}}^{\text{th}}\right)
\end{aligned} \quad (6.31)$$

式中，$\mu_i(\forall i)$ 和 λ 分别表示拉格朗日乘子。

式（6.31）等价于

$$\begin{aligned}
\varphi\left[|X_i(f)|^2, \mu_i, \lambda\right] &= \sum_{i=1}^{N_t} |X_i(f)|^2 - \sum_{i=1}^{N_t} \mu_i |X_i(f)|^2 \\
&+ \lambda \sum_{i=1}^{N_t} T_y \ln\left\{1 + \frac{|H_i(f)|^2 |X_i(f)|^2 L_{r,i}}{T_y\left[S_{cc,i}(f)|X_i(f)|^2 L_{r,i} + S_{nn,i}(f)\right]}\right\}
\end{aligned} \quad (6.32)$$

则 KKT 条件为

$$\begin{cases}
\dfrac{\partial}{\partial |X_i(f)|^2} \varphi\left[|X_i(f)|^2, \mu_i, \lambda\right]\bigg|_{|X_i^*(f)|^2, \mu_i^*, \lambda^*} = 0 \\[2mm]
\mu_i^* < 0, \text{if } \int_{\text{BW}} |X_i^*(f)|^2 \, df = 0 \\[2mm]
\mu_i^* = 0, \text{if } \int_{\text{BW}} |X_i^*(f)|^2 \, df > 0 \\[2mm]
\lambda^* < 0, \text{if } \sum_{i=1}^{N_t} T_y \int_{\text{BW}} \ln\left\{1 + \dfrac{|H_i(f)|^2 |X_i^*(f)|^2 L_{r,i}}{T_y\left[S_{cc,i}(f)|X_i^*(f)|^2 L_{r,i} + S_{nn,i}(f)\right]}\right\} df = \gamma_{\text{MI}}^{\text{th}} \\[2mm]
\lambda^* = 0, \text{if } \sum_{i=1}^{N_t} T_y \int_{\text{BW}} \ln\left\{1 + \dfrac{|H_i(f)|^2 |X_i^*(f)|^2 L_{r,i}}{T_y\left[S_{cc,i}(f)|X_i^*(f)|^2 L_{r,i} + S_{nn,i}(f)\right]}\right\} df > \gamma_{\text{MI}}^{\text{th}}
\end{cases} \quad (6.33)$$

因此，最小化机载网络化雷达总辐射能量的 $|X_i(f)|^2$ 可表示为

$$|X_i(f)|^2 = \max\left\{0, -R_i(f) + \sqrt{R_i^2(f) + S_i(f)[A - D_i(f)]}\right\} \quad (6.34)$$

式中，$R_i(f)$、$S_i(f)$ 及 $D_i(f)$ 可表示为

$$R_i(f) = \frac{S_{\mathrm{nn},i}(f)\left[2S_{\mathrm{cc},i}(f) + |H_i(f)|^2/T_y\right]}{2S_{\mathrm{cc},i}(f)L_{\mathrm{r},i}\left[S_{\mathrm{cc},i}(f) + |H_i(f)|^2/T_y\right]} \tag{6.35}$$

$$S_i(f) = \frac{S_{\mathrm{nn},i}(f)|H_i(f)|^2/T_y}{S_{\mathrm{cc},i}(f)L_{\mathrm{r},i}\left[S_{\mathrm{cc},i}(f) + |H_i(f)|^2/T_y\right]} \tag{6.36}$$

$$D_i(f) = \frac{S_{\mathrm{nn},i}(f)}{|H_i(f)|^2 L_{\mathrm{r},i}/T_y} \tag{6.37}$$

$A = (-\lambda)T_y$ 是一个常数，其大小取决于预先设定的目标参数估计 MI 阈值，即

$$\sum_{i=1}^{N_t}T_y\int_{\mathrm{BW}}\ln\left\{1 + \frac{|H_i(f)|^2\left(\max\{0,B_i(f)[A-D_i(f)]\}\right)L_{\mathrm{r},i}}{T_y\left[S_{\mathrm{cc},i}(f)\left(\max\{0,B_i(f)[A-D_i(f)]\}\right)L_{\mathrm{r},i} + S_{nni}(f)\right]}\right\}\mathrm{d}f \geqslant \gamma_{\mathrm{MI}}^{\mathrm{th}} \tag{6.38}$$

对

$$Q_i(f) = -R_i(f) + \sqrt{R_i^2(f) + S_i(f)[A-D_i(f)]} \tag{6.39}$$

采取一阶 Taylor 近似，可得

$$Q_i(f) \approx B_i(f)[A-D_i(f)] \tag{6.40}$$

式中，$B_i(f)$ 可表示为

$$B_i(f) = \frac{|H_i(f)|^2/T_y}{2S_{\mathrm{cc},i}(f) + |H_i(f)|^2/T_y} \tag{6.41}$$

因此，基于 MI 准则的机载雷达最优发射波形可近似表示为

$$|X_i(f)|^2 \approx \max\{0, B_i(f)[A-D_i(f)]\} \quad (\forall i=1,\cdots,N_t) \tag{6.42}$$

证毕。

由定理 6.2 可以看出，基于 MI 准则的机载网络化雷达最优波形设计算法同样通过注水算法最小化机载网络化雷达的总辐射能量[36]。对于给定的目标参数估计 MI 阈值 $\gamma_{\mathrm{MI}}^{\mathrm{th}}$，一旦得到常数 A，则可将式（6.27）代入式（6.26）计算机载网络化雷达的总辐射能量 $\sum_{i=1}^{N_t}\int_{\mathrm{BW}}|X_i(f)|^2\mathrm{d}f$。基于 MI 准则的机载网络化雷达最优波形设计步骤如下。

（1）参数初始化：设置参数初始值 $\gamma_{\mathrm{MI}}^{\mathrm{th}}$，迭代步长 s_t，迭代次数索引 $t=1$。

（2）循环：对 $i=1,\cdots,N_t$，利用式（6.27）计算 $|X_i^{(t)}(f)|^2$。

计算 $|X_i^{(t)}(f)|^2 \leftarrow \max\{0, B_i^{(t)}(f)[A^{(t)}-D_i^{(t)}(f)]\}$。

$A^{(t+1)} \leftarrow A^{(t)} + s_t$。

令 $t \leftarrow t+1$。

（3）当 $(\mathrm{MI})_{\mathrm{tot}} \geqslant \gamma_{\mathrm{MI}}^{\mathrm{th}}$ 时，结束循环。

（4）参数更新：对 $\forall i$，更新 $\left|X_i^*(f)\right|^2 \leftarrow \left|X_i^{(t)}(f)\right|^2$。

需要注意的是，式（6.27）须满足一定条件才有效。首先，计算 A 的上界。若要保证式（6.27）中的 $\left|X_i(f)\right|^2$ 为正，须满足

$$B_i(f)\left[A - D_i(f)\right] > 0 \tag{6.43}$$

否则，$\left|X_i(f)\right|^2$ 为 0。由式（6.43）可得常数 A 的下界，即

$$A > \frac{S_{\text{nn},i}(f)}{\left|H_i(f)\right|^2 \cdot L_{\text{r},i}/T_y} \tag{6.44}$$

由于式（6.27）关于 $S_{\text{nn},i}(f)$ 的一阶偏导为

$$\begin{aligned}
\frac{\partial \left|X_i(f)\right|^2}{\partial S_{\text{nn},i}(f)} &= -\frac{\left|H_i(f)\right|^2 \big/ T_y}{2S_{\text{cc},i}(f) + \left|H_i(f)\right|^2 \big/ T_y} \cdot \frac{1}{\left|H_i(f)\right|^2 \cdot L_{\text{r},i}/T_y} \\
&= -\frac{1}{2S_{\text{cc},i}(f) \cdot L_{\text{r},i} + \left|H_i(f)\right|^2 \cdot L_{\text{r},i}/T_y} < 0
\end{aligned} \tag{6.45}$$

由式（6.45）可以看出，无论常数 A 取何值，$\partial \left|X_i(f)\right|^2 \big/ \partial P_i(f)$ 总小于 0。

因此，常数 A 的取值范围为

$$A > \frac{S_{\text{nn},i}(f)}{\left|H_i(f)\right|^2 \cdot L_{\text{r},i}/T_y} \tag{6.46}$$

显然，当 $A \leqslant S_{\text{nn},i}(f) \big/ \left[\left|H_i(f)\right|^2 \cdot L_{\text{r},i}/T_y\right]$ 时，$\left|X_i(f)\right|^2$ 的值将为零。

6.4　面向射频隐身的机载网络化雷达稳健波形设计算法

6.4.1　不确定性模型

考虑目标频率响应的不确定性，在实际应用中，由于目标相对于机载雷达的视线角难以精确获得，所以目标相对于第 i 部机载雷达的精确频率响应是未知的，但其可由上、下界已知的不确定集合 $\aleph_i$ 表示。目标频率响应的不确定集合如图 6.3 所示。目标的真实频率响应由实线表示，每个频点处目标频率响应的上、下界由误差条表示，即表示目标的真实频率响应加上或减去一个随机数。目标相对于第 i 部机载雷达在每个频点处的频率响应采样值应满足

$$\aleph_i = \left\{0 \leqslant l_{i,k} \leqslant H_i(f_k) \leqslant u_{i,k}, \forall k = 1, \cdots, K\right\} \quad (\forall i = 1, \cdots, N_{\text{t}}) \tag{6.47}$$

式中，f_k 表示第 k 个采样频点。

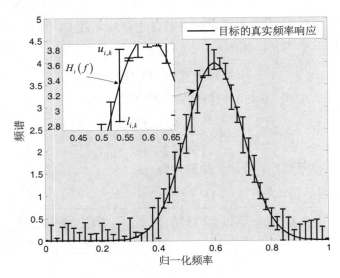

图 6.3　目标频率响应的不确定集合

由于目标频率响应的不确定集合可由现代谱估计方法得到，因此，不确定性模型在稳健信号处理中得到了广泛应用。根据 Yang 等学者[30]的研究可知，通过场测量与建模技术，可以得到目标频率响应的上、下界。值得说明的是，每个频点处目标频率响应上、下界之间的差值都是不同的，且目标频率响应上、下界之间的差值越大，表明目标频率响应的不确定性就越大。

根据上述模型可知，雷达稳健发射波形 $X_i^{\text{robust}}(f)$ 是在目标频率响应 $H_i(f) = H_i^{\text{worst}}(f)$ 下的最优发射波形，其中，$H_i^{\text{worst}}(f)$ 表示目标频率响应的最差情况。针对上述模型，当采用雷达稳健发射波形 $X_i^{\text{robust}}(f)$ 时，无论目标频率响应在其变化范围内如何取值，机载网络化雷达的射频隐身性能均要优于目标频率响应为 $H_i(f) = H_i^{\text{worst}}(f)$ 时的射频隐身性能，这也就意味着机载网络化雷达的射频隐身性能最差不会低于这个水平。然而，当采用其他波形时，机载网络化雷达的射频隐身性能都会下降。因此，从本质上而言，雷达稳健波形设计就是在目标频率响应不确定的情况下，通过优化设计雷达发射波形，从而确定机载网络化雷达射频隐身性能的最优下界。

6.4.2　基于 SINR 准则的机载网络化雷达稳健波形设计算法

根据 Kassam 等学者[29]提出的稳健信号处理思想，可采用雷达稳健波形设计算法保证机载网络化雷达至少具有射频隐身性能的最优下界。因此，基于 SINR 准则的机载网络化雷达稳健波形设计算法可表示为

$$
\left\{
\begin{aligned}
&\min_{|X_i(f)|^2,\forall i=1,\cdots,N_{\mathrm t}} \quad \sum_{i=1}^{N_{\mathrm t}} \int_{\mathrm{BW}} \left|X_i(f)\right|^2 \mathrm df \\
&\text{s.t.} \quad (\mathrm{SINR})_{\mathrm{tot}} \approx \sum_{i=1}^{N_{\mathrm t}} \int_{\mathrm{BW}} \frac{\left|H_i(f)\right|^2 \left|X_i(f)\right|^2 L_{\mathrm r,i}}{S_{\mathrm{cc},i}(f)\left|X_i(f)\right|^2 L_{\mathrm r,i}+S_{\mathrm{nn},i}(f)}\mathrm df \Bigg|_{|H_i(f)|\in\aleph_i} \geqslant \gamma_{\mathrm{SINR}}^{\mathrm{th}} \\
&\qquad \int_{\mathrm{BW}} \left|X_i(f)\right|^2 \mathrm df > 0\,(\forall i)
\end{aligned}
\right.
\tag{6.48}
$$

式（6.48）的等价形式可表示为

$$
\left\{
\begin{aligned}
&\min_{|X_i(f)|^2,\forall i=1,\cdots,N_{\mathrm t}} \quad \sum_{i=1}^{N_{\mathrm t}} \int_{\mathrm{BW}} \left|X_i(f)\right|^2 \mathrm df \\
&\text{s.t.} \quad (\mathrm{SINR})_{\mathrm{tot}} \approx \sum_{i=1}^{N_{\mathrm t}} \int_{\mathrm{BW}} \frac{\left|L_i(f)\right|^2 \left|X_i(f)\right|^2 L_{\mathrm r,i}}{S_{\mathrm{cc},i}(f)\left|X_i(f)\right|^2 L_{\mathrm r,i}+S_{\mathrm{nn},i}(f)}\mathrm df \geqslant \gamma_{\mathrm{SINR}}^{\mathrm{th}} \\
&\qquad \int_{\mathrm{BW}} \left|X_i(f)\right|^2 \mathrm df > 0\,(\forall i)
\end{aligned}
\right.
\tag{6.49}
$$

式中，$\left|L_i(f)\right|=\{l_{i,k},k=1,\cdots,K\}(\forall i=1,\cdots,N_{\mathrm t})$ 表示目标相对于第 i 部机载雷达频率响应不确定集合的下界 。

定理 6.3：在满足一定目标检测性能要求，如 $(\mathrm{SINR})_{\mathrm{tot}} \geqslant \gamma_{\mathrm{SINR}}^{\mathrm{th}}$ 的条件下，最小化机载网络化雷达总辐射能量 $\sum_{i=1}^{N_{\mathrm t}} \int_{\mathrm{BW}} \left|X_i(f)\right|^2 \mathrm df$ 的雷达稳健发射波形应满足

$$
\left|X_i^{\mathrm{robust}}(f)\right|^2 = \max\left\{0,\overline{B}_i(f)\left[\overline{A}-\overline{D}_i(f)\right]\right\}\,(\forall i=1,\cdots,N_{\mathrm t})
\tag{6.50}
$$

式中，$\overline{B}_i(f)$ 和 $\overline{D}_i(f)$ 可表示为

$$
\overline{B}_i(f) = \frac{\sqrt{\left|L_i(f)\right|^2 S_{\mathrm{nn},i}(f)L_{\mathrm r,i}}}{S_{\mathrm{cc},i}(f)L_{\mathrm r,i}}
\tag{6.51}
$$

$$
\overline{D}_i(f) = \sqrt{\frac{S_{\mathrm{nn},i}(f)}{\left|L_i(f)\right|^2 L_{\mathrm r,i}}}
\tag{6.52}
$$

$\overline{A}$ 是一个常数，它的大小取决于预先设定的目标检测 SINR 阈值，即

$$
\sum_{i=1}^{N_{\mathrm t}} \int_{\mathrm{BW}} \frac{\left|L_i(f)\right|^2 \left(\max\left\{0,\overline{B}_i(f)\left[\overline{A}-\overline{D}_i(f)\right]\right\}\right)L_{\mathrm r,i}}{S_{\mathrm{cc},i}(f)\left(\max\left\{0,\overline{B}_i(f)\left[\overline{A}-\overline{D}_i(f)\right]\right\}\right)L_{\mathrm r,i}+S_{\mathrm{nn},i}(f)}\mathrm df \geqslant \gamma_{\mathrm{SINR}}^{\mathrm{th}}
\tag{6.53}
$$

6.4.3　基于 MI 准则的机载网络化雷达稳健波形设计算法

类似地，基于 MI 准则的机载网络化雷达稳健波形设计算法可表示为

$$\begin{cases} \min\limits_{|X_i(f)|^2, \forall i=1,\cdots,N_t} \quad \sum\limits_{i=1}^{N_t} \int\limits_{\mathrm{BW}} |X_i(f)|^2 \, \mathrm{d}f \\ \\ \mathrm{s.t.} \quad (\mathrm{MI})_{\mathrm{tot}} \approx \sum\limits_{i=1}^{N_t} T_y \int\limits_{\mathrm{BW}} \ln\left\{1 + \dfrac{|H_i(f)|^2 |X_i(f)|^2 L_{\mathrm{r},i}}{T_y\left[S_{\mathrm{cc},i}(f)|X_i(f)|^2 L_{\mathrm{r},i} + S_{\mathrm{nn},i}(f)\right]}\right\} \mathrm{d}f \Bigg|_{|H_i(f)| \in \aleph_i} \geqslant \gamma_{\mathrm{MI}}^{\mathrm{th}} \\ \\ \int\limits_{\mathrm{BW}} |X_i(f)|^2 \, \mathrm{d}f > 0 \, (\forall i) \end{cases} \tag{6.54}$$

式（6.54）的等价形式可表示为

$$\begin{cases} \min\limits_{|X_i(f)|^2, \forall i=1,\cdots,N_t} \quad \sum\limits_{i=1}^{N_t} \int\limits_{\mathrm{BW}} |X_i(f)|^2 \, \mathrm{d}f \\ \\ \mathrm{s.t.} \quad (\mathrm{MI})_{\mathrm{tot}} \approx \sum\limits_{i=1}^{N_t} T_y \int\limits_{\mathrm{BW}} \ln\left\{1 + \dfrac{|L_i(f)|^2 |X_i(f)|^2 L_{\mathrm{r},i}}{T_y\left[S_{\mathrm{cc},i}(f)|X_i(f)|^2 L_{\mathrm{r},i} + S_{\mathrm{nn},i}(f)\right]}\right\} \mathrm{d}f \geqslant \gamma_{\mathrm{MI}}^{\mathrm{th}} \\ \\ \int\limits_{\mathrm{BW}} |X_i(f)|^2 \, \mathrm{d}f > 0 \, (\forall i) \end{cases} \tag{6.55}$$

定理 6.4：在满足一定目标参数估计性能要求，如 $(\mathrm{MI})_{\mathrm{tot}} \geqslant \gamma_{\mathrm{MI}}^{\mathrm{th}}$ 的条件下，最小化机载网络化雷达总辐射能量 $\sum\limits_{i=1}^{N_t} \int\limits_{\mathrm{BW}} |X_i(f)|^2 \, \mathrm{d}f$ 的雷达稳健发射波形应满足

$$\left|X_i^{\mathrm{robust}}(f)\right|^2 \approx \max\left\{0, \overline{B_i}(f)\left[\overline{A} - \overline{D_i}(f)\right]\right\} \, (\forall i=1,\cdots,N_t) \tag{6.56}$$

式中，$\overline{B_i}(f)$ 和 $\overline{D_i}(f)$ 可表示为

$$\overline{B_i}(f) = \dfrac{|L_i(f)|^2 / T_y}{2 S_{\mathrm{cc},i}(f) + |L_i(f)|^2 / T_y} \tag{6.57}$$

$$\overline{D_i}(f) = \dfrac{S_{\mathrm{nn},i}(f)}{|L_i(f)|^2 L_{\mathrm{r},i} / T_y} \tag{6.58}$$

$\overline{A}$ 是一个常数，它的大小取决于预先设定的目标参数估计 MI 阈值，即

$$\sum\limits_{i=1}^{N_t} T_y \int\limits_{\mathrm{BW}} \ln\left\{1 + \dfrac{|L_i(f)|^2 \left(\max\left\{0, \overline{B_i}(f)\left[\overline{A} - \overline{D_i}(f)\right]\right\}\right) L_{\mathrm{r},i}}{T_y\left[S_{\mathrm{cc},i}(f)\left(\max\left\{0, \overline{B_i}(f)\left[\overline{A} - \overline{D_i}(f)\right]\right\}\right) L_{\mathrm{r},i} + S_{\mathrm{nn},i}(f)\right]}\right\} \mathrm{d}f \geqslant \gamma_{\mathrm{MI}}^{\mathrm{th}} \tag{6.59}$$

6.4.4 讨论

（1）当目标相对于各机载雷达的频率响应和路径传播损耗、杂波 PSD 及噪声 PSD 等信息先验已知时，可以得到面向射频隐身的机载网络化雷达最优波形设计算法。根据不同

的作战任务要求，分别选择基于 SINR 准则和 MI 准则的机载网络化雷达最优波形设计算法。采用本章所设计的雷达最优发射波形，能够最大限度地减小机载网络化雷达的总辐射能量，从而获得最优的射频隐身性能。

（2）根据式（6.3）和式（6.24）可以看出，互信息是信干噪比的函数。由于互信息涉及对数计算。因此，基于 MI 准则的机载网络化雷达最优波形设计算法降低了整个频段上波形能量分配的峰值，同时根据注水算法在多个频段上分配能量。仿真结果表明，基于 SINR 准则和 MI 准则的机载网络化雷达最优波形设计算法的能量分配结果是不同的。

（3）根据基于 SINR 准则和 MI 准则的机载网络化雷达稳健波形设计算法可以看出，目标频率响应的最差情况即目标频率响应不确定集合的下界[30, 32]。因此，对于上述机载网络化雷达稳健波形设计算法，只取目标频率响应不确定集合的下界依然可以得到相同的解。

（4）在机载网络化雷达中，应根据不同的作战任务选择合适的波形设计算法，从而合理配置射频辐射资源以达到最优的射频隐身性能。在上述机载网络化雷达稳健波形设计算法中，定理 6.3 和定理 6.4 主要考虑了目标频率响应的不确定性是如何影响基于 SINR 准则和 MI 准则的机载网络化雷达最优波形设计过程的。具体而言，目标频率响应减弱会增大机载网络化雷达的总辐射能量，这意味着机载网络化雷达射频隐身性能将会下降。此时，如果采用雷达稳健波形设计算法，将根据目标频率响应不确定集合的下界设计雷达稳健发射波形，以保证机载网络化雷达射频隐身性能的最优下界。

（5）本章所提算法在多目标探测/跟踪场景中仍然适用。特别地，在满足给定的机载网络化雷达性能要求的条件下，通过对各雷达发射波束选择与波形进行联合优化，最小化机载网络化雷达的总辐射能量，具体可参阅文献[38]。

（6）本章着重讨论雷达发射波形的能量分配，其时域信号可采用循环迭代法和最小均方误差准则进行合成，在此不再赘述。

6.5　仿真结果与分析

6.5.1　仿真参数设置

为了验证本章所提的面向射频隐身的机载网络化雷达波形自适应优化设计算法的优越性，需要进行如下仿真：采用的雷达目标电磁散射特性数据是由南京航空航天大学目标特性研究中心开发的一套集几何建模、高频电磁散射计算及数据分析为一体的电磁散射计算系统针对某型空中目标的全方位转台仿真数据。机载网络化雷达与目标空间位置关系如图 6.4 所示。目标位于机载网络化雷达中央的场景，目的是减小机载雷达布阵方式对波形优化设计仿真结果的影响，其中，机载雷达 1 作为机载网络化雷达长机进行目标信息融合处理。仿真中，假设环境中杂波干扰频率响应先验已知，机载雷达信号中心频率为 10GHz，带宽为 512MHz，步进频率为 4MHz，各部机载雷达的发射天线增益和接收天线增益均相等，且都设为 30dB，加性高斯白噪声 PSD 为 6×10^{-16} W/Hz，回波持续时间为 0.01s，$\gamma_{\mathrm{SINR}}^{\mathrm{th}}$ 和 $\gamma_{\mathrm{MI}}^{\mathrm{th}}$ 分别设为 9.3dB 和 2.5nats。

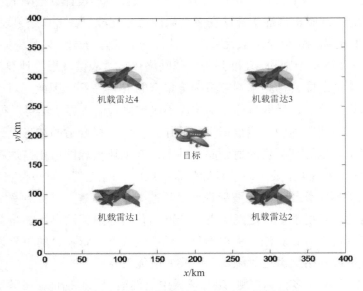

图 6.4　机载网络化雷达与目标空间位置关系

6.5.2　机载网络化雷达波形优化设计仿真结果

目标相对于机载雷达 1～4 的频率响应和杂波 PSD 如图 6.5～图 6.8 所示。目标的真实频率响由实线表示，目标相对于机载雷达 1～4 的频率响应不确定集合类似于图 6.3，为简洁起见，不再显示。基于 SINR 准则和 MI 准则的机载雷达 1～4 的最优波形设计仿真结果如图 6.9～图 6.12 所示，表明根据不同的作战任务机载网络化雷达中各机载雷达的辐射能量分配情况。从仿真结果可以看出，机载网络化雷达的辐射能量分配主要由目标相对于各机载雷达的频率响应和杂波 PSD 水平决定，在分配过程中，辐射能量主要分配给目标频率响应高、杂波 PSD 水平低的机载雷达。为了保证在满足一定任务性能要求的条件下最小化机载网络化雷达的总辐射能量，基于 SINR 准则的机载雷达最优波形根据注水算法进行能量分配，即在目标频率响应最大值所对应的频点处分配最多的能量，而基于 MI 准则的机载雷达最优波形则在多个频段分配能量。这主要是由于互信息采用对数计算，从而降低了整个频段上波形能量分配的峰值。另外，从图 6.9～图 6.12 中还可以看出，上述两种波形设计算法均将辐射能量集中于整个频段上杂波 PSD 最低的频点。

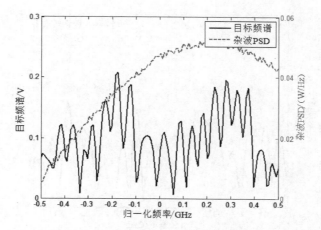

图 6.5 目标相对于机载雷达 1 的频率响应和杂波 PSD

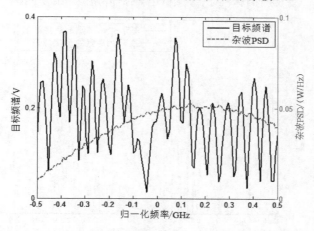

图 6.6 目标相对于机载雷达 2 的频率响应和杂波 PSD

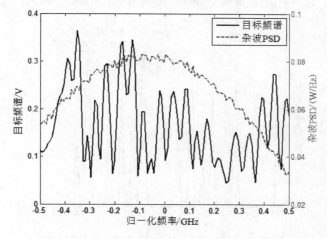

图 6.7 目标相对于机载雷达 3 的频率响应和杂波 PSD

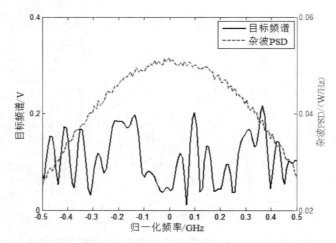

图 6.8　目标相对于机载雷达 4 的频率响应和杂波 PSD

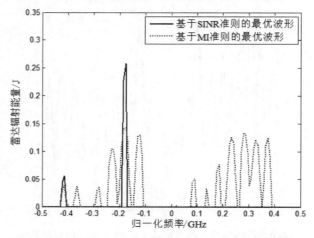

图 6.9　基于 SINR 准则和 MI 准则的机载雷达 1 的最优波形设计仿真结果

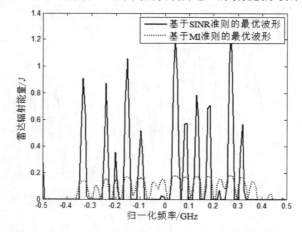

图 6.10　基于 SINR 准则和 MI 准则的机载雷达 2 的最优波形设计仿真结果

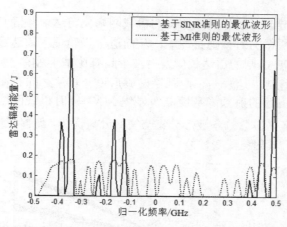

图 6.11　基于 SINR 准则和 MI 准则的机载雷达 3 的最优波形设计仿真结果

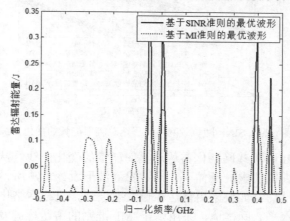

图 6.12　基于 SINR 准则和 MI 准则的机载雷达 4 的最优波形设计仿真结果

6.5.3　射频隐身性能分析

图 6.13 所示为 SINR 随机载网络化雷达总辐射能量的变化曲线。具体来说，针对目标真实频率响应设计的雷达最优发射波形可得到最高的 SINR，反之则表明机载网络化雷达能够通过辐射最少的能量，在满足一定目标检测 SINR 阈值要求的条件下，获得最好的射频隐身性能。当将图 6.3 中目标频率响应不确定集合的下界作为最差情况时，可采用雷达稳健波形设计算法得到各机载雷达的稳健发射波形。由此可得，在满足一定目标检测性能要求的条件下，雷达稳健波形设计算法所得发射波形需比最优波形辐射更多的能量，这是因为雷达稳健波形设计算法具有更少的关于目标真实频率响应的先验信息。然而，需要特别指出的是，如果采用雷达稳健发射波形，机载网络化雷达的射频隐身性能最差不会低于这个水平。均匀能量分配发射波形是在没有任何关于目标频率响应先验信息的情况下，将机载网络化雷达辐射能量均匀分配在整个频段，因此，它具有最差的射频隐身性能。从图 6.13

可以看出，由雷达稳健波形设计算法所得的机载网络化雷达射频隐身性能明显优于均匀能量分配波形设计算法所得的射频隐身性能，从而进一步验证了雷达稳健波形设计算法的优越性。另外，基于 SINR 准则的雷达稳健发射波形具有比基于 MI 准则的雷达稳健发射波形微弱的射频隐身性能优势，这表明了两种稳健波形设计算法之间存在一定内在差异[30, 32]。$N_t = 4$ 时机载网络化雷达的射频隐身性能明显优于 $N_t = 1$ 时机载网络化雷达的射频隐身性能，这是由于机载网络化雷达具备波形分集与空间分集优势，能够在保持给定目标检测性能的条件下，进一步提升其射频隐身性能。

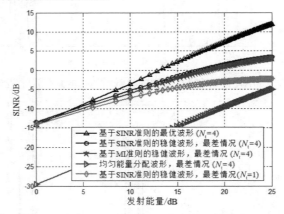

图 6.13   SINR 随机载网络化雷达总辐射能量的变化曲线

图 6.14 所示为 MI 随机载网络化雷达总辐射能量的变化曲线。从图中可以看出，在满足一定目标参数估计性能要求的条件下，雷达稳健波形设计算法所得发射波形需比最优波形辐射更多的能量。然而，如果采用雷达稳健发射波形，机载网络化雷达的射频隐身性能最差也不会低于这个水平。同样地，采用基于 MI 准则的雷达稳健发射波形所获得的射频隐身性能提升没有基于 SINR 准则的雷达稳健发射波形明显，这是由于前者涉及对数运算，从而降低了两种波形设计算法的差异。总的来说，本章所提的两种雷达稳健波形设计算法容易实施，且在目标真实频率响应未知的情况下能够有效提升机载网络化雷达射频隐身性能的最优下界。

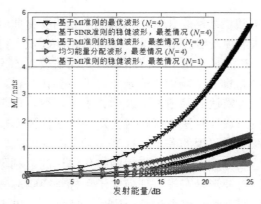

图 6.14   MI 随机载网络化雷达总辐射能量的变化曲线

6.6　本章小结

本章针对单目标场景中的机载网络化雷达波形自适应优化设计问题，提出了面向射频隐身的机载网络化雷达波形自适应优化设计算法，并分析了影响机载网络化雷达波形优化设计仿真结果和射频隐身性能的关键因素，主要内容与创新点包括以下几点。

（1）建立了扩展目标冲激响应模型，用目标冲激响应时域函数来表征扩展目标的电磁散射特性，用目标冲激响应时域函数的傅里叶变换来表征扩展目标的频率响应；在此基础上，建立了机载网络化雷达信号模型，各机载雷达通过目标探测信息融合，提升机载网络化雷达的目标检测性能与目标参数估计性能。

（2）分别推导了表征机载网络化雷达目标检测性能的 SINR 闭式解析表达式和表征目标参数估计性能的 MI 闭式解析表达式，并分析了目标相对于各机载雷达的频率响应、路径传播损耗、杂波 PSD 等参数对目标检测性能和目标参数估计性能的影响。

（3）分别提出了基于 SINR 准则和 MI 准则的机载网络化雷达最优波形设计算法。该算法的优势在于能够充分利用目标相对于各机载雷达的频率响应、路径传播损耗、杂波 PSD 等先验信息对各机载雷达发射波形进行自适应优化设计。

（4）建立了目标频率响应不确定性模型。考虑实际应用中目标真实频率响应无法获得的难题，将目标的真实频率响应建模为上、下界已知的不确定集合。

（5）分别提出了基于 SINR 准则和 MI 准则的机载网络化雷达稳健波形设计算法。考虑目标相对于各机载雷达真实频率响应的不确定性，在满足给定的机载网络化雷达性能要求的条件下，通过优化设计各机载雷达发射波形，最大限度地减小最差情况下机载网络化雷达的总辐射能量。

（6）进行了仿真实验验证与分析。仿真结果表明，辐射能量分配主要由目标相对于各机载雷达的频率响应和杂波 PSD 水平决定，在分配过程中，辐射能量主要分配给目标频率响应高、杂波 PSD 水平低的机载雷达，而且在目标频率响应最大值所对应的频段分配最多的能量。面向射频隐身的机载网络化雷达波形自适应优化设计算法能够有效提升机载网络化雷达的射频隐身性能。另外，在目标真实频率响应未知的情况下，雷达稳健波形设计算法可保证机载网络化雷达射频隐身性能的最优下界。

6.7　参考文献

[1] 何浩, 李荣, 彼得·斯托伊卡. 有源感知系统波形设计算法[M]. 唐波, 王海, 师俊朋, 等译. 合肥: 中国科学技术大学出版社, 2022.

[2] 陈小龙, 薛永华, 张林等. 机载雷达系统与信息处理[M]. 北京: 电子工业出版社, 2021.

[3] Friedlander B. Waveform design of MIMO radar[J]. IEEE Transactions on Aerospace and Electronic Systems, 2007, 43(3): 1227-1238.

[4] Stoica P, Li J, Xie Y. On probing signal design for MIMO radar[J]. IEEE Transactions on Signal Processing, 2007, 55(8): 4151-4161.

[5] Daniel A, Popescu D. MIMO radar waveform design for multiple extended target estimation based on greedy SINR maximization[C]. IEEE International Conference on Acoustics, Speech and Signal Processing (ICASSP), 2016: 3006-3010.

[6] Panoui A, Lambotharan S, Chambers J A. Game theoretic distributed waveform design for multistatic radar networks[J]. IEEE Transactions on Aerospace and Electronic Systems, 2016, 52(4): 1855-1865.

[7] 徐磊磊, 周生华, 刘宏伟, 等. 一种分布式 MIMO 雷达正交波形和失配滤波器组联合设计方法[J]. 电子与信息学报, 2018, 40(6): 1476-1483.

[8] 刘永军, 廖桂生, 李海川, 等. 电磁空间分布式一体化波形设计与信息获取[J]. 中国科学基金, 2021, 35(5): 701-707.

[9] Woodward P M. Information theory and the design of radar receivers[J]. Proceedings of the IRE, 1951, 39(12): 1521-1524.

[10] Woodward P M, Davies I L. A theory of radar information[J]. Philosophical Magazine Series, 1950, 41(321): 1001-1017.

[11] Bell M R. Information theory and radar waveform design[J]. IEEE Transactions on Information Theory, 1993, 39(5): 1578-1597.

[12] Yang Y, Blum R S. MIMO radar waveform design based on mutual information and minimum mean-square error estimation[J]. IEEE Transactions on Aerospace and Electronic Systems, 2007, 43(1): 330-343.

[13] Naghsh M M, Mahmoud M H, Shahram S P, et al. Unified optimization framework for multi-static radar code design using information-theoretic criteria[J]. IEEE Transactions. on Signal Processing, 2013, 61(21): 5401-5416.

[14] Chen Y F, Nijsure Y, Yuen C, et al. Adaptive distributed MIMO radar waveform optimization based on mutual information[J]. IEEE Transactions on Aerospace and Electronic Systems, 2013, 49(2): 1374-1385.

[15] Pace P E, Tan C K, Ong C K. Microwave-photonics direction finding system for interception of low probability of intercept radio frequency signals[J]. Optical Engineering, 2018, 57 (2): 1-8.

[16] 时晨光, 周建江, 汪飞, 等. 机载网络化雷达射频隐身技术[M]. 北京: 国防工业出版社, 2019.

[17] Lynch D. Introduction to RF stealth[M]. Hampshire: Sci Tech Publishing Inc, 2004.

[18] 时晨光, 董璟, 周建江, 等. 飞行器射频隐身技术研究综述[J]. 系统工程与电子技术, 2021, 43(6): 1452-1467.

[19] 王谦喆, 何召阳, 宋博文, 等. 射频隐身技术研究综述[J]. 电子与信息学报, 2018, 40(6): 1505-1514.

[20] 张澎, 张成, 管洋阳, 等. 关于电磁频谱作战的思考[J]. 航空学报, 2021, 42(8): 94-105.

[21] Shi C G, Wang Y J, Salous S, et al. Joint transmit resource management and waveform selection strategy for target tracking in distributed phased array radar network[J]. IEEE Transactions on Aerospace and Electronic

Systems, 2021, 58(4): 2762-2778.

[22] Shi C G, Dai X R, Wang Y J, et al. Joint route optimization and multidimensional resource management for airborne radar network in target tracking application[J]. IEEE Systems Journal, 2021.

[23] Zhang Z K, Tian Y B. A novel resource scheduling method of netted radars based on Markov decision process during target tracking in clutter[J]. EURASIP Journal on Advances in Signal Processing, 2016, 2016(1): 1-9.

[24] Zhang Z K, Salous S, Li H L, et al. Optimal coordination method of opportunistic array radars for multi-target-tracking-based radio frequency stealth in clutter[J]. Radio Science, 2016, 50(11): 1187-1196.

[25] Lawrence D E. Low probability of intercept antenna array beamforming[J]. IEEE Transactions on Antennas and Propagation, 2010, 58(9): 2858-2865.

[26] Zhou C W, Gu Y J, He S B, et al. A robust and efficient algorithm for coprime array adaptive beamforming[J]. IEEE Transactions on Vehicular Technology, 2018, 67(2): 1099-1112.

[27] Shi C G, Ding L T, Wang F, et al. Joint target assignment and resource optimization framework for multitarget tracking in phased array radar network[J]. IEEE Systems Journal, 2021, 15(3): 4379-4390.

[28] Shi C G, Ding L T, Wang F, et al. Low probability of intercept-based collaborative power and bandwidth allocation strategy for multi-target tracking in distributed radar network system[J]. IEEE Sensors Journal, 2020, 20(12): 6367-6377.

[29] Kassam S A, Poor H V. Robust techniques for signal processing: A survey[J]. Proceedings of the IEEE, 1985, 73(3): 433-481.

[30] Yang Y, Blum R S. Minimax robust MIMO radar waveform design[J]. IEEE Journal of Selected Topics in Signal Processing, 2007, 4(1): 1-9.

[31] Jiu B, Liu H W, Feng D Z, et al. Minimax robust transmission waveform and receiving filter design for extended target detection with imprecise prior knowledge[J]. Signal Processing, 2012, 92(1): 210-218.

[32] Wang L L, Wang H Q, Wong K K, et al. Minimax robust jamming techniques based on signal-to-interference-plus-noise ratio and mutual information criteria[J]. IET Communications, 2014, 8(10): 1859-1867.

[33] Shi C G, Wang F, Sellathurai M, et al. Power minimization-based robust OFDM radar waveform design for radar and communication systems in Coexistence[J]. IEEE Transactions on Signal Processing, 2018, 66(5): 1316-1330.

[34] 王璐璐, 王宏强, 王满喜, 等. 雷达目标检测的最优波形设计综述[J]. 雷达学报, 2016, 5(5): 487-498.

[35] Xu L, Liang Q L. Waveform design and optimization in radar sensor network[C]. 2010 IEEE Conference on Global Telecommunication (GLOBECOM 2010), 2010: 1-5.

[36] Romero R A, Bae J, Goodman N A. Theory and application of SNR and mutual information matched illumination waveforms[J]. IEEE Transactions on Aerospace and Electronic Systems, 2011, 47(2): 912-926.

[37] Kelly S W, Noone G P, Perkins, J. E. Synchronization effects on probability of pulse train interception[J]. IEEE Transactions on Aerospace and Electronic Systems, 1996, 32(1): 213-220.

[38] 张巍巍, 时晨光, 周建江, 等. 面向射频隐身的组网雷达多目标跟踪波形优化设计方法[J]. 无人系统技术, 2021, 4(5): 53-60.

第 7 章

基于 HLA 的机载网络化雷达射频隐身
软件仿真系统

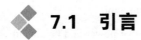
7.1 引言

7.1.1 本章内容

建模与仿真技术是机载雷达装备试验与性能评估的重要手段。通过仿真实验,科研人员及指战员能够进行武器装备的发展论证、新型武器系统的设计与研制、装备试验鉴定与评估、作战训练与战法演练等,从而大大缩短现代武器的研制周期,降低武器系统的研制经费,较为准确地评估武器装备的作战效能[1,2]。在和平时期,利用数字仿真技术构建逼真的电磁频谱对抗环境,进行机载雷达装备射频隐身性能仿真评估,是一条切实可行且灵活便捷的途径。

近几十年来,分布式仿真技术、数字建模与仿真技术、虚拟现实技术、作战效能评估技术、态势显示技术、频谱仿真技术、数据库技术、多智能体仿真技术、面向对象仿真技术等均取得了很大进展,并在雷达系统仿真与综合评估中得到了广泛研究及应用。其中,分布式仿真技术采用统一外部接口标准,将地理空间中不同地域的传感器及其资源通过网络互联,搭建出满足一定要求的仿真系统,并可加入到更大规模的分布式仿真系统中,从而形成综合性仿真系统。1995 年,美国国防部建立了通用的仿真框架,使各模拟设备之间能够进行互联、互通、互操作,提高了仿真系统的重用性,其核心即 HLA。机载网络化雷达射频隐身软件仿真系统是一个大型复杂系统,各类传感器及其资源分布在不同空域,构成了一个分布式仿真系统。由于 HLA 采用面向对象的设计思想,具有代码可重用、互操作等特点,因此,本章采用 HLA 开发机载网络化雷达射频隐身仿真平台。

本章主要介绍基于 HLA 的机载网络化雷达射频隐身软件仿真系统的开发和实现,该仿真系统主要包括 5 个子系统:管控与场景仿真子系统、机载雷达仿真子系统、机载无源接收机仿真子系统、射频隐身性能评估子系统、显示与记录仿真子系统。各子系统在管控与场景仿真子系统的控制下，在分配的时隙内访问系统资源，执行各自的任务，系统间的数据交互统一通过网络共享文件的读写来完成。基于 HLA 的机载网络化雷达射频隐身软件仿真系统组成如图 7.1 所示。根据 HLA 思想，整个仿真系统被称为"联邦"，仿真系统的各个组成部分称为"联邦成员"。

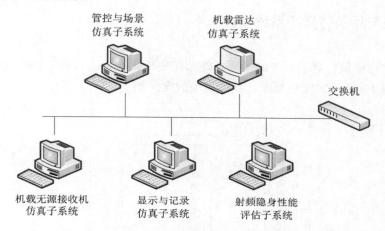

图 7.1　基于 HLA 的机载网络化雷达射频隐身软件仿真系统组成

7.1.2　本章结构安排

本章结构安排如下：7.2 节介绍管控与场景仿真子系统的实现；7.3 节介绍机载雷达仿真子系统的实现；7.4 节介绍机载无源接收机仿真子系统的实现；7.5 节介绍射频隐身性能评估子系统的实现；7.6 节介绍显示与记录仿真子系统的实现；7.7 节介绍机载网络化雷达射频隐身软件仿真系统的实现；7.8 节对本章内容进行总结。

7.2　管控与场景仿真子系统

在机载网络化雷达射频隐身软件仿真系统的总体构建下，管控与场景仿真子系统主要负责仿真前想定场景与仿真过程管理模型的实现，同时输出当前仿真场景下各飞行器平台的飞行数据给其他子系统，是负责整个空中虚拟战场作战过程的"总导演"[3]。管控与场景仿真子系统主要实现的功能如下。

（1）设定初始想定的场景，产生红/蓝方飞行器 N 对 N 的场景信息。

（2）负责控制整个联邦执行的创建、加入、初始化、运行、暂停、退出、销毁等功能。

（3）实现联邦执行的初始化、暂停等同步点控制。

（4）实时监控和记录仿真过程中仿真节点状态。

（5）采用第三方软件生成想定场景数据并存入数据库，将数据库或第三方软件直接产生的飞行器平台飞行数据传输给其他仿真节点。

7.2.1 管控与场景仿真子系统设计

根据管控与场景仿真子系统的主要功能和模块化设计理念，本节将管控与场景仿真子系统划分为图 7.2 所示的模块组成，具体模块的实现如下。

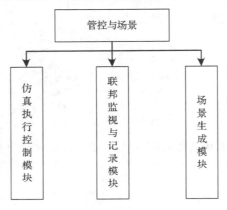

图 7.2 管控与场景实现模块组成

管控与场景仿真子系统相当于仿真系统中的控制台和仿真执行的起点。管控与场景仿真子系统执行的流程图如图 7.3 所示。

由管控与场景仿真子系统执行的流程图可以看出，管控与场景仿真子系统是联邦具体实现中固定加入的可重用部分，是负责整个空中对抗过程的"总导演"。仿真操作员在联邦执行开始前，通过管控与场景成员的人机交互界面实现当前想定场景的编辑和设定。在仿真执行过程中，总控与场景不参与具体的仿真对抗过程，只负责各节点接口数据传输、节点状态监视、仿真执行过程的实现和维护。

7.2.2 仿真执行控制模块实现

管控与场景仿真子系统的仿真执行控制模块主要是实现图 7.3 所示的应用程序与 BH-RTI 2.3 软件互联的运行支撑环境（Run Time Infrastructure，RTI）功能，该模块嵌套在所有的子节点应用程序中，是仿真系统中上层应用程序与底层通信之间联系的枢纽，是整个仿真联邦构建的基础[3]。本节以管控与场景仿真子系统为例，表述机载网络化雷达射频隐身软件仿真系统的 HLA 接口模块的实现。图 7.4 所示为仿真执行控制模块界面图。

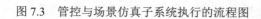

图 7.3　管控与场景仿真子系统执行的流程图

图 7.4　仿真执行控制模块界面图

1）创建联邦

实现机载网络化雷达射频隐身软件仿真系统的创建，在仿真节点加入一个仿真联邦之前，该仿真联邦执行必须存在，主要实现过程包括：利用 HLA 的联邦管理接口服务函数 createFederationExecution()创建射频隐身仿真联邦执行；利用 HLA 的联邦管理接口服务函数 joinFederationExecution()将管控与场景仿真子系统加入射频隐身仿真联邦中；公布/订购初始信息交互类，利用初始信息的交互类发布管控与场景仿真子系统加入仿真联邦的信息、订阅其余子系统加入仿真联邦的初始信息。

2）初始化

初始化阶段主要实现所有加入射频隐身仿真联邦执行的子节点初始化准备工作，包括对象类公布/订阅、对象类注册、交互类公布/订阅等仿真执行前必备工作。在初始化过程中，所有参与联邦执行的联邦成员间需要进行同步，控制端需要实时显示当前所有仿真节点的初始化状态，初始化完成的仿真节点需要等待未完成初始化的仿真节点。为了解决所有仿真节点之间同步的问题，本文采用了 HLA 联邦管理中同步点的概念。

HLA 联邦管理中的同步点实际上是仿真联邦中注册的一个逻辑点。在同步点实现过程中所有的仿真成员构成一个同步集合，若所有的仿真成员都达到了定义的逻辑点，则称所有的仿真成员在该点达到了同步。这种同步点状态并非仿真节点之间现实时间的同步，而是逻辑时间上的同步。初始化同步点的实现如图 7.5 所示。

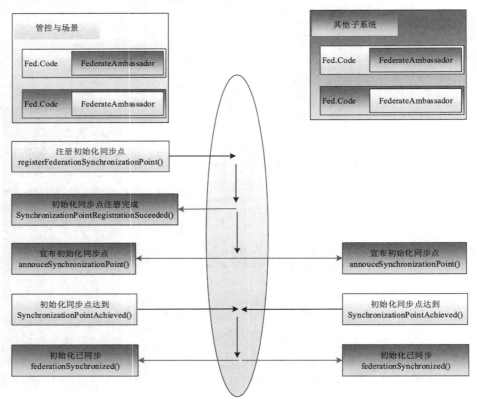

图 7.5　初始化同步点的实现

机载网络化雷达射频隐身软件仿真系统中所有同步点标记和状态说明如下。

（1）InitSyn 初始化同步点：管控与场景仿真子系统接收到"初始化"指令后注册初始化同步点，各仿真节点初始化完成后声明到达初始化同步点。

（2）PauseSyn 仿真暂停同步点：管控与场景仿真子系统接收"仿真暂停"指令后注册

暂停同步点，注册成功后该节点停止工作并声明同步点到达；其余仿真应用接收到仿真暂停同步点指令后，停止仿真执行动作，仿真暂停同步点完成。

（3）StopSyn 仿真结束同步点：当仿真任务完成以后，仿真执行退出当前的仿真循环，仿真结束同步点完成。

3）开始仿真

初始化准备工作完成以后，管控与场景仿真子系统场景生成模块接收到仿真执行的指令，将数据库或者第三方软件直接产生的想定场景数据发送给其他子系统，仿真执行循环开始。

4）暂停

在仿真执行过程中，管控与场景子仿真系统具有控制整个机载网络化雷达射频隐身软件仿真系统的工作状态的权限，即通过同步点来控制整个仿真执行过程的暂停/继续。

5）退出联邦/销毁联邦

当仿真执行过程结束后，管控与场景仿真子系统向其他子系统发出退出联邦的指令，在所有的子系统（包括总控子系统自身）都退出联邦后，总控子系统销毁联邦。

在仿真执行控制模块实现之前，需要对 BH-RTI 2.3 软件进行配置。BH-RTI 2.3 软件的运行环境配置信息保存在目录文件 default.rin 中，在 BH-RTI 2.3 专业版软件中提供的可视化界面中对其中的参数进行配置，如图 7.6 所示，需要编辑 LBC 连接地址、网卡选择、中心服务器 IP 等。需要注意的是，中心服务器必须单独放置在一台独立的计算机上，若中心服务器和本地服务器放在一台计算机上，则部分 HLA 接口服务函数无效，如同步点实现函数。

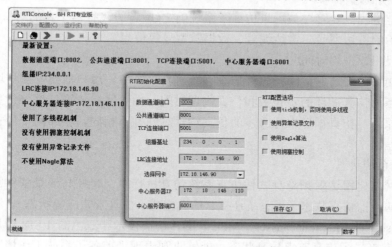

图 7.6　BH-RTI 2.3 专业版参数配置界面

7.2.3　联邦监视与记录模块实现

管控与场景子仿真系统作为机载网络化雷达射频隐身软件仿真系统中独立的仿真节

点，相当于整个空域隐身对抗环境的"总导演"，需要实时监控仿真执行过程中各个仿真节点的运行状态、实时接收各节点的状态反馈、记录仿真执行过程以备仿真结束后的状态研究和检错分析。图 7.7 所示为联邦监视与记录模块界面图。

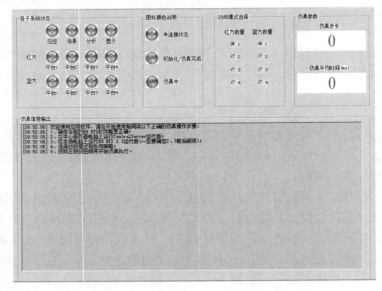

图 7.7　联邦监视与记录模块界面图

1）对战模式选择

仿真想定过程需要管控与场景仿真子系统确定红/蓝方飞行器平台的对抗数量，并汇总所有平台初始的雷达型号、雷达编号、数据链型号等信息。

2）仿真步长/平均时间

在机载网络化雷达射频隐身软件仿真系统仿真执行中，用户需要管控与场景仿真子系统实时显示当前仿真循环的步长数和仿真物理时间。由于网络传输延迟、仿真节点仿真时长不确定等原因，仿真循环中每一步的仿真物理时间并不相同，相邻两个步长之间可能存在较长时间差。

3）各子系统状态

在机载网络化雷达射频隐身软件仿真系统仿真执行中，管控与场景软件需要实时掌握所有子系统的当前仿真状态（子系统连接、仿真完成、仿真未完成等状态）。利用微软基础类库（Microsoft Foundation Classes，MFC）图片切换技术和三色的 LED 图片，产生类似 LED 闪烁状态来显示仿真节点仿真状态，能够直观表现当前各子系统工作情况，具有良好的视觉效果。

4）仿真信息输出

为方便用户实时观测机载网络化雷达射频隐身软件仿真系统当前仿真执行细节，利用 MFC 中文本控件实时显示当前联邦执行过程信息；为便于仿真结束后的状态研究和检错分析，将所有的仿真执行细节全部保存在 txt 文档中。

7.2.4　场景生成模块实现

场景生成模块采用第三方软件与数据库软件实现，利用第三方软件设计所需射频隐身对抗场景环境，将对应的飞行器平台飞行数据存入数据库，利用 RTI 接口服务函数将飞行仿真数据公布给其他仿真节点，该模块实现的主要功能如图 7.8 所示。

场景生成模块主要实现场景设计、飞行数据获取、场景数据记录与场景驱动功能。功能实现简述如下。

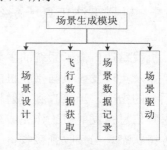

场景设计：设计整个系统所需的飞行场景，包括飞行地域，飞行起始、终止位置，飞行的速度、加速度等信息。

飞行数据获取：通过第三方软件提供的应用程序接口函数设计飞行场景所需参数，获取飞行平台仿真过程中的飞行详细状态参数。

图 7.8　场景生成模块实现的主要功能

场景数据记录：利用数据库存储飞行器平台仿真参数。场景数据输出方式有两种：一种是先生成场景数据并将其存储于数据库中，在仿真执行循环时直接从数据库中读取数据输出，此方式具有数据读取快、仿真循环平均时间短的优点，但需要在仿真执行前花费很长时间将数据录入数据库，数据读取不实时；另一种是直接通过第三方软件实时地产生场景数据，此方式具有数据输出实时的优点，但第三方软件生成场景数据很耗时，会造成仿真时间增加。

场景驱动：根据实际情况，采取直接驱动或者读取数据库的方式将场景数据输出给其他子系统。

场景生成模块界面图如图 7.9 所示。

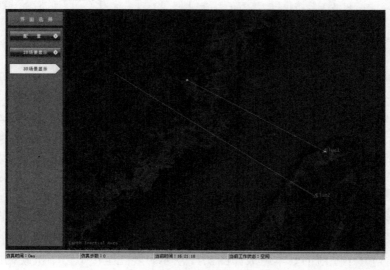

图 7.9　场景生成模块界面图

7.3 机载雷达仿真子系统

7.3.1 机载雷达仿真子系统设计

机载雷达仿真子系统的主要功能是完成机载雷达的基本作战任务、模拟发射机与接收机工作及实现发射机与接收机的逻辑功能。仿真开始后，机载雷达仿真子系统读取来自管控系统的指令，当接收到发射机工作指令时，发射机根据读取的场景、控制指令生成相应的射频信息；发射机工作完成后将数据发送给数据接口，给出发射机工作完成标志，并进入等待状态。当接收到接收机工作指令时，根据已有信息模拟接收机工作流程，产生接收机信号处理与数据处理后的结果并显示；接收机工作完成后，将雷达自身的配置信息与探测信息发送给数据接口，给出接收机工作完成标志，进入等待状态，从而完成机载雷达仿真子系统功能。

整个系统的数据交互较为频繁。例如，机载雷达仿真子系统需要读取管控与场景仿真子系统的指令，并将部分射频参数、雷达设置参数及目标探测结果传递给机载无源接收机仿真子系统、射频隐身性能评估子系统和显示与记录仿真子系统。机载雷达仿真子系统与其他子系统的数据交互如图 7.10 所示。

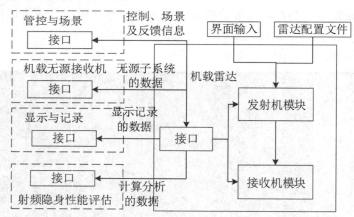

图 7.10　机载雷达仿真子系统与其他子系统的数据交互

7.3.2 机载雷达仿真子系统实现

机载雷达仿真子系统的基本组成如图 7.11 所示。要完全模拟一个机载相控阵雷达系统是极其复杂的，且不具有实用性。实际应用中，需要根据仿真功能需求建立相应的仿真模型，对仿真系统有所侧重，突出仿真功能需求的主要方面，在保证一定可信度的条件下，抽象化各个模块，最终得到一个高效、可靠且能验证功能需求的仿真系统。

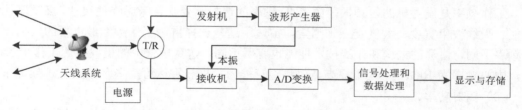

图 7.11　机载雷达仿真子系统的基本组成

在电磁对抗环境中，机载雷达仿真子系统在管控系统的控制下需要与管控与场景仿真子系统、机载无源接收机仿真子系统、射频隐身性能评估子系统及显示与记录仿真子系统进行交互，因而该系统具有较多的数据接口。根据管控系统的控制逻辑及机载雷达仿真子系统的功能需求，本节将主要仿真机载雷达仿真子系统的发射机模块、天线模块与接收机模块。机载雷达仿真子系统的模块图如图 7.12 所示。

图 7.12　机载雷达仿真子系统的模块图

机载雷达仿真子系统以一定的调度策略控制各个模块工作。仿真开始后，发射机和接收机均读取管控指令，若接收到发射机工作指令，则发射机线程工作；同样地，若接收到接收机工作指令，则接收机线程工作。

机载雷达仿真子系统各个模块的功能如下。

发射机模块功能较为简单，主要产生雷达射频信息并发送给数据接口。

天线模块根据波束控制方法，实时产生波束指向及各个方向的天线增益信息，并用于发射机与接收机模块。

接收机模块功能主要包括雷达目标回波数据的信号处理与数据处理，得到目标的点迹信息与航迹信息，并显示探测目标的信息，将接收机处理数据与部分射频数据发送给数据接口。

1）发射机模块

雷达利用目标散射的电磁波发现并确定目标的位置和运动状态。因此，发射机为雷达提供载波受到调制的射频信号，并经馈线和收发开关由天线辐射出去。

由于仿真系统重点关注的是机载雷达射频信息，因此，发射机模块主要产生当前工作情况下的雷达发射信号信息，并发送给数据接口，将数据提供给机载无源接收机仿真子系统。下面，简要介绍发射机模块的主要性能参数。

（1）工作频率。

工作频率是发射机的射频振荡频率[4]。频率的选择需要综合考虑物理尺寸、高频器件的性能、天线波束宽度、大气衰减等因素。雷达用途是选择雷达工作频率最重要的依据。工作频率不同，雷达的结构和作战技术性能也有所不同。仿真场景中的机载雷达工作于 X 波段，中心频率为 10GHz。为了提高其射频隐身能力，机载雷达可在多个频点上跳频工作。

（2）辐射功率。

辐射功率直接影响雷达的探测能力及其射频隐身能力。根据雷达所担负任务的不同，雷达辐射功率大小不一，有的可达几兆瓦，有的则有几千瓦。在同等条件下，雷达辐射功率降低，其被截获距离也变短。因此，在已知目标距离的情况下，根据雷达探测性能要求所需的接收信号信噪比，即可得到当前所需的最低辐射功率。为了提高雷达射频隐身性能，一般采用尽可能低的辐射功率，以使其被截获距离变短。

（3）信号形式。

根据发射信号的不同，雷达主要分为脉冲雷达和连续波雷达两大类。目前，常用的雷达大多数是脉冲雷达。常规脉冲雷达可周期性地发射高频脉冲。常用的雷达信号形式如表 7.1 所示。

表 7.1　常用的雷达信号形式

波形	调制类型	占空比/%
简单脉冲	矩形振幅调制	0.01～1
脉内调制脉冲	线性/非线性调频 脉内相位编码	0.1～10
高工作比的间断连续波	矩形调幅 线性调幅	30～50
连续波	线性调频 相位编码	100

机载雷达仿真子系统目前主要采用线性调频脉冲信号和相位编码脉冲信号。

2）天线模块

天线是雷达与目标、环境相互作用的端口。天线形式在很大程度上决定了雷达的工作体制。对相控阵雷达仿真系统而言，天线波束设计是另一个需要重点关注的内容。相控阵天线是由若干独立的、在平面或曲面上按一定规律布置的辐射单元组成的电控扫描阵列，通过计算机改变阵元之间的相位和幅度关系，实现波束形状和波束指向的变化。仿真时，主要考虑天线方向图、天线扫描及单脉冲测角。

（1）天线方向图。

相控阵天线可以在方位和俯仰两维同时实现波束扫描。$M \times N$ 个天线阵元的平面阵列示意图如图 7.13 所示，阵元间距分别为 d_1（沿 z 轴方向）和 d_2（沿 y 轴方向）。

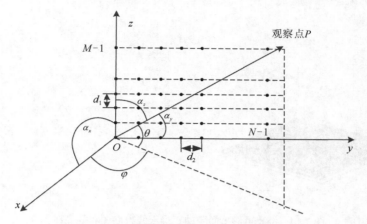

图 7.13　MXN 个天线阵元的平面阵列示意图

由图 7.13 可知，沿 z 轴方向相邻阵元之间的相位差为 $\Delta\varphi_1 = 2\pi d_1 \sin\alpha_z / \lambda$，沿 y 轴方向相邻阵元之间的相位差为 $\Delta\varphi_2 = 2\pi d_2 \sin\alpha_y / \lambda$，则水平放置的平面阵方向图函数可表示为

$$F\left(\alpha_z,\alpha_y\right) = \sum_{i=0}^{M-1} \exp\left[ji\left(\frac{2\pi}{\lambda}d_1\cos\alpha_z - \Delta\varphi_{B\alpha}\right)\right]\sum_{i=0}^{N-1} \exp\left[ji\left(\frac{2\pi}{\lambda}d_2\cos\alpha_y - \Delta\varphi_{B\beta}\right)\right]$$
$$= F_1\left(\alpha_z\right)F_2\left(\alpha_y\right) \tag{7.1}$$

式中，$\Delta\varphi_{B\alpha}$ 和 $\Delta\varphi_{B\beta}$ 分别表示天线阵内移相器在 z 轴方向和 y 轴方向上向量单元之间的相位差；其中，方向余弦具有如下关系

$$\begin{cases} \cos\alpha_z = \sin\theta \\ \cos\alpha_y = \cos\theta\sin\varphi \end{cases} \tag{7.2}$$

进一步化简，可以得到平面阵方向图函数的幅值为

$$|F(\theta,\varphi)| = \left|F_1\left(\alpha_z\right)\right| \cdot \left|F_2\left(\alpha_y\right)\right|$$

$$= \frac{\left|\sin\left[\frac{M}{2}\left(\frac{2\pi}{\lambda}d_1\cos\alpha_z - \Delta\varphi_{B\alpha}\right)\right]\right|\left|\sin\left[\frac{N}{2}\left(\frac{2\pi}{\lambda}d_2\cos\alpha_y - \Delta\varphi_{B\beta}\right)\right]\right|}{\left|\sin\left[\frac{1}{2}\left(\frac{2\pi}{\lambda}d_1\cos\alpha_z - \Delta\varphi_{B\alpha}\right)\right]\right|\left|\sin\left[\frac{1}{2}\left(\frac{2\pi}{\lambda}d_2\cos\alpha_y - \Delta\varphi_{B\beta}\right)\right]\right|} \tag{7.3}$$

$$= \frac{\left|\sin\left[\frac{M}{2}\left(\frac{2\pi}{\lambda}d_1\sin\theta - \Delta\varphi_{B\alpha}\right)\right]\right|\left|\sin\left[\frac{N}{2}\left(\frac{2\pi}{\lambda}d_2\cos\theta\sin\varphi - \Delta\varphi_{B\beta}\right)\right]\right|}{\left|\sin\left[\frac{1}{2}\left(\frac{2\pi}{\lambda}d_1\sin\theta - \Delta\varphi_{B\alpha}\right)\right]\right|\left|\sin\left[\frac{1}{2}\left(\frac{2\pi}{\lambda}d_2\cos\theta\sin\varphi - \Delta\varphi_{B\beta}\right)\right]\right|}$$

图 7.14 所示为 8×8 矩形平面阵的三维天线方向图和等高线图，波束指向为(0°, 0°)，阵元间距为半波长。

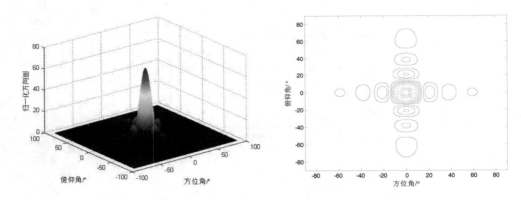

图 7.14　8×8 矩形平面阵的三维天线方向图和等高线图

（2）天线扫描。

在机载雷达仿真子系统中，工作于搜索模式的机载雷达常常伴随着天线波束的扫描。本子系统采用分行扫描方式，其方位扫描范围分别为 ±10°、±30° 或者 ±60°，俯仰扫描方式分为 1 行、2 行或者 4 行。天线俯仰扫描图形如图 7.15 所示[5]。

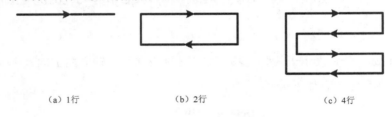

（a）1行　　　　　　　（b）2行　　　　　　　（c）4行

图 7.15　天线俯仰扫描图形

本节中，机载雷达仿真子系统包括 3 种工作模式，分别为跟踪和搜索（Track and Search，TAS）、单目标跟踪（Single Target Tracking，STT）和多目标跟踪（Multiple Targets Tracking，MTT）。当机载雷达处于搜索模式时，雷达天线按照既定的扫描图形对空域进行扫描；当机载雷达处于跟踪模式时，雷达天线根据预定的时间分配方式对目标进行跟踪，即将天线主波束对准需要跟踪的目标。

（3）单脉冲测角。

角度测量是相控阵雷达的重要任务。单脉冲测角的原理是在同一时间内，多个天线波束同时对接收到目标回波并进行比较，进而得到目标角度信息。由于该测角方法获取目标角度信息的时间很短，甚至只需一个脉冲就可获得全部角度信息，因此称为单脉冲测角[6]。单脉冲测角因其测角精度高、抗干扰能力强，在实际中得到了广泛应用。单脉冲测角主要分为比幅法、比相法、振幅和差法及相位和差法[7]。本节主要讨论振幅和差法。

双平面和差波束方向图如图 7.16 所示。图 7.16（a）所示为振幅和差法的单脉冲雷达双平面天线辐射图。该方法采用了一个具有四喇叭馈电的天线、和差器和三通道前端处理电路。图 7.16（b）所示的 A、B、C、D 波束分别表示 4 个扫描波束的位置，四喇叭馈电的天线由 4 个具有各向同性的天线阵元组成，用来产生单脉冲天线方向图。当目标在轴线上时，差信号为零；当目标偏离轴线时，差信号的幅度会相应增加，且差信号的幅度与偏离轴线的位移成正比[8]。因此，差信号的振幅就决定了角误差的大小，而和信号与差信号之间的相位差则决定了目标相对于等强信号的偏移方向，由此可以得到目标的角度信息。

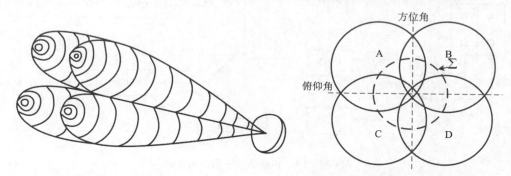

（a）双平面天线辐射图　　　　　　　（b）双平面天线产生的和差波束关系图

图 7.16　双平面和差波束方向图

假设单个天线波束的方向图为 $F(\theta,\varphi)$，其数学表达式为

$$F(\theta,\varphi) = \mathrm{sinc}\left[\frac{1}{2}\left(\frac{2\pi}{\lambda}d_1\sin\theta\right)\right]\mathrm{sinc}\left[\frac{1}{2}\left(\frac{2\pi}{\lambda}d_2\cos\theta\sin\varphi\right)\right] \tag{7.4}$$

以 4 个天线波束的中轴线为参考线，且中轴线与 4 个波束在方位上的偏移量为 φ_0，在俯仰上的偏移量为 θ_0，则 4 个波束的方向图分别为

$$\begin{aligned}
F_{\mathrm{A}} &= F(\theta-\theta_0,\varphi-\varphi_0) & F_{\mathrm{B}} &= F(\theta-\theta_0,\varphi+\varphi_0) \\
F_{\mathrm{C}} &= F(\theta+\theta_0,\varphi-\varphi_0) & F_{\mathrm{D}} &= F(\theta+\theta_0,\varphi+\varphi_0)
\end{aligned} \tag{7.5}$$

和差信号三通道示意图如图 7.17 所示。通过对发射信号进行和差运算，可分别得到信号的和波束与差波束。为了产生俯仰差波束，可以采用波束差（A－C）或（B－D）。通过形成波束和（A＋C）或（B＋D），可以得到一个较大的俯仰和信号。类似地，通过形成波束和（A＋B）或（C＋D），可以得到一个较大的方位和信号。于是，4 个波束通过和差比较器，输出的和通道、俯仰差通道和方位差通道的信号形式分别为

$$\begin{aligned}
\Sigma &= K_{\Sigma}u(t)\left(F_{\mathrm{A}}+F_{\mathrm{B}}+F_{\mathrm{C}}+F_{\mathrm{D}}\right)\exp(\mathrm{j}\phi_{\Sigma}) \\
\Delta_{\Delta\theta} &= K_{\Delta\theta}u(t)\left[(F_{\mathrm{A}}+F_{\mathrm{B}})-(F_{\mathrm{C}}+F_{\mathrm{D}})\right]\exp(\mathrm{j}\phi_{\Delta\theta}) \\
\Delta_{\Delta\varphi} &= K_{\Delta\varphi}u(t)\left[(F_{\mathrm{A}}+F_{\mathrm{C}})-(F_{\mathrm{B}}+F_{\mathrm{D}})\right]\exp(\mathrm{j}\phi_{\Delta\varphi})
\end{aligned} \tag{7.6}$$

式中，$u(t)=U_m\exp(-\mathrm{j}\omega t)$ 表示回波信号；K_{Σ}、$K_{\Delta\theta}$ 和 $K_{\Delta\varphi}$ 分别表示和通道、俯仰差通道及方位差通道的传输系数，一般情况下，通道增益一致性较高的和差比较器能够保证各通道的传输系数相等；ϕ_{Σ}、$\phi_{\Delta\theta}$ 和 $\phi_{\Delta\varphi}$ 分别表示和通道、俯仰差通道及方位差通道的相移。

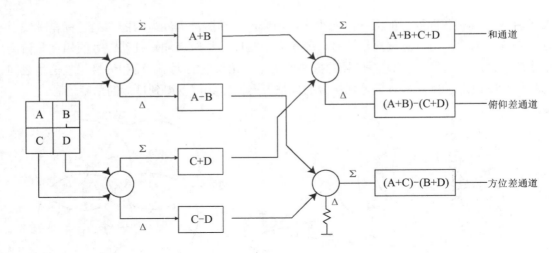

图 7.17　和差信号三通道示意图

图 7.18 所示为和通道、俯仰差通道和方位差通道天线波束仿真图。

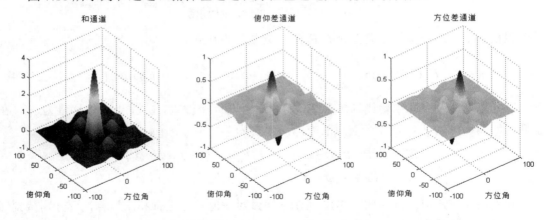

图 7.18　和通道、俯仰差通道和方位差通道天线波束仿真图

假设单脉冲雷达 3 个通道均不存在幅相不一致性，则误差信号可表示为

$$\varepsilon = \frac{\Delta}{\Sigma}$$

（7.7）

式中，Δ 表示相应信号的差值；Σ 表示相应信号的和值。

图 7.19 所示为理想情况下的误差信号仿真图。由图可知，当误差角度偏移量在 ±5° 时，误差信号与偏移角近似为线性关系，因此，可以利用误差信号得到目标的角度信息。

图 7.20 所示为单脉冲测角的误差仿真图。由图可知，随着信噪比增加，单脉冲测角雷达的角度测量误差逐渐减小。当信噪比为13dB 时，角度测量误差已经小于 0.1°，基本达到精度要求。

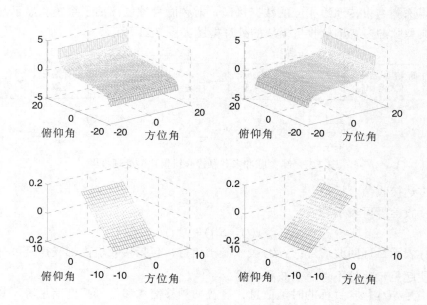

图 7.19　理想情况下的误差信号仿真图

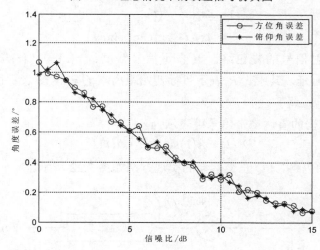

图 7.20　单脉冲测角的误差仿真图

3）接收机模块

接收机模块的任务是通过采用不同方法将雷达接收到的微弱高频信号从伴随的噪声和干扰中提取出来，并经过滤波、放大、混频、中放、检波后，送至雷达终端设备[9]。机载雷达仿真子系统将信号接收和信号检测统一集成到接收机模块中。因此，接收机模块的主要功能是接收来自管控与场景仿真子系统的自身平台与敌方平台信息，根据设置的接收机参数和发射机产生的射频信息，通过雷达信号处理与数据处理，得到探测目标信息并进行显示，同时将探测结果传递给相应的数据接口、射频隐身性能评估子系统和显示与记录仿真子系统。典型脉冲多普勒接收机模块的处理框图如图 7.21 所示。

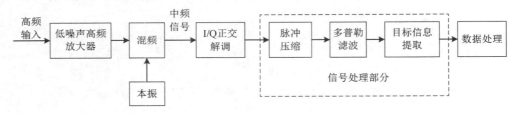

图 7.21 典型脉冲多普勒接收机模块的处理框图

（1）雷达接收信号模型。

雷达接收信号可表示为

$$x(t) = S(t) + N(t) \tag{7.8}$$

式中，$S(t)$ 表示目标回波信号；$N(t)$ 表示噪声信号，包括接收机内部噪声及外部环境噪声等。为方便起见，此处不考虑杂波和干扰。

回波信号 $S(t)$ 包含目标的时延信息、多普勒频移信息和信号强度信息等，其基带复包络可表示为

$$\begin{aligned} S(t) &= As_{\mathrm{e}}\big[t - \tau(t)\big] \\ &\approx As_{\mathrm{e}}(t - \tau_0)\exp(\mathrm{j}2\pi f_{\mathrm{d}}t) \end{aligned} \tag{7.9}$$

式中，$s_{\mathrm{e}}(t)$ 表示发射信号的复包络；A 表示信号幅度；$\tau(t) = 2R(t)/c = 2(R_0 - v_{\mathrm{r}}t)/c = \tau_0 - 2v_{\mathrm{r}}t/c$ 表示目标时延，其中，R_0 表示目标初始距离；$f_{\mathrm{d}} = 2v_{\mathrm{r}}/c$ 表示目标多普勒频移。

（2）I/Q 正交解调。

输入至正交解调器的雷达窄带信号可表示为

$$X(t) = A(t)\sin\big[\Omega t + \theta(t)\big] \tag{7.10}$$

式中，$A(t)$ 表示脉冲包络。I/Q 正交解调的实现方法如图 7.22 所示。

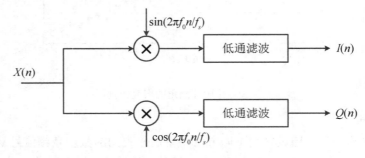

图 7.22 I/Q 正交解调的实现方法

以同相通道（I 通道）为例，经过混频后产生和频与差频两个分量，即

$$\sin(\Omega t) \times A(t)\sin\big[\Omega t + \theta(t)\big] = A(t)\cos\big[\theta(t)\big] - A(t)\cos\big[2\Omega t + \theta(t)\big] \tag{7.11}$$

混频后的信号经过低通滤波器，将式（7.11）中的和频分量滤除，剩下的分量即所需的调制

项 $A(t)\cos\left[\theta(t)\right]$。同样地，正交相位通道（Q 通道）的输出为 $A(t)\sin\left[\theta(t)\right]$。仿真时，利用这两个通道的信号形成复信号以提供相位信息，即

$$x(t) = I(t) + jQ(t) = \exp\left[j\theta(t)\right] \tag{7.12}$$

以线性调频信号为例，图 7.23 给出了其正交解调后的仿真波形。

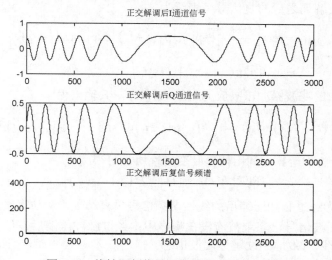

图 7.23　线性调频信号正交解调后的仿真波形

（3）脉冲压缩。

单频矩形脉冲能量与脉冲宽度成正比，距离分辨率与脉冲宽度成反比，这导致了雷达作用距离和距离分辨率的矛盾：要增大雷达作用距离，需要增大脉冲宽度以增加发射能量，但这会导致距离分辨率下降[4]。脉冲压缩能够将发射的宽脉冲信号压缩成窄脉冲信号，即发射宽脉冲，提高平均发射功率，保证大的作用距离；通过脉冲压缩匹配接收到的等效窄脉冲，保证高的距离分辨率。常用的线性调频信号、相位编码信号等都是典型的脉冲压缩信号。一般地，脉冲压缩有两种实现方法，分别为时域卷积方法和频域快速傅里叶变换（Fast Fourier Transform，FFT）方法。脉冲压缩实现框图如图 7.24 所示。

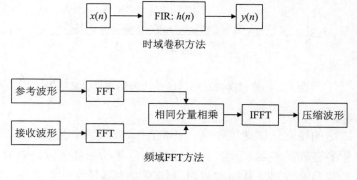

图 7.24　脉冲压缩实现框图

以线性调频信号为例，假设雷达发射的线性调频脉冲信号可表示为[10]

$$s_r(t) = \text{rect}\left(\frac{t}{T_e}\right) \cdot \cos\left(2\pi f_0 t + \pi \mu t^2\right) \tag{7.13}$$

式中，$\text{rect}(t/T_e)$ 表示长度为 T_e 的矩形脉冲；f_0 表示中心频率；$\mu = B/T_e$ 表示调频斜率。那么，信号经过正交解调之后的复信号可表示为

$$\begin{aligned} s_r(t) &= \text{rect}\left(\frac{t-t_0}{T_e}\right) \exp\left[j2\pi f_d(t-t_0)\right] \exp\left[j\pi\mu(t-t_0)^2\right] \\ &= \exp\left[j2\pi f_d(t-t_0)\right] s(t-t_0) \end{aligned} \tag{7.14}$$

则时域卷积方法中的滤波器冲击响应为 $h(t) = s^*(-t)$，其输出为

$$s_0(t) = h(t) * s_r(t) = \int_{-\infty}^{+\infty} h(u) s_r(t-u) \mathrm{d}u = \int_{-\infty}^{+\infty} s^*(-u) s_r(t-u) \mathrm{d}u \tag{7.15}$$

式中，符号 $*$ 表示卷积运算。利用傅里叶变换性质，可得

$$\text{FFT}\left[h(t) * s_r(t)\right] = H(f) \cdot S_r(f) \tag{7.16}$$

图 7.25 所示为经过脉冲压缩后的线性调频信号仿真结果。从仿真结果可以看出，在脉冲压缩前，雷达回波信号已完全被淹没在噪声中；经过脉冲压缩后，信号输出信噪比提高了 BT_e 倍，从而可以有效地判读雷达回波信息。

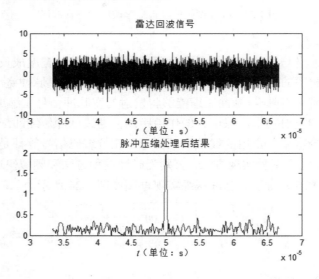

图 7.25　经过脉冲压缩后的线性调频信号仿真结果

（4）多普勒滤波。

目标相对于雷达的径向运动速度不同，相应的多普勒频移也不一样。多普勒滤波可通过一组邻接的窄带多普勒滤波器实现，并覆盖目标多普勒频移范围，具有不同频移的目标落入不同的窄带多普勒滤波器，从而实现对目标速度的测量[4, 11]。

在数字滤波方法中，采用 FFT 方法获得 N 个滤波器组，利用有 N 个输出和（$N-1$）

根延迟线的横向滤波器，通过对不同的脉冲加权，即可形成能够覆盖整个频率范围的滤波器，其加权值可表示为

$$W_{i,k} = \exp\left[\frac{-\mathrm{j}2\pi(i-1)k}{N}\right], i = 1, 2, \cdots, N \tag{7.17}$$

式中，i 表示滤波器的第 i 个抽头；k 表示 0 到（$N-1$）之间对应不同权重集的指数。N 个输出的横向滤波器经过各脉冲加权后，可得到 N 个相邻的滤波器组。该滤波器组覆盖的频率范围是 $0\sim f_{\mathrm{r}}$，其中，f_{r} 表示雷达脉冲重复频率。设 M 为脉冲数，则多普勒频移的测量精度为 f_{r}/M。

滤波器组可同时对脉冲串进行相参积累，将信噪比提高 N 倍。图 7.26 所示为在给定场景中对雷达回波信号进行多普勒滤波的仿真结果，其中，雷达仿真参数如表 7.2 所示。

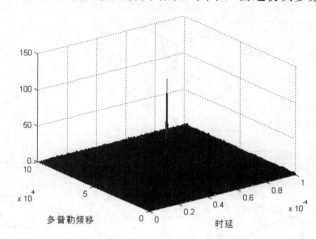

图 7.26　在给定场景中对雷达回波信号进行多普勒滤波的仿真结果

表 7.2　雷达仿真参数

参数	数值	参数	数值
雷达工作频率	10GHz	目标距离	6km
脉冲宽度	10μs	目标多普勒频移	5kHz
脉冲重复频率	10kHz	积累脉冲数	64

（5）数据处理。

数据处理是通过对获得的目标位置、运动参数等量测数据进行关联、跟踪、滤波、平滑、预测等运算，抑制量测过程中引入的随机误差，对目标的运动轨迹和相关运动参数进行估计，预测目标下一时刻的位置，形成稳定的目标航迹，实现对目标的高精度实时跟踪。数据处理过程主要包括航迹起始与终结、数据关联、跟踪，其框图如图 7.27 所示。

（6）接收机仿真模型。

根据前文可知，按照接收机仿真基本流程，可以实现接收机工作仿真并得到雷达探测结果，之后将结果保存并发送给相应的数据接口，即可完成接收机的基本功能。需要说明

的是，在接收机仿真时还需要考虑不同雷达工作模式的转换，其流程图如图 7.28 所示。

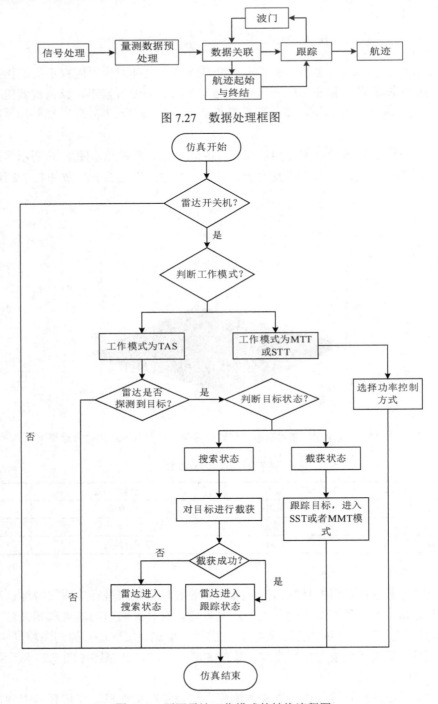

图 7.27　数据处理框图

图 7.28　不同雷达工作模式的转换流程图

在仿真中，机载雷达工作于 3 种状态，即搜索状态、截获状态和跟踪状态。雷达初始工作模式设置为 TAS，当搜索到目标后即可对其进行截获，截获目标成功后即可对其进行跟踪。根据截获目标数目判断雷达的跟踪模式，即 STT 或 MTT。如果要验证机载雷达射频隐身性能计算的正确性，那么只有当目标处于跟踪状态时，才可以对发射机进行自适应辐射能量控制。

7.4　机载无源接收机仿真子系统

7.4.1　机载无源接收机仿真子系统设计

机载无源接收机仿真子系统通过侦收电磁环境中的辐射源信号，实现截获、测量、分析等功能。该系统主要由以下 5 个模块组成：接收模块、检测模块、测量模块、分析模块和显示模块，如图 7.29 所示。接收模块模拟生成中频采样信号，并将采样信号根据天线类型添加幅度和相位信息；检测模块先对采样信号做短时傅里叶变换，将其转换成频域信息，然后在时域和频域中分别进行恒虚警目标检测，并生成帧描述字；测量模块利用帧描述字中包含的信号时-频域信息来提取信号特征参数，并生成脉冲描述字；分析模块利用脉冲描述字，对脉冲描述字做到达角-载频分选，剔除虚假目标，并对威胁信号进行定位；显示模块负责人机交互功能，一方面接收来自界面的配置参数信息，另一方面将机载无源接收机仿真子系统的运行状态信息和情报参数信息传送给界面。

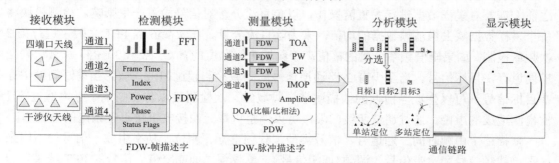

图 7.29　机载无源接收机仿真子系统的模块组成

7.4.2　机载无源接收机仿真子系统实现

1）接收模块

假定机载无源接收机类型为数字信道化接收机，接收机射频瞬时带宽覆盖 0.5～18GHz，经过 175 个信道正交下变频变换到中频，在中频端对模拟信号采样并滤波，得到软件仿真所需的数字信号。为了模拟生成中频采样信号，必须先确定以下参数：信号到达角、信号波形参数（包括脉冲宽度、脉冲重复频率、载频、调制方式）、目标发射功率、接收天线类型、目标和本机的运动状态信息等。机载无源接收机仿真子系统接收管控与场景仿真子系统的飞行器平台飞行数据（WGS-84 坐标系），经过坐标系变换即可计算得到机载坐标系下各辐射源目标相对于本机的距离和角度信息；通过接收机载雷达仿真子系统的射频信息来确定信号波形参数和发射功率；通过读取界面配置参数来确定接收天线类型，该系统采用四端口背腔螺旋天线和四端口干涉仪天线作为接收天线。对于四端口背腔螺旋天线，根据高斯函数方向图和角度信息，确定 4 路通道的接收增益；对于四端口干涉仪天线，根据目标方位与天线基线，确定 4 路通道的相位差；生成 4 路中频采样信号，设置中频范围为 0~100MHz，中频采样率为 500MHz；模拟产生-90dBW 固定电平的高斯白噪声，分别加入到 4 路中频采样信号中。

2）检测模块

检测模块接收天线端送入的 4 路中频采样信号，每个处理周期内每路信号存储数据长度设为 32768。检测模块首先在时域中判断目标信号是否存在，从而确定是否要对当前采样数据进行下一步处理，以免浪费系统处理资源。为了在时域中判断目标信号是否存在，检测模块针对每路信号，每次截取 256 个点作为一个时间帧，分别对信号幅度进行门限检测。当至少有 2 路通道中有一个采样点幅度超过门限时，检测模块认为目标信号存在并进入下一步处理流程。反之，舍弃当前帧数据，继续检测下一时间帧采样数据。检测模块存储最近 5 次认为是没有信号的所有采样点的均值，将均值乘以一个常数（一般取 4）作为当前帧的时域检测门限。因此，检测模块能够根据噪声电平进行自适应调整。

当检测模块在时域中检测认为目标信号存在时，需要进一步进行频域检测。在做 FFT 之前，需要对采样数据进行去直流操作，以免直流分量对信号检测产生影响。检测模块将每个采样数据减去当前帧数据的均值，来去除直流分量。在做 256 点 FFT 之后，进行第 2 次频域检测。如果峰值频率分量的幅值高于频域平均幅值的 k（一般取 3）倍，那么认为当前通道存在目标信号。当至少有 2 路通道信号的频域检测超过门限，认为当前时间帧中存在目标信号，可以生成当前帧的帧描述字。频域的二次检测可以防止高电平噪声通过第 1 次检测造成的虚警。通过调节两级门限，可以调整机载无源接收机仿真子系统的虚警率。

帧描述字由帧时间、通道号、信号类型、载频下标、相位、功率组成。信号类型用来区别单载频信号和宽带信号（调频/调相信号）。单载频（抑或窄带）信号的 FFT 结果是一个窄峰，而宽带信号的 FFT 结果是一段数据连续超过门限的谱峰，因此，可以通过累计连续超过门限的点数来确定信号类型。为了抑制信号截短造成的旁瓣，在做 FFT 之前，检测模块需要给信号加汉宁窗（或海明窗），但加窗之后会导致单载频信号在频域主瓣展宽。当连续超过门限的点数大于阈值 N_{th}（一般取 7）时，认为是宽带信号，反之是单载频信号。对于单载频信号，载频下标取峰值的下标；对于宽带信号，选取连续超过门限下标的中间值。相位通过计算载频下标对应峰值频率分量的虚部与实部比值的反正切函数得到。功率即当前频率分量的模值。

3）测量模块

测量模块接收检测模块送入的帧描述字，进而生成脉冲描述字。脉冲描述字由到达时间、到达角、载频、脉宽和幅度组成。到达时间和脉宽通过组合同一目标信号出现的连续帧得到，时-频谱分析的时间分辨率 Δt 与 FFT 的点数 N、采样率 f_s 有关，且 $\Delta t = N/f_s$。为了获得较高的时间分辨率，N 的取值不能过小，因此，为提高时间分辨率，在截取数据时可以令当前帧数据和上一帧数据部分重叠，重叠的点数为 D，这样时间分辨率就变为 $(N-D)/f_s$。根据天线类型，计算到达角。对于四端口背腔螺旋天线，采用单脉冲比幅法测角，利用接收到最强的 2 路通道的信号电平之比计算到达角；对于四端口干涉仪天线，利用天线 1、2、3 阵元接收到信号间的相位差并解相位模糊后，计算到达角。载频可利用信号的载频下标 RFIndex 计算得到，且频率测量的计算分辨率为 1.95MHz。

4）分析模块

分析模块接收测量模块送入的脉冲描述字，利用"Pigeon-hole"分选技术对信号进行分选。首先，利用到达角和载频参数（也可以增加脉宽参数，但是要选择宽的容差）分离脉冲流；然后，将脉冲流送入不同的分辨单元。这样一来，每个拥有相似角度和频率的分辨单元将包含一系列不同到达时间和不同幅度的脉冲链。然而，此时产生的多个分辨单元并不能和环境中的发射机一一对应，对于固定频率雷达发射信号，可能因为随机或者系统导致的测量误差，被分到多个单元，这种情况可以通过仔细选择参数匹配容差来解决。对于频率变化的雷达发射信号，也会被分到多个单元，因此，必须采用智能算法来识别和组合这些除频率外其他测量参数都匹配的单元。

在将脉冲流分离到各个到达角-载频分辨单元之后，通过对单元中所有脉冲的测量参数求平均，可以得到更加精确的发射机信号测量参数。同时，有必要找到每个单元脉冲链的脉冲重复间隔。然而，脉冲重复间隔可以是抖动的，也可以是参差的。最简单的方法是构建单个脉冲链中脉冲间隔的分布直方图，仔细观察该直方图：如果只有一个窄峰，那么该脉冲链对应的发射信号是由一个固定脉冲重复间隔的发射机产生的；如果有多个分离的窄峰，那么该脉冲链对应的发射信号是由一个参差脉冲重复间隔的发射机产生的；如果服从正态分布，那么该脉冲链对应的发射信号是由一个抖动脉冲重复间隔的发射机产生的。

存储最近 5 次的发射机参数测量结果，根据能否接收到其他平台的无源探测结果来选择无源定位方式。若没有接收到友方飞行器平台情报信息，则根据角度联合相位差变化率，进行单站无源定位；若接收到其他多个友方飞行器平台情报信息，则采用多站到达时间差技术，实现多站无源定位。

5）显示模块

显示模块实现人机交互功能，在仿真开始前接收界面配置参数。在仿真过程中，显示模块能够实时响应界面指令，并将指令"翻译"为机载无源接收机仿真子系统能够理解的操作指令。在完成一次仿真步长后，显示模块整合需要显示的信息，将其传送给界面。界面以图形化方式显示威胁目标的位置信息、时域原始波形和时-频谱图，并以文字方式在界面打印系统运行状态信息。

 ## 7.5　射频隐身性能评估子系统

7.5.1　射频隐身性能评估子系统设计

为了研究电磁对抗场景中各有源传感器的射频隐身性能，需要计算它们工作过程中射频隐身参数的变化并进行分析。射频隐身性能评估子系统的主要功能是对仿真场景中各有源传感器进行射频隐身性能评估。具体而言，针对不同的机载有源传感器，计算其对应的截获因子、截获距离、截获概率及截获球半径，并以图形或数值方式显示。

7.5.2　射频隐身性能评估子系统实现

从数据流上讲，射频隐身性能评估子系统是通过接收对抗环境中的场景信息、有源传感器辐射信息及无源接收机探测信息等来评估有源传感器的射频隐身性能的。射频隐身性能评估子系统的基本模块包括数据输入与输出、数据处理及数据表现。

数据输入与输出：完成与其他仿真子系统接口数据的输入与输出。

数据处理：该模块为射频隐身性能评估子系统的核心，主要完成射频隐身性能评估，分别利用牛顿-拉弗森法和牛顿-科茨算法实现射频隐身性能评估指标的简化计算。

数据表现：完成射频隐身性能评估结果的界面实时显示及仿真结束后数据的整体查询与分析工作。

以红/蓝方对抗为例，射频隐身性能评估子系统开始仿真后，具体流程如下。

1：读取输入接口数据。

2：数据格式化。在读取完所有红/蓝方的参数后，根据数据统一格式要求规整成按飞行器平台划分的数据整体。

3：射频隐身性能评估。基于各机载无源接收机系统，计算各个飞行器平台上搭载的雷达等有源电子设备射频隐身性能指标。

4：界面显示与数据输出。其中，射频辐射强度和截获距离以二维曲线形式进行实时显示，其余指标以数值方式进行实时显示。

5：等待下一步长的仿真。

7.6 显示与记录仿真子系统

7.6.1 显示与记录仿真子系统设计

显示与记录仿真子系统主要完成对机载网络化雷达射频隐身软件仿真系统中各子系统（包括管控与场景仿真子系统、红方飞行器平台子系统、蓝方飞行器平台子系统、性能评估子系统）产生的信息进行实时、动态显示和记录。图 7.30 为显示与记录仿真子系统实现框图。

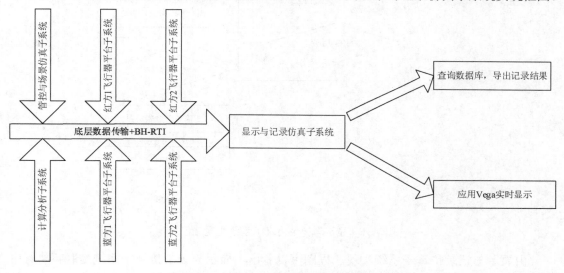

图 7.30　显示与记录仿真子系统实现框图

显示和记录内容。显示与记录仿真子系统实时显示整个仿真执行过程，其主要功能包括：接收管控与场景、飞行器平台及性能评估子系统数据，显示射频隐身软件仿真系统的仿真场景画面，包括飞行器平台的姿态、位置等信息。接收其余各个子节点的数据，实时动态地显示出各个子节点的工作状态。

开发软件和方法。显示与记录仿真子系统设计主要分成两部分，显示部分是基于 C++的 Vega 软件设计实现的，主要针对建模、设计场景、编程进行显示功能的实现；记录部分主要利用数据库实现，实时地把各个模块的数据存储到数据库中，并且能够根据一定的搜索条件进行数据再现，同时可以根据再现的数据实现三维视景回放功能，对数据进行分析和重现。

显示与记录仿真子系统相当于仿真软件系统中的观望台和仿真执行的终点，是机载网络化雷达射频隐身软件仿真系统的全局视角，其实现流程图如图 7.31 所示。

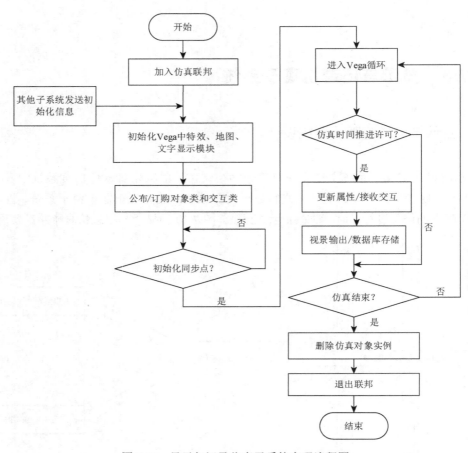

图 7.31 显示与记录仿真子系统实现流程图

由显示与记录仿真子系统实现流程图可以看出，显示与记录仿真子系统是联邦执行中独立的一个节点，并不参与具体的仿真执行过程，相当于公正的第三方来收集和显示当前仿真执行的状态。数据库存储需要建立机载网络化雷达射频隐身软件仿真系统中全部对象类属性和交互类参数的列表信息，而显示与记录仿真子系统只订购所有的对象类和交互类，不公布任何类信息。在联邦成员进行数据交互时，实例更新的数据通过 RTI 传输到数据记录模块，采用数据库将数据保存到自定义的数据文件中。由于 Vega 软件图形引擎对计算机的中央处理器（Central Processing Unit，CPU）和显卡等硬件条件要求很高，在二维/三维地形模型导入和飞行器模型变换时，视景显示模块计算机处理负荷很大，需要对应用软件进行初始化配置。因此，在仿真执行过程中需要分配给 Vega 软件更多的计算机内存和处理时间，从而保证视景显示模块可以实时处理而不产生网络数据延迟。为了提高仿真循环执行速度，本文对三维视景的实时输出部分进行稀疏处理，在不影响观察者视觉效果的情况下，当接收 10～50 次数据后对 Vega 软件显示界面进行刷新，数据间隔时间可根据实际情况进行调整。

7.6.2　视景显示模块实现

1）实体模型

实体模型对于三维视景显示具有重要的意义，模型的选择优劣直接影响三维显示的效果，Multigen Creator 软件是由美国 Multigen Paradigm 公司研发的三维建模软件，在三维建模领域处于领先地位，常用来对实体模型仿真、战场仿真和可视化计算等领域的视景信息库进行生成、处理和查看。基于 Multigen Creator 的强大三维模型制作功能，机载网络化雷达射频隐身软件仿真系统选用 Multigen Creator 进行建模。下面主要介绍采用 Multigen Creator 软件创建的视景显示中需要的实体模型。

2）飞行器模型

机载网络化雷达射频隐身软件仿真系统中空域对抗场景需要创建 N 个飞行器模型，基于 Multigen Creator 的实体建模可以通过修改 Multigen Creator 安装目录下为用户提供的一些飞行器模型，也可从网络上下载一些 3D MAX 的模型，再转换为 Multigen Creator 下的模型。本节使用的 F22 战斗机模型如图 7.32 所示。

图 7.32　本节使用的 F22 战斗机模型

使用真实的飞行器模型有助于在三维虚拟视景中对飞行器在真实世界中的场景再现，能够对飞行器平台的各种参数性能进行更为精确的计算分析，减小一些不必要的误差，这对于军事应用领域有至关重要的意义。

3）地图模型

地图模型使用从谷歌地图中获取的高清晰度卫星地图。谷歌卫星地图数据采用墨卡托投影方式，以经度为 0° 和纬度为 0° 为中心，西-180°、东 180°、北约 85° 和南约 -85° 的范围将世界地图规范成一个正方形，以 0.5 比率的四叉树分割原理将地图进行逐级切分，共分割成 20 级。

地图模型分层如图 7.33 所示，图中代码 t 表示第 1 级，基于第 1 级逐层往下细分级，其中第 2 级中代码对应关系为 tq、tr、ts、tt；第 3 级将 tq、tr、ts 和 tt 按 q、r、s、t 继续进行细分，tq 分级为 tqq、tqr、tqs、tqt，tr 分级为 trq、trr、trs、trt，ts 分级为 tsq、tsr、tss、tst，tt 分级为 ttq、ttr、tts、ttt，其他级别细分同上。

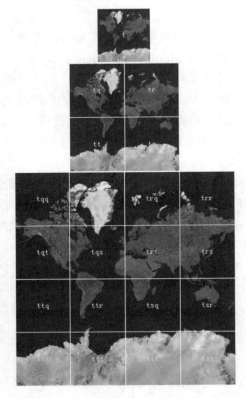

图 7.33　地图模型分层

采用 Multigen Creator 软件将纹理格式的卫星地图制作成 flt 格式（用于 Vega 软件加载）文件，卫星地图的使用可以加强视景环境效果，使仿真效果更加逼真、形象。在真实的军事环境模拟中，卫星地图远远优于用户制作的地图，卫星地图在战场的布置和模拟中的作用越来越大。

4）文字模型

文字显示使得视景显示效果更加清晰、易懂，在虚拟仿真系统中有着重要的功能。文字模型的建立是为了在模型的任何位置均可以使用 Multigen Creator 放置文本功能。结合 Vega 软件中固定场景模块实时显示在屏幕上，通过 Vega 软件中 API 函数可以调整显示的文字内容和格式。

5）Vega 软件实现

Vega 是美国 Multigen Paradigm 公司研制的应用于实时三维视景显示、音频仿真及其他可视化领域的仿真应用软件，广泛应用于三维虚拟视景仿真领域。Vega 软件将简单易用的开发工具和复杂的仿真功能进行巧妙的结合，使开发者可以迅速地开发、运行和编辑复杂的三维视景仿真应用，有效提高软件开发的可维护性和显示实时性，提升了软件开发效率，是创建实时交互三维环境仿真系统的不二之选。

Vega 软件对于软件开发者（无论是入门级还是资深开发者）而言是理想的、实用的三维视景开发工具，因为该软件提供了一个简单易用、稳定且兼容性优秀的开发界面，极大地减少了开发者在软件开发和维护方面的工作量，从而将注意力集中在机载网络化雷达射频隐身软件仿真系统中特定的领域。Vega 软件基本开发模块包括：图形环境 LynX 模块、提供软件控制功能的 API 函数接口模块、实时音频模块及负责记录和回放的录像机模块。除此之外，Vega 软件还具备众多可选择的功能模块，从而能够满足某一领域特定的仿真需求，使得 Vega 软件能应用于开发各种虚拟仿真领域。

在 VC++开发环境下，Vega 软件功能的实现以 Vega 类来表示，开发过程只需要调用特定功能的 Vega 类实现虚拟视景仿真。图 7.34 所示为 Vega 类层次结构图，其中具体功能实现请参照 Vega 软件应用文献。

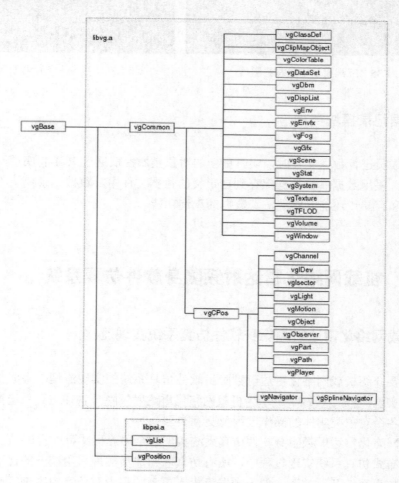

图 7.34　Vega 类层次结构图

6）视景显示模块

三维视景显示模块既要给用户展示机载网络化雷达射频隐身软件仿真系统中红/蓝方飞行器对抗的全局视景，也要显示仿真执行过程中某一个飞行器平台的局部姿态，同时三维视景中实时的飞行器状态数据更新也有利于观察者实时了解飞行器动态变化。图 7.35 所示为三维显示全局态势图。图 7.36 所示为红方 1 飞行器的局部视图。

 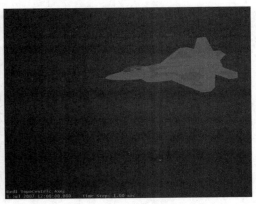

图 7.35　三维显示全局态势图　　　　　图 7.36　红方 1 飞行器的局部视图

7.6.3　数据记录模块实现

在联邦成员进行数据交互时，实时更新的对象类属性值通过 RTI 和底层网络传输给数据记录模块，采用数据库将数据保存到自定义的数据文件中。数据记录模块不仅可以实现数据的记录和存储，还能够实现仿真数据的查询功能。

 ## 7.7　机载网络化雷达射频隐身软件仿真系统

7.7.1　机载网络化雷达射频隐身软件仿真系统实现流程

本节主要介绍机载网络化雷达射频隐身软件仿真系统的实现流程，集成仿真系统中所有子节点的实现流程。图 7.37 所示为机载网络化雷达射频隐身软件仿真系统实现的全局流程图，囊括各个对象类实体的操作过程及交互类型。

从机载网络化雷达射频隐身软件仿真系统实现的全局流程图可以看出，在基于 HLA 理念开发的分布式仿真系统实现过程中，所有仿真联邦成员实现采用统一的标准和规范，可以极大提高仿真系统开发效率，便于开发者投入更多的精力对仿真内容进行研究。其中，红/蓝方飞行器平台和计算分析子系统开发实现可以参照前两节管控与场景仿真子系统和显示与记录仿真子系统的实现过程。

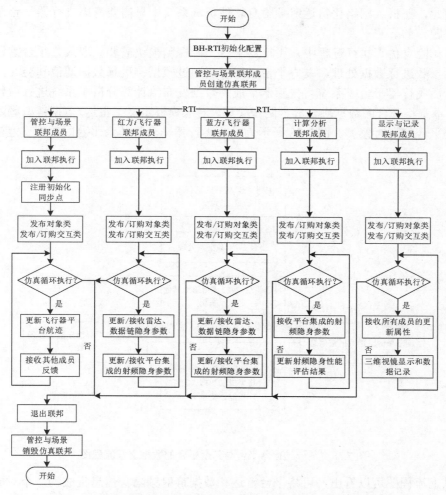

图 7.37　机载网络化雷达射频隐身软件仿真系统实现的全局流程图

7.7.2　飞行器平台间数据融合

机载网络化雷达射频隐身软件仿真系统中飞行器平台由机载雷达、机载数据链和机载无源接收机 3 个传感器构成，若将任一传感器作为单独的仿真节点，那么在红/蓝方 2 对 2 的环境下，传感器节点数量高达 12 个。当飞行器数量继续增加时，传感器节点数量将急剧增加，极大地增加了软件仿真系统的开发复杂程度，同时也增加了网络传输的复杂性。因此，本章提出的解决方案是将 3 个传感器集成在一个飞行器平台上，通过调用对应传感器的动态链接库（Dynamic Link Library，DLL）文件实现传感器功能，使用者可以通过手动操作检验飞行器平台传感器能否使用，这样就可以解决上述节点数量和网络传输的问题，同时传感器的集成使得单平台上传感器之间可直接进行数据交互，无须通过底层网络数据传输。因此，在机载网络化雷达射频隐身软件仿真系统中只需要考虑飞行器平台之间的数据协同问题。

在射频隐身仿真执行过程中，飞行器平台无源探测模块需要获取敌方平台雷达模块的部分射频参数进行数据处理，友方平台之间需要通过数据链进行数据通信和交互，上述处理完成以后飞行器平台子系统将传感器集成的数据发布给计算分析子系统进行射频隐身性能评估。本章将平台间数据融合分为两步实现，对象模板定义了雷达/数据链射频隐身信息和飞行器平台信息对象类。图 7.38 所示为某一飞行器平台与其余平台的数据交互流程图。

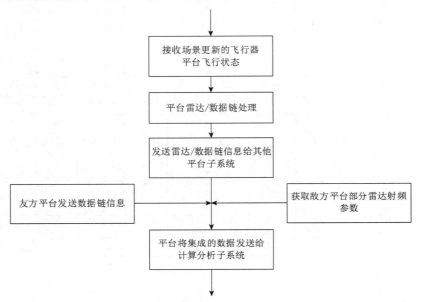

图 7.38　某一飞行器平台与其余平台的数据交互流程图

从以上流程图可以看出，可将平台雷达和数据链射频隐身信息集成为一个对象类进行发布。雷达和数据链的集成使得数据包传输量增加，但是减少了实体对象个数和平台间交互的复杂程度，便于飞行器平台子系统的软件开发和实现。

7.7.3　仿真软件实现

机载网络化雷达射频隐身软件仿真系统由 4 类仿真子节点构成：管控与场景节点、红/蓝方飞行器节点、性能评估节点、显示与记录节点。第 7.2 节和第 7.6 节分别详细介绍了管控与场景仿真子系统和显示与记录仿真子系统的实现过程。参照上述两个子系统的实现过程，以 HLA 分布式仿真概念为基础，实现飞行器平台子系统和计算分析子系统。图 7.39～图 7.42 所示为管控与场景、显示与记录、平台、计算分析界面图。

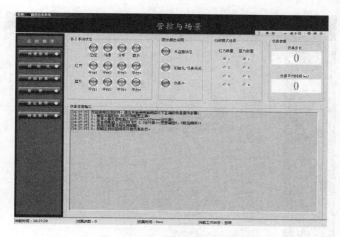

图 7.39　管控与场景界面图

图 7.40　显示与记录界面图

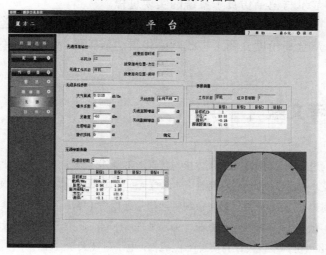

图 7.41　平台界面图

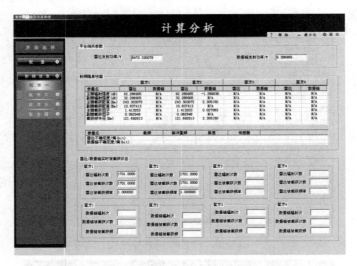

图 7.42　计算分析界面图

7.8　本章小结

本章设计了基于 HLA 的机载网络化雷达射频隐身软件仿真系统，包含管控与场景仿真子系统、机载雷达仿真子系统、机载无源接收机仿真子系统、射频隐身性能评估子系统及显示与记录仿真子系统，主要内容包括以下几点。

（1）分别从实现流程、模块化构造、实体模型创建等方面，重点介绍了仿真联邦执行中管控与场景仿真子系统、机载雷达仿真子系统、机载无源接收机仿真子系统、射频隐身性能评估子系统和显示与记录仿真子系统的实现过程。

（2）阐述了分布式仿真系统实现的整体流程、红/蓝方飞行器平台之间数据融合及整个系统的软件实现，从全局角度介绍了机载网络化雷达射频隐身软件仿真系统的实现过程。

7.9　参考文献

[1] 赵锋, 艾小锋, 刘进, 等. 组网雷达系统建模与仿真[M]. 北京: 电子工业出版社, 2018.

[2] 徐志明, 赵锋, 艾小锋, 等. 雷达目标特性及 MATLAB 仿真[M]. 北京: 电子工业出版社, 2021.

[3] 汪飞, 李海林, 周建江, 等. 低截获概率机载雷达信号处理技术[M]. 北京: 科学出版社, 2015.

[4] 陈小龙, 薛永华, 张林, 等. 机载雷达系统与信息处理[M]. 北京: 电子工业出版社, 2021.

[5] 杜科. 机载火控雷达仿真系统设计与实现[D]. 成都: 电子科技大学, 2007.

[6] 陈曦. 单脉冲和差测角雷达的高速实时信号处理系统的设计与实现[D]. 南京: 南京理工大学, 2013.

[7]　贲德, 韦传安, 林幼权. 机载雷达技术[M]. 北京: 电子工业出版社, 2006.

[8]　胡体玲, 李兴国. 双平面振幅和差式单脉冲雷达的性能分析[J]. 现代雷达, 2006, 28(8): 11-12.

[9]　Richards M A. 雷达信号处理基础[M]. 邢孟道, 王彤, 李真芳, 等, 译. 北京: 电子工业出版社. 2010.

[10] Wu H, Zhao H Z. Modeling and simulation of a full coherent LFM pulse radar system based on Simulink[C]. Proceedings of 2013 2nd International Conference on Measurement, Information and Control, 2013: 495-499.

[11] 王桃桃. 基于 Matlab/Simulink 的机载相控阵雷达系统的仿真研究[D]. 南京: 南京航空航天大学, 2014.

第8章

机载网络化雷达射频隐身半物理试验仿真系统

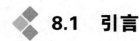 **8.1 引言**

8.1.1 研究现状

　　半物理仿真作为系统仿真技术的一个重要分支，涉及机电、控制、计算机及其接口等诸多技术，是工程实践中一种应用较为广泛的仿真技术。所谓半物理仿真是指在试验仿真系统的仿真回路中接入部分实物的仿真技术[1]。半物理试验仿真系统是继全数字仿真系统之后，以降低成本、实现便捷的理论与算法验证为目的的测试系统，属于理论与算法验证的原型系统[2]。与全物理仿真和数学（计算机）仿真相比，半物理仿真具有实现更高真实度的可能性，是置信度最高的一种仿真方法。半物理仿真将部分真实的设备与器件实物接入系统，从而使得仿真在更加真实的环境中进行，是提高系统设计可靠性和保证产品研制质量的必要手段。通过半物理试验仿真系统验证的理论与算法具备了向原型样机生产、产品定型的基础。随着现代电子系统的复杂化及真实场景测试成本的不断提高，越来越多的研究者们开始采用半实物平台与软件仿真相结合的手段构建半物理试验仿真系统，以实现便捷的测试与较低的试验成本，且该仿真系统已逐渐成为算法验证与系统控制的重要选择之一。

8.1.2 本章内容及结构安排

　　本章将设计可应用于多平台协同射频隐身性能验证的半物理试验仿真系统，主要内容包括半物理试验仿真系统组成，半物理试验仿真系统波形的产生、接收与分析，半物理试验仿真系统及试验结果分析。通过对比分析机载网络化雷达射频隐身半物理试验仿真系统产生的波形与全数字仿真系统产生的波形，验证所设计的半物理试验仿真系统是可靠、有效的。

本章结构安排如下：8.2 节介绍半物理试验仿真系统组成；8.3 节研究半物理试验仿真系统波形的产生、接收与分析；8.4 节给出半物理试验仿真系统及试验结果分析；8.5 节对本章内容进行总结。

8.2 半物理试验仿真系统组成

半物理试验仿真系统由硬件系统与软件控制平台两部分构成。硬件系统是实现仿真测试的主要部分，而软件控制平台对硬件系统进行远程设置，以及对测试数据进行读取、处理与分析。

8.2.1 半物理试验仿真系统

半物理试验仿真系统包括任意信号发生器、信号发生器同步中心、光脉冲发生器、上变频器、下变频器、示波器与数据存储仪等。各仪器具体说明如下。

8.2.2 任意信号发生器

任意信号发生器（AWG7000，Tektronix）如图 8.1 所示。

图 8.1 任意信号发生器（AWG7000，Tektronix）

任意信号发生器的性能参数与控制模式如下。

1）性能参数

（1）两种操作模式。

AWG 模式：可播放文件中的任何波形。

Function 模式：可播放基本波形（正弦波、方波和三角波等）。

（2）采样速率。

单通道仪器采样速率高达 5GS/s；双通道仪器采样速率高达 2GS/s。

（3）波形内存。

单通道仪器波形内存高达 16GS；双通道仪器波形内存高达 8GS。

（4）垂直分辨率：10 位。

（5）可生成高精度射频信号、无杂散动态范围性能（Spurious Free Range Performance），后者为-80dBc。

（6）多通道高速 AWG 系统：可以同步多个发射通道（通过手动或 AWG 同步中心同步）。

2）本地控制模式

任意信号发生器能直接通过内置的电容触屏和按键，实现输出波形的编辑和播放。半物理试验仿真系统主要用到它的 AWG 模式，并对其运行状态进行控制。

（1）AWG 模式。

任意波形发生模式，用户可以根据自己的需求设计波形，并且通过 USB 接口将设计的波形拷贝到示波器指定文件夹目录下，通过任意信号发生器发射设计的信号。AWG 模式支持以下 3 种情况。

连续波模式（Continuous）：当按下仪器面板上的 Play 按键时，波形就会自动播放，无须等待触发事件。

触发模式（Triggered）：当出现相应的外部触发事件或者按下仪器面板上的 Force Trig（强制触发）（A 或 B）按键时，波形播放开始。波形播放在一个完整波形周期后停止。在当前波形播放完成一个完整周期之前，波形播放不会被重新触发。对于两通道仪器，两个波形都要完成一个周期。如果播放正在进行，那么按下 Force Trig 按键没有效果。

连续触发模式（Triggered Continuous）：当出现相应的外部触发事件或者按下仪器面板上的 Force Trig 按键时，波形播放开始。触发事件一旦发生，波形播放将继续至被用户停止为止。

（2）运行状态控制。

可使用仪器面板上的 Play 按键控制波形的运行状态，若不启用通道输出（没有选中 CH1 和 CH2），则不会通过模拟通道连接器输出信号。其中，显示屏播放按键的外观状态可以用来指示波形输出的状态。

8.2.3　信号发生器同步中心

信号发生器同步中心（AWGSYNC01，Tektronix）如图 8.2 所示。

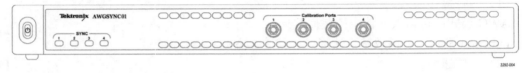

图 8.2　信号发生器同步中心（AWGSYNC01，Tektronix）

信号发生器同步中心用于对任意信号发生器进行同步，它可同时同步 2~4 台任意信号发生器，且同步误差不超过 10ps。信号发生器同步中心仪器面板上的按键与触摸屏主要包括以下操作与功能。

（1）电源键：用于控制信号发生器同步中心的启动与关闭。

（2）SYNC：该模块包含 4 个 LED 指示灯，分别对应信号发生器同步中心后面板的 4 个通信端口，当任意信号发生器与某个通信端口成功连接时，对应的 LED 指示灯将会亮起。

（3）Calibration Ports：该模块的 4 个端口用于对已连接的任意信号发生器进行校准，将所有任意信号发生器的输出对齐到 10ps 之内。信号发生器同步中心这 4 个校准端口需分别连接到所有任意信号发生器上的相同 CH1+或 CH1-输出。校准端口 1 连接到主任意信号发生器的 CH1 输出，校准端口 2 连接到端口 2 的从任意信号发生器的 CH1 输出，依此类推。

（4）SYNC to AWG：该模块包含 4 个通信端口，这些端口用于实现与信号发生器同步中心成功连接的任意信号发生器的同步。连接到端口 1 的任意信号发生器是主任意信号发生器，连接到端口 2～4 的任意信号发生器为从任意信号发生器。主任意信号发生器设置并控制从任意信号发生器的同步。

（5）Clock in from Master AWG：同步时钟信号输入端口。如果使用主任意信号发生器作为时钟源，那么将该端口与主任意信号发生器上的时钟输出端口连接；如果使用外部时钟信号来同步所有任意信号发生器，那么将外部时钟信号连接到信号发生器同步中心的这个端口。

（6）Clock out to AWG Clock in：同步时钟信号输出端口。当主任意信号发生器是时钟源时，该端口提供同步时钟信号给从任意信号发生器；当使用外部时钟源时，该端口提供同步时钟信号给所有任意信号发生器。

8.2.4　光脉冲发生器

光脉冲发生器（GFT7016，Greenfield Technology）如图 8.3 所示。

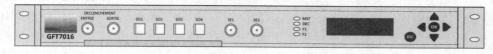

图 8.3　光脉冲发生器（GFT7016，Greenfield Technology）

光脉冲发生器的数字延迟发生器提供 4 个独立的延迟光脉冲，与 2～4 个独立的延迟电脉冲同步，相对于触发输入延迟小。它的性能参数与控制模式如下。

1）性能参数

（1）在光网络模式下，可以使用 1ps 的分辨率设置长达 10s 的延迟，并且通道间抖动小于 15ps。

（2）电气输出可调电平：2.5～10V（相对 50Ω）。

（3）光学输出可调电平：0.5～1.5mW。

（4）光脉冲发生器的参数可以通过前面板按键和 LCD 显示屏进行本地控制，和/或通过以太网接口（10/100Mb/s）或网页进行远程控制。

2）运行状态控制

（1）菜单的按键控制。

仪器面板上的上键▲和下键▼可用于选择 LCD 显示屏上的菜单选项；左键◀和右键▶可用于调节光标的位置；OK 键用于菜单选项确认和设置参数值；ESC 键在不保存现有参数值的情况下，清除光标模式。

（2）连线控制。

SO1～SO4 是光通道连接口；SE1～SE2 是电通道连接口；ENTREE（触发器输入接口）；SORTIE（触发器输出接口）。

8.2.5 上变频器

上变频器具有 4 个变频通道。4 个变频通道的输入端通过射频线与 2 个任意信号发生器的 4 个输出端相连，输出端通过射频线与 4 个变频通道输入端连接。上位机利用传输控制协议（Transmission Control Protocol，TCP）客户端连接控制上变频器。上变频器主要参数设置如下。

（1）控制模式设置：上变频器的控制模式有本地控制（通过点触屏幕直接控制）和远程控制（连接上位机控制）。

（2）通道设置：4 个通道默认均为关闭状态，通过本地触摸屏仪器面板或者远程指令，可以选择打开其中任意一个通道。

（3）变频模式设置：上变频器的变频模式有直通模式和变频模式，通过本地触摸屏仪器面板或者远程指令，可以选择其中任意一种变频模式。

（4）输入频率设置：不同变频模式下允许输入的信号频率范围不同，直通模式下允许输入的信号频率范围为 UHF 频段；变频模式下允许输入的信号频率范围为 S 频段。通过本地触摸屏仪器面板或者远程指令，可以选择其中任意一种变频模式，并选择信号频率值。

（5）输出频率设置：不同变频模式下允许输出的信号频率范围不同，直通模式下输出频率等于输入频率，输出的信号频率范围为 UHF 频段；变频模式下允许输出的信号频率范围为 X 频段。通过本地触摸屏仪器面板或者远程指令，可以选择其中任意一种变频模式，并选择信号频率值。输出频率的单位为 GHz。

（6）输入功率设置：上变频器的通道输入功率增益随任意信号发生器的信号强度自动调整，输入功率为定值，通过本地触摸屏仪器面板或者远程指令，可以设定输入功率的值。

（7）输出功率设置：上变频器的通道输出功率增益随输出功率的设定自动调整，可设定范围为-80～30dBm，输出功率调整步进最小为 0.5dB。通过本地触摸屏仪器面板或者远程指令，可以设定输出功率的值，单位为 dBm。

（8）通道增益设置：上变频器的通道增益可设定范围为-75～35dBm，通过本地触摸屏仪器面板或者远程指令，既可以设定输出功率的值，也可以设置通道增益的值。当设定输出功率的值时，通道增益等于输出功率减去输入功率；当设定通道增益的值时，输出功率等于输入功率加上通道增益。

（9）其他指令设置：恢复出厂设置指令；查询以太网是否连接指令；返回设备所有参数值指令等。

（10）连接参数：上变频器——固定 IP 地址；端口号——固定端口号。

8.2.6　下变频器

下变频器具有 4 个变频通道。4 个变频通道的输入端通过射频线或天线接收来自上变频器或经目标反射的信号，输出端通过射频线与 MSOS40 示波器的 4 个变频通道输入端连接。上位机利用 TCP 控制下变频器。下变频器主要参数设置类似于上变频器，具体如下。

（1）控制模式设置：下变频器的控制模式有本地控制（通过点触屏幕直接控制）和远程控制（连接上位机控制）。

（2）通道设置：4 个通道默认均为关闭状态，通过本地触摸屏仪器面板或者远程指令，可以选择打开其中任意一个通道。

（3）变频模式设置：下变频器的变频模式有直通模式和变频模式，通过本地触摸屏仪器面板或者远程指令，可以选择其中任意一个变频模式。

（4）输入频率设置：不同变频模式下允许输入的信号频率范围不同，直通模式下允许输入的信号中心频率范围为 UHF 频段；变频模式下允许输入的信号中心频率范围为 X 频段。通过本地触摸屏仪器面板或者远程指令，可以选择其中任意一种变频模式，并选择信号频率值。

（5）输出频率设置：不同变频模式下输出的信号频率范围不同，直通模式下输出频率等于输入频率，输出信号的频率范围为 UHF 频段；变频模式下允许输出的信号频率范围为 X 频段。通过本地触摸屏仪器面板或者远程指令，可以选择其中任意一种变频模式，并选择信号频率值。

（6）输入功率设置：下变频器的通道输入功率增益随输入功率的设定自动调整，通过本地触摸屏仪器面板或者远程指令，可以设定输出功率的值，单位为 dBm。

（7）输出功率设置：下变频器的通道输出功率增益随任意信号发生器的信号强度自动调整，输出功率为定值。

（8）通道增益设置：下变频器的通道增益可设定范围为-75～35dBm，通过本地触摸屏仪器面板或者远程指令，既可以设定输入功率的值，也可以设置通道增益的值。当设定输入功率的值时，通道增益等于输出功率减去输入功率；当设定通道增益的值时，输出功率等于输入功率加上通道增益。

（9）其他指令设置：恢复出厂设置指令；查询以太网是否连接指令；返回设备所有参数值指令等。

（10）连接参数：下变频器——固定 IP 地址；端口号——固定端口号。

8.2.7 示波器

示波器（MSOS40，Keysight）如图 8.4 所示。

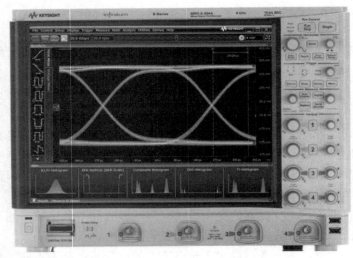

图 8.4　示波器（MSOS40，Keysight）

MSOS40 示波器的性能参数与控制模式如下。

1）性能参数

（1）MSOS40 示波器提供 4 个模拟通道和 16 个数字通道。

（2）该型号采用业界最快的 10 位 ADC，采样速率达到 40GS/s，可以得到每通道 20GS/s 的 2 个通道或每通道 10GS/s 的 4 个通道。

（3）该型号的最大存储深度可以达到每通道 800Mpts 的 2 个通道或 400Mpts 的 4 个通道。

2）本地控制

（1）Run Control（运行状态控制）。

① Run/Stop：运行或停止。运行时，波形按照扫描状态动态显示；停止时，波形停止，可以通过仪器面板的 Cursors 按键对波形进行测量。

② Single：仪器面板的单次触发按键。触发显示第 1 个满足触发条件的信号波形，并停止采集，即示波器停止捕获波形数据。

（2）Horizontal（水平区域）。

① AutoScale：仪器面板的自动定标按键。通过分析任何与通道和外部触发相连的波形自动配置示波器，使得输入信号显示效果最佳。

② Touch：仪器面板的触摸键按键。点亮时，可通过手指操作触摸屏。

③ 大旋钮：仪器面板的时基调整旋钮。逆时针旋转该旋钮，时基变大，信号横向压缩；顺时针旋转该旋钮，时基变小，信号横向拉伸。

④ 小旋钮：仪器面板的水平位置调整旋钮。调整水平位置确定预触发采样和触发后采样的数量，按下该按键，零点回到显示屏最左侧。

（3）Trigger（触发区域）。

① Source：仪器面板的触发源选择按键。通过该按键选择外触发源的通道，可选择通道 1～4。

② Slope：仪器面板的触发极性按键。通过该按键选择触发沿，可选择上升沿、下降沿和两者都可。

③ Sweep：仪器面板的扫描方式按键。通过按键选择自动（Auto）、常态（Normal）和单次（Single）3 种扫描方式。

④ Menu：仪器面板的菜单键按键。通过该按键显示屏设置触发区域的内容。

（4）Vertical（垂直区域）。

① 大旋钮：仪器面板的垂直偏转因数调整旋钮，可调整对应通道垂直单元。逆时针旋转该旋钮，信号纵向压缩；顺时针旋转该旋钮，信号纵向拉伸。

② 小旋钮：仪器面板的垂直位置调整旋钮。逆时针旋转该旋钮，零电平下降；顺时针旋转该旋钮，零电平上升；按下该按键，零电平回到显示屏的中心。

③ 输入通道按键：按键使能，选择该通道作为输入通道，该示波器至多可选择 4 个输入通道。

8.2.8　数据存储仪

用数据存储仪作为截获模块。由于信号分析仪只能对较短时间内的信号进行脉冲参数分析，不能对信号进行长时间存储。若需要存储大量数据则还需外部扩展数据记录仪。若有仪器可直接综合这两者功能，不仅能实时分析信号，还能拥有大的数据存储空间和较高的存储速率。

根据覆盖的频率范围与瞬时带宽这两个参数，对数据存储仪进行选型分析。最终选择了一款国产的数据存储仪，它具有较高的采样速率和信号原始数据存储速率。该仪器具有 8TB 的数据存储空间，并能以最高 6.8GB/s 的速率进行高速的数据接收。该仪器的参数可满足信号截获的速率与存储空间要求。

但由于该数据存储仪工作在中频，而不是如数据分析仪一样覆盖频率范围可至 13.6GHz，故需要对其射频前端接收到的信号进行下变频。下变频器可将频率由 0.2～12GHz 转换为

750MHz，瞬时带宽最大为 1GHz。数据存储仪的带宽设置为 1.5GHz，采样速率为 2.5GS/s。

通过参数分析可知，数据存储仪的选取可以满足截获模块的需求。但其缺点在于，不能较为直观地获取脉冲信号的参数，而需通过对截获的数据进行信号处理才可获得。但获取大量截获数据对今后的半物理试验仿真系统功能扩展更为有利。例如，可根据截获的数据进行雷达通信一体化信号研究，或者雷达通信一体化相关算法研究等。

8.2.9 连接设计

半物理试验仿真系统仪器连接示意图如图 8.5 所示。

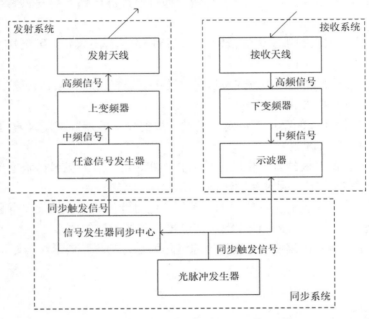

图 8.5 半物理试验仿真系统仪器连接示意图

同步系统包括光脉冲发生器及信号发生器同步中心。光脉冲发生器输出脉冲信号作为任意信号发生器与示波器的触发信号，保证两者同步运行，其中任意信号发生器的同步信号还要经由信号发生器同步中心。

发射系统包括任意信号发生器、上变频器与发射天线。任意信号发生器输出中频的波形信号，可经由上变频器变频为中心在 10GHz、带宽为 1GHz 的高频信号。该高频信号通过发射天线发射。

接收系统包括示波器、下变频器和接收天线。下变频器通过带通滤波，先将接收天线接收的信号，保留频率在 9.5～10.5GHz 的信号，再下变频为中频的 1GHz 带宽信号，并输出给示波器。示波器可以对中频信号进行简单处理并显示，也可以将数据传给远程计算机进行进一步处理与分析。

半物理试验仿真系统仪器连接完成后，需要对接收机灵敏度进行简单估计，以确保系统仪器连接完成后满足试验的性能参数要求。

接收机灵敏度的简单估计是将发射机通道经过衰减器直接与接收机通道相连，并对接收机通道进行下变频后的信号进行灵敏度估计。针对简单正弦波信号，在示波器可得到正弦波频谱分析仪波形图及其频域图，如图 8.6 所示。其中，上半部窗口为接收信号的时域波形图，下半部窗口为信号对应的频谱图。发射载频为 10GHz 的连续正弦波信号进行测试，发射机发射功率设为−55dBm。频谱分析仪显示范围为 10μs，其对应带宽约为 100kHz，将其换算到 1MHz，灵敏度损失为 10dB，扫频的信噪比平均约为 27dB。通过简单估计，接收机灵敏度优于−102dBm/MHz，适用于高增益接收机试验仿真场景。

图 8.6　正弦波频谱分析仪波形图及其频域图

8.3　半物理试验仿真系统波形的产生、接收与分析

半物理试验仿真系统需要软控制平台、硬件系统结合，针对不同场景需求进行完善。应用时，需考虑以下问题。

（1）系统软件控制平台是针对硬件系统的定制化设计。

（2）测试时，软件需要连接硬件并初始设置。

（3）测试数据导出文件会覆盖之前的测试数据。

半物理试验仿真系统搭建后，需要用软件对整个系统进行调试校验，以测试其是否满足设计要求。可以通过远程控制可编程雷达系统，实现任意信号发生器的自定义波形发射，控制光脉冲同步中心、信号触发模式、上/下变频器功率、增益等参数并存储接收信号数据文件等功能。

半物理试验仿真系统是对理论与全数字仿真的进一步验证，而波形的时频域特征是测试与分析半物理试验仿真系统性能的关键。针对仿真系统波形的产生、接收与分析的具体测试流程如图 8.7 所示。

图 8.7 针对仿真系统波形的产生、接收与分析的具体测试流程

8.3.1 半物理试验仿真系统波形的产生与接收

针对半物理试验仿真系统波形的产生与接收，从可编程信号发生器中发射 12 种 LPI 脉冲信号，经过上/下变频后，进行接收。这里的 12 种 LPI 脉冲信号是指常见的频率调制、多相码及多时码信号。

雷达信号的一般表达式为

$$y(k) = s(k) + n(k) = A(k)\exp\left\{j\left[2\pi f(k)\cdot(kT_s) + \varphi(k)\right]\right\} + n(k) \tag{8.1}$$

式中，$s(k)$ 表示理想信号；$n(k)$ 表示高斯白噪声。对于不同调制类型，其调制方式主要体现在 $s(k)$ 信号的幅度、频率与相位上。实际传输中使用的是实信号，但由于实信号在进行信号处理时存在负频率，导致其分析处理过程较为复杂。因此，在分析时，一般采用复信号模型对信号进行分析。

1）频率调制信号

LFM 信号具有大的时宽带宽积，也是很常见的一种频率调制信号。LFM 信号经过脉压处理后，在满足探测距离的同时，也有较高的距离分辨率。LFM 信号的时域模型可表示为

$$s(t) = A\exp\left\{j\left[2\pi\left(f_c t + \frac{1}{2}kt^2\right) + \varphi\right]\right\}, 0 \leqslant t \leqslant T \tag{8.2}$$

式中，A 表示信号幅度；f_c 表示载频；k 表示调频斜率（$k = B/T$），B 表示信号带宽，T 表示脉冲宽度；φ 表示初始相位。LFM 信号带宽较大，能量分布均匀，峰值功率较低。

跳频信号也属于频率调制信号的一种，它的发射频率随时间跳跃，以防止非合作的接收机截获其波形，所用的频隙从跳频序列中选用。对于截获接收机，由于频率序列是随机出现的，所以它跟踪频率变化的可能性较小，且跳频雷达的距离分辨率只取决于其跳变速率。Costas 跳频序列中的序列 $\{f_1, f_2, \cdots, f_N\}$ 需满足以下条件

$$f_{k+i} - f_k \neq f_{j+i} - f_j, \quad 1 \leqslant k < i < i + j \leqslant N \tag{8.3}$$

判断某一个序列是否为 Costas 跳频序列，主要依靠差分三角形，以序列中的各个频率值写作列标题，并将不同时延写为行标题，每个元素可表示为

$$\Delta_{ij} = f_{j+i} - f_j \tag{8.4}$$

由式（8.4）算出每个元素，每一行所对应的元素必须是这一行唯一的。

2）多相码信号

多相码与多时码均为相移键控调制方法，它们相较于二相码具有更好的旁瓣性能与多普勒容限。相移键控调制方法主要有多相码、多时码及二进制相移键控码。

对于多相码信号，其发射信号的数学模型为

$$s(t) = A \exp\left[\mathrm{j}\left(2\pi f_c t + \varphi_k + \varphi_0\right)\right], 0 \leqslant t \leqslant T \tag{8.5}$$

在一个编码周期内，信号被移相 N_c 次，相位 φ_k 隔 t_b（子码周期）按照对应的编码方式移动一次，编码周期为 $T = N_c \cdot T_b$。

多相码中 Frank 码的相位可表示为

$$\varphi_{i,j} = \frac{2\pi}{M}(i-1)(j-1) \tag{8.6}$$

式中，M 表示步进数，其离散相位为阶梯状，且存在相位跳变。

P1 码通过对 LFM 信号的阶梯近似产生，其相位调制函数为

$$\varphi_{i,j} = -\frac{\pi}{M}\left[M - (2j-1)\right]\left[(j-1)M + (i-1)\right] \tag{8.7}$$

P2 码中相位调制函数为

$$\varphi_{i,j} = -\frac{\pi}{2M}(2i-1-M)(2j-1-M) \tag{8.8}$$

P3 码源于将 LFM 波形到基带的转化，其相位调制函数为

$$\varphi_{i,j} = \frac{\pi}{N_c}(i-1)^2 \tag{8.9}$$

P4 码由 LFM 波形在特定时间间隔的离散相位组成，其相位调制函数为

$$\varphi_{i,j} = \frac{\pi(i-1)^2}{N_c} - \pi(i-1) \tag{8.10}$$

P1 码与 P2 码均是对 Frank 码的改进版本，但由于 P2 码的相位存在中心对称的关系，当 M 设置为奇数时，P2 码的自相关旁瓣会较大，所以在 P2 码的相位调制函数中需要将 M 设定为偶数。Frank 码、P1 码与 P2 码的自相关旁瓣电平均相同。从模糊函数可以看出，P2 码与另外两者不同，其模糊函数中的斜率为负，与另外两者相反。而 P3 码与 P4 码相较于 P1 码与 P2 码，具有更好的多普勒容限。

3）多时码信号

多相码信号是对步进频率或 LFM 波的近似，而多时码将基础波形量化为由用户选择的相位状态数。这样每个相位状态占用时间就不定了。

T1(n)码与 T2(n)码根据步进频率产生，n 为相位状态数。而 T3(n)与 T4(n)码则是根据 LFM 信号产生的。且多时码可以指定相位状态数，其抗多普勒干扰与 LFM 相似，且更隐蔽。

T1(n)序列的相位调制函数为

$$\varphi_{T1}(t) = \text{mod}\left\{\frac{2\pi}{n}\text{INT}\left[(kt - jT)\frac{jn}{T}\right], 2\pi\right\} \tag{8.11}$$

式中，j 表示步进频的段号；k 表示 T1 码的段数；T 表示编码持续的时间；n 表示序列的相位状态数。

T2(n)序列的相位调制函数为

$$\varphi_{T2}(t) = \text{mod}\left\{\frac{2\pi}{n}\text{INT}\left[(kt - jT)\left(\frac{2j - k + 1}{T}\right)\frac{n}{2}\right], 2\pi\right\} \tag{8.12}$$

T3(n)序列的相位调制函数为

$$\varphi_{T3}(t) = \text{mod}\left[\frac{2\pi}{n}\text{INT}\left(\frac{n\Delta Ft^2}{2t_m}\right), 2\pi\right] \tag{8.13}$$

T4(n)序列的相位调制函数为

$$\varphi_{T4}(t) = \text{mod}\left[\frac{2\pi}{n}\text{INT}\left(\frac{n\Delta Ft^2}{2t_m} - \frac{n\Delta Ft}{2}\right), 2\pi\right] \tag{8.14}$$

从以上 4 种多时码的相位调制函数可以看出，它们具有相似的性能，为提高其对基础波形的近似质量，增加相位状态数是一个不错的选择。随着相位状态数的增加，旁瓣性能可以得到改善，且多时码只需几个相位状态就可产生任意时间-带宽波形。

任意信号发生器输出的波形先经过上变频，再经过下变频，得到半物理试验仿真系统下的 12 种信号发射与接收波形图，如图 8.8 所示。

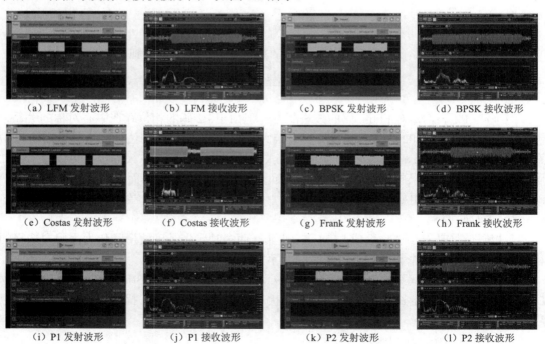

(a) LFM 发射波形　　(b) LFM 接收波形　　(c) BPSK 发射波形　　(d) BPSK 接收波形

(e) Costas 发射波形　　(f) Costas 接收波形　　(g) Frank 发射波形　　(h) Frank 接收波形

(i) P1 发射波形　　(j) P1 接收波形　　(k) P2 发射波形　　(l) P2 接收波形

图 8.8　半物理试验仿真系统下的 12 种信号发射与接收波形图

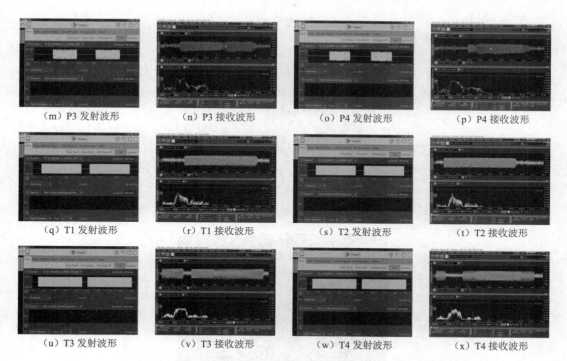

（m）P3 发射波形　　（n）P3 接收波形　　（o）P4 发射波形　　（p）P4 接收波形

（q）T1 发射波形　　（r）T1 接收波形　　（s）T2 发射波形　　（t）T2 接收波形

（u）T3 发射波形　　（v）T3 接收波形　　（w）T4 发射波形　　（x）T4 接收波形

图 8.8　半物理试验仿真系统的 12 种信号发射与接收波形图（续）

　　由图 8.8 可以看出，接收到的信号波形为脉冲形式。其中，发射波形是通过任意波形发生器获得的，接收波形是通过示波器获得的。接收波形图片的上半部分窗口为时域波形，下半部分窗口为频域波形。图 8.8 尚不能确定接收波形与全数字仿真波形的相似性，需要进一步从信号的时频图进行分析验证。

8.3.2　半物理试验仿真系统接收波形的时频图

　　以 P2 码为例，对信号脉内调制方式时频图获取流程进行说明。当信噪比为-6dB 时，P2 码对接收信号波形加噪声后获得图 8.9（a）所示的时域波形图，进行时频分析后可得到图 8.9（b）所示的时频图。

　　由图 8.9 可知，接收到的信号存在 5 个脉冲，为获得单个脉冲的时频图，需对信号进行多相滤波，以求得到达时间。对 P2 码多相滤波后的信道判决结果如图 8.10 所示。

　　由图 8.10 可知，P2 码在 2 个信道中分别存在着 5 个脉冲，经过前后沿频率计算与相邻 2 个信道脉冲到达时间点数可知，获取真实脉冲到达时间需将 2 个信道进行拼接。第 1 个脉冲拼接后的到达时间与结束时间为 11.2～48.34μs，对应于 P2 码的采样点数为 896～3776 点。对该范围采样点进行时频分析，可得脉冲提取后的 P2 码时频图，如图 8.11 所示。

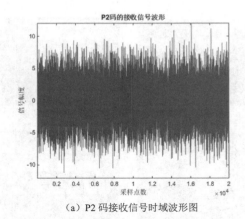

（a）P2 码接收信号时域波形图

（b）P2 码接收信号时频图

图 8.9　信噪比为-6dB 时的 P2 码接收信号时域波形与时频图

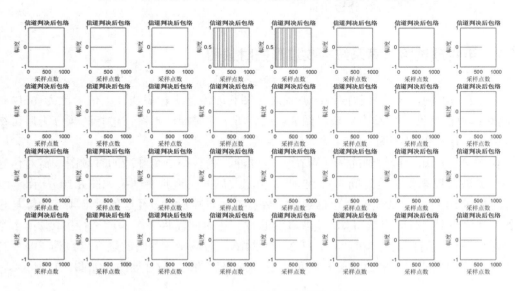

图 8.10　对 P2 码多相滤波后的信道判决结果

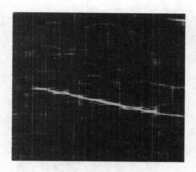

图 8.11　脉冲提取后的 P2 码时频图

由图 8.11 可知，经过脉冲提取后，时频图中仅剩一个脉冲对应的时频图。时频图两端出现一定的空白，这是由到达时间估计的误差引起的，但不会影响时频图中时频线的形态与基本规律。因此，上述脉冲提取方法可用于信号脉冲的提取，并用于半物理试验仿真系统与全数字仿真系统的波形对比分析与验证。

在此基础上，由 12 种信号进行脉冲提取后得到的时频分析结果（见图 8.8）与全数字仿真图中的时频图（见图 8.12）对比可知，经此方法获得的时频图只是会在图像两端出现一定的因到达时间估计误差带来的空白段，并不影响时频图效果。对比图 8.11 和图 8.12，说明半物理试验仿真系统与全数字仿真系统的波形是一致的，具备相互验证的能力。

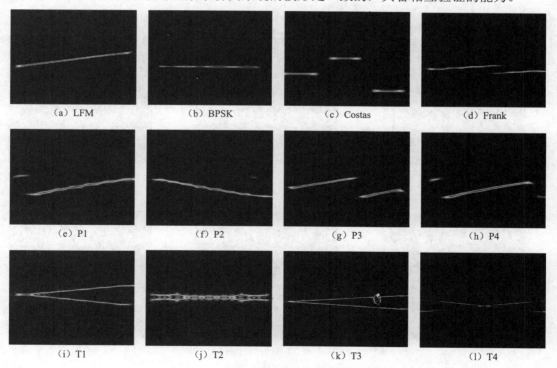

图 8.12　全数字仿真图中的时频图

针对 12 种全数字仿真信号的 Choi-Williams 时频分布图如图 8.13 所示。

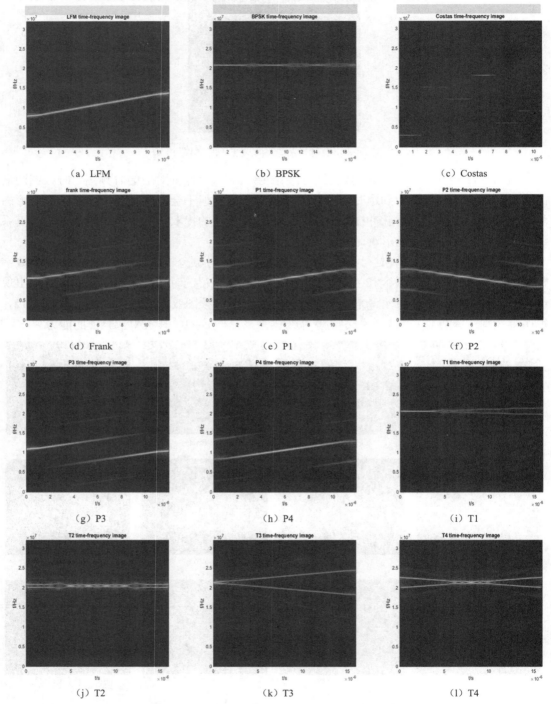

图 8.13　针对 12 种全数字仿真信号的 Choi-Williams 时频分布图

8.4　半物理试验仿真系统及试验结果分析

8.4.1　半物理试验仿真系统

半物理试验仿真系统由硬件系统与软件控制平台组成，其中，硬件系统是将系统中的实物直接引入仿真回路，而软件控制平台则为算法等可编程实现的数学模型。两者结合，可以实现对全系统性能与协调性的研究。

当用户使用半物理试验仿真系统时，需要综合考虑信号从发射到接收及可能被敌方截获与处理的全过程，其工作场景示意图如图 8.14 所示。

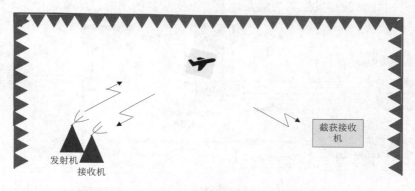

图 8.14　半物理试验仿真系统工作场景示意图

由图 8.14 可知，雷达信号经由发射机发出后，部分遇到目标返回被接收机接收，另外存在部分信号直接被截获接收机截获。

根据该场景示意图，半物理试验仿真系统可划分为两个部分，一部分为信号的发射与接收，一部分为信号的发射与截获。其中，信号的发射部分由于信号波形的多样性，需要具有可生成自定义波形的功能；信号的截获部分需要具有大带宽、灵敏度较高、能存储大量数据的特点。另外，整个系统允许自动或手动进行设备的通道控制、状态选择及仪器设置。

针对半物理试验仿真系统信号发射部分，可编程宽带系统组成如图 8.15 所示。

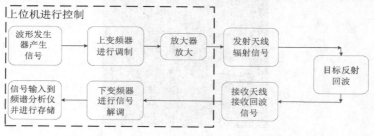

图 8.15　可编程宽带系统组成

由图 8.15 可以看到，雷达产生符合场景要求的信号，经过上变频与放大器放大，由射频端辐射，经过目标反射获得回波。天线端接收后，进行下变频并进入示波器进行读取处理。信号的发射与最终示波器端的信号波形显示与数据存储均可由上位机进行控制。因此，为模拟雷达系统功能流程中的信号产生、上变频、下变频、信号的采集等功能，半物理试验仿真系统采用多台仪器构成可编程雷达，进行信号的发射与采集。

根据指标要求选型，可构成可编程雷达系统仪器之间的具体连接组成，如图 8.16 所示。由图 8.16 可知，可编程雷达系统中的基本组成部分如前文分析的一样，由多台任意波形发生器分别独立发送两路信号，产生多路不同的信号波形，利用同步器对多路信号进行同步校准，先经由上变频器将信号变频到 X 波段，再通过天线将传回数据进行下变频，并输入到频谱分析仪中，进行数据显示与数据文件存储，而图像工作站可对读取的示波器数据进行处理分析并对任意波形发生器的触发，上、下变频器的增益，功率进行实时控制。

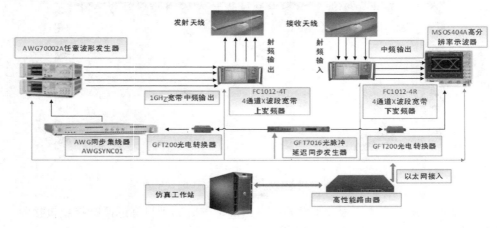

图 8.16　可编程雷达系统仪器之间的具体连接组成

可编程多发多收宽带雷达射频隐身试验仿真系统实物图如图 8.17 所示。

图 8.17　可编程多发多收宽带雷达射频隐身试验仿真系统实物图

8.4.2　半物理试验仿真系统控制与仿真

半物理试验仿真系统控制流程是指利用软件控制平台来远程连接硬件系统并进行控制、读取与处理数据。针对雷达通信一体化及其射频隐身性能的测试，软件控制平台一般设计为 4 个模块：总控模块、测试子模块、数据分析子模块及截获概率计算子模块。

总控模块：软件控制平台总界面，可以调用各个子模块。

测试子模块：测试不同场景下的试验仿真效果。以 3 种场景为例，可以设计任意信号发生器通道 1 发射信号、示波器 4 个通道接收的_T1 场景；任意信号发生器通道 2 发射信号、示波器 4 个通道接收的_T2 场景；任意信号发生器通道 1 和 2 都发射信号、示波器 4 个通道接收的场景。同时，对组成系统的各硬件仪器进行使用设置，对回波信号数据进行读取、处理与存储。它是半物理试验仿真系统控制软件的核心模块，其职责为结合硬件系统完成整个仿真测试，具体功能如下。

（1）检测与硬件系统的连接。

（2）完成对硬件系统的初始设置。

（3）选择发射波形。

（4）设置发射功率、测试次数。

（5）控制硬件系统测试的开始与中止。

（6）读取测试的数据。

数据分析子模块：对应于各个试验仿真场景，基于各个接收通道获取的数据，分析各种条件下的目标回波。可以对每个通道进行单独处理，也可以对多个通道进行协同处理，计算目标处信噪比和多组数据信噪比的标准差，便于对比分析。

截获概率计算子模块：对应于各个试验仿真场景，计算回波信噪比，并可以根据输入的信噪比计算截获概率。

以 3 种场景为例的半物理试验仿真系统控制流程总体示意图如图 8.18 所示。在图 8.18 中，总控模块通过调用不同的测试子模块，可以完成对相应场景的测试。

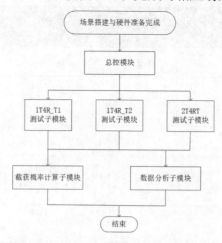

图 8.18　以 3 种场景为例的半物理试验仿真系统控制流程总体示意图

8.4.3 半物理试验仿真结果分析

为了验证多平台协同射频隐身性能，借助可编程多发多收宽带雷达系统和喇叭天线，能够完成两发两收与单发单收雷达系统的目标探测试验仿真。

1）试验仿真系统设计

半物理试验仿真系统主要由发射系统、目标和接收系统 3 部分构成。发射系统由采样率为 8GHz 的任意波形发生器、X 波段 1GHz 带宽的上变频器和 2 个喇叭天线组成，接收系统由下变频器、示波器和 4 个喇叭天线组成。另外，设置光延迟发射器实现 AWG 信号的输出时间与示波器采集信号的时间校准。

2）试验结果与分析

本节将在前述试验仿真系统设计的基础上，验证单发单收与两发两收宽带雷达对应的目标探测性能差异。第 1 个试验用于测试两发四收雷达系统对角反射器的探测性能；第 2 个试验研究两发两收相比于单发单收雷达系统的目标回波信噪比增益变化[3]。

试验 1：测试两发四收雷达对角反射器的探测性能。

试验参数设定：2 个发射信号是载频为 10GHz、带宽为 20MHz 的单脉冲 m 序列编码信号并且相互正交，通过错时保证发射信号互不干扰；4 个接收天线同步接收回波信号，并分别与 2 个发射信号进行匹配滤波，经过信号对齐和信噪比计算处理，得到两发四收雷达系统的测试结果，如图 8.19 所示。

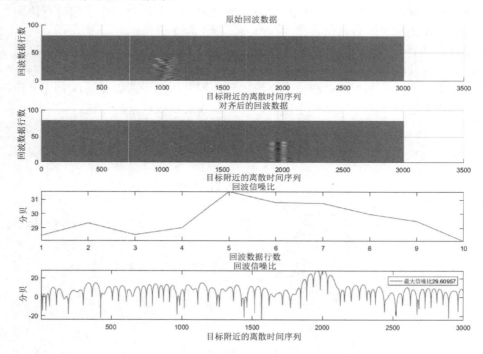

图 8.19 两发四收雷达系统的测试结果

试验表明，两发四收雷达系统对角反射器具有良好的探测性能，为后续单发单收与两发两收雷达系统探测性能差异的试验仿真奠定了基础。

试验 2：验证单发单收与两发两收的探测性能差异。

图 8.20 所示为发射功率为-5dBm 时单发单收雷达系统的测试结果，计算可知目标检测的 RMSE 为 0.676m，平均信噪比为 3.4579dB，说明每次测试都能以较高精度探测到目标；图 8.21 所示为发射功率为-5dBm 时两发两收雷达系统的测试结果，计算可得目标检测的 RMSE 为 0.844m，平均信噪比为 5.2448dB。综合两图可知，两发两收与单发单收雷达系统的跟踪误差相近，前者相比后者的信噪比增益约为 1.79dB。

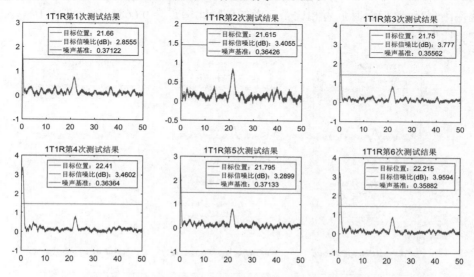

图 8.20　发射功率为-5dBm 时单发单收雷达系统的测试结果

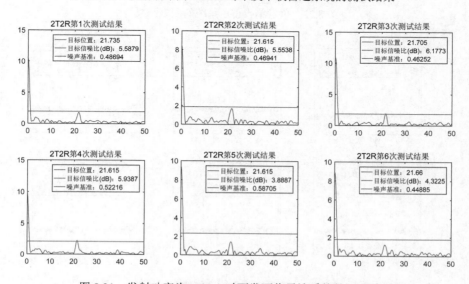

图 8.21　发射功率为-5dBm 时两发两收雷达系统的测试结果

本章使用信噪比来衡量雷达系统的目标探测性能。根据雷达方程可知，目标探测信噪比与雷达天线的发射功率呈正比。试验仿真中，通过调节上变频的发射功率来影响目标回波信噪比。根据图 8.20 和图 8.21 中的结果可知，当雷达发射功率为-5dBm 时，系统探测性能良好，从而验证了高信噪比情况下两发两收与单发单收雷达系统的探测性能差异。下面，将研究低信噪比情况下系统的探测性能情况。当发射功率为-7dBm 时，单发单收、两发两收雷达系统的测试结果分别如图 8.22 和图 8.23 所示。

由测试结果可知，单发单收与两发两收雷达系统的目标检测 RMSE 分别为 0.6148m、0.6622m，平均信噪比分别为 0.7340dB、1.4022dB，说明单发单收与两发两收雷达系统均能较好地探测到目标，但此时后者相比于前者的信噪比增益为 0.6682dB，比发射功率为-5dBm 时的信噪比增益值低。

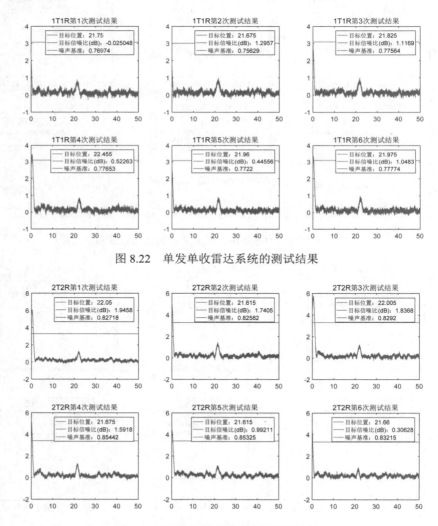

图 8.22　单发单收雷达系统的测试结果

图 8.23　两发两收雷达系统的测试结果

为了研究当前发射功率区间内的信噪比增益变化，试验仿真并计算了不同发射功率下单发单收与两发两收雷达系统的平均信噪比。表 8.1 给出了不同发射功率下单发单收与两发两收雷达系统的探测信噪比及其增益。

表 8.1　不同发射功率下单发单收与两发两收雷达系统的探测信噪比及其增益

发射功率/dBm	单发单收系统信噪比/dB	两发两收系统信噪比/dB	信噪比增益/dB
−7	0.7340	1.4022	0.6682
−6.8	0.862	1.6921	0.8301
−6.6	1.0673	2.173	1.1057
−6.4	1.6418	2.9017	1.2599
−6.2	1.753	3.0213	1.2683
−6	1.9	3.4717	1.5717
−5.8	1.961	3.6702	1.7092
−5.6	2.4382	4.6792	2.241
−5.4	2.9549	5	2.0451
−5.2	3.374	5.2	1.826
−5	3.4579	5.2448	1.7869

根据表 8.1 可知，随着单通道发射功率的增大，单发单收与两发两收雷达系统的目标探测信噪比都会随之增大，但不符合线性关系。

 ## 8.5　本章小结

本章基于硬件系统和软件控制平台，设计并搭建了一种可应用于多平台协同射频隐身性能验证的半物理试验仿真系统，主要工作包括以下内容。

（1）介绍了机载网络化雷达射频隐身半物理试验仿真系统的组成，半物理试验仿真系统波形的产生、接收与分析，半物理试验仿真系统及试验结果分析，为后续算法验证提供良好的试验验证平台。

（2）进行了半物理试验仿真验证与分析，试验仿真结果与理论分析结果近似一致，从而证明了所设计的半物理试验仿真系统是可靠、有效的，能够实现多平台协同射频隐身性能试验验证。

8.6　参考文献

[1]　刘佳琪, 吴惠明, 饶彬, 等. 雷达电子战系统射频注入式半实物仿真[M]. 北京: 中国宇航出版社, 2016.

[2]　时晨光, 汪飞, 周建江, 等. 雷达通信一体化系统射频隐身技术[M]. 北京: 电子工业出版社, 2022.

[3]　孙萍. 多雷达非相参融合目标探测的射频辐射能效研究[D]. 南京: 南京航空航天大学, 2022.

注释表

缩略词	英文全称	中文全称
AF	Ambiguity Function	模糊函数
ARM	Anti-Radiation Missile	反辐射导弹
AWG	Arbitrary Waveform Generator	任意波形发生器
BCRLB	Bayesian Cramer-Rao Lower Bound	贝叶斯克拉默-拉奥下界
BIM	Bayesian Information Matrix	贝叶斯信息矩阵
CEVR	Circular Equivalent Vulnerable Radius	截获圆等效半径
CFAR	Constant False Alarm Rate	恒虚警率
CPU	Central Processing Unit	中央处理器
CRLB	Cramer-Rao Lower Bound	克拉默-拉奥下界
DARPA	Defense Advanced Research Projects Agency	（美国）国防高级研究计划局
DBS	Doppler Beam Sharpening	多普勒波束锐化
DLL	Dynamic Link Library	动态链接库
ECM	Electronic Counter Measures	电子对抗措施
ELINT	Electronic Intelligence	电子情报
ESM	Electronic Support Measures	电子支援措施
FFT	Fast Fourier Transform	快速傅里叶变换
FIM	Fisher Information Matrix	费舍尔信息矩阵
FSK	Frequency Shift Keying	频移键控
GLRT	Generalized Likelihood Ratio Test	广义似然比检验
HLA	High Level Architecture	高级体系结构
IMM	Interacting Multiple Model	交互式多模型
IMM-EKF	Interacting Multiple Model-Extended Kalman Filtering	交互式多模型扩展卡尔曼滤波
LFM	Linear Frequency Modulation	线性调频
LFMCW	Linear Frequency Modulation Continuous Wave	线性调频连续波
KKT	Karush-Kuhn-Tucker	卡罗需-库恩-塔克
LPI	Low Probability of Intercept	低截获概率
MCRLB	Modified Cramer-Rao Lower Bound	修正克拉默-拉奥下界
MFC	Microsoft Foundation Classes	微软基础类库
MI	Mutual Information	互信息
MIMO	Multiple-Input Multiple-Output	多输入多输出
MISO	Multiple-Input Single-Output	多输入单输出
MMSE	Minimum Mean-Square Error	最小均方误差

缩略词	英文全称	中文全称
MSE	Mean-Square Error	均方误差
MTT	Multiple Targets Tracking	多目标跟踪
MUSIC	Multiple Signal Classification	多信号分类
NE	Nash Equilibrium	纳什均衡
OFDM	Orthogonal Frequency Division Multiplexing	正交频分复用
PCRLB	Posterior Cramer-Rao Lower Bound	后验克拉默–拉奥下界
PDA	Probabilistic Data Association	概率数据关联
PSD	Power Spectral Density	功率谱密度
PSK	Phase Shift Keying	相移键控
PSO	Particle Swarm Optimization	粒子群优化
RCS	Radar Cross Section	雷达散射截面
RFI	Radio Frequency Intensity	射频辐射强度
RMSE	Root Mean Square Erro	均方根误差
RTI	Run Time Infrastructure	运行支撑环境
RWR	Radar Warning Receiver	雷达告警接收机
SDP	Semi-Definite Programming	半正定规划
SEVR	Spherical Equivalent Vulnerable Radius	截获球等效半径
SIAR	Synthetic Impulse and Aperture Radar	综合脉冲孔径雷达
SIGINT	Signal Intelligence	信号情报
SIMO	Single-Input Multiple-Output	单输入多输出
SINR	Signal-to-Interference-plus-Noise Ratio	信干噪比
SNR	Signal-to-Noise Ratio	信噪比
STLFMCW	Symmetrical Triangular Linear Frequency Modulation Continuous Wave	对称三角线性调频连续波
STT	Single Target Tracking	单目标跟踪
TAS	Track and Search	跟踪和搜索
TCP	Transmission Control Protocol	传输控制协议
TDOA	Time Difference of Arrival	到达时间差
UCMKF	Unbiased Converted Measurement Kalman Filtering	无偏转换测量卡尔曼滤波
UMTS	Universal Mobile Telecommunications System	通用移动通信系统

图 1.1　英国"本土链"雷达网

图 1.2　苏联"狗窝"雷达阵地

图 1.3　美国"铺路爪"远程预警雷达

图 1.4　法国的 SIAR 系统

图 1.5　澳大利亚的"金达莱"作战雷达网络

（a）"沃罗涅日-M"

（b）"沃罗涅日-VP"

（c）"沃罗涅日-DM"

图 1.6　第三代大型相控阵反导预警雷达

图 1.7 "叶尼塞"雷达

图 1.8 FlexDAR 样机

图 1.9 SPY-6 雷达

图 1.10 "分布式雷达成像技术"项目示意图

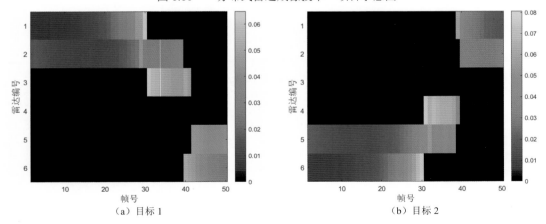

（a）目标 1　　　　　　　　　　　　（b）目标 2

图 2.5 仿真场景 1 中机载网络化雷达针对各目标的机载雷达节点选择与驻留时间协同优化分配仿真结果

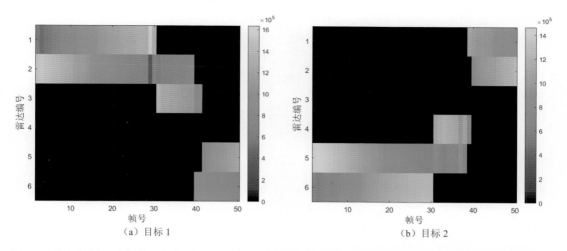

图 2.6　仿真场景 1 中机载网络化雷达针对各目标的机载雷达节点选择与信号带宽协同优化分配仿真结果

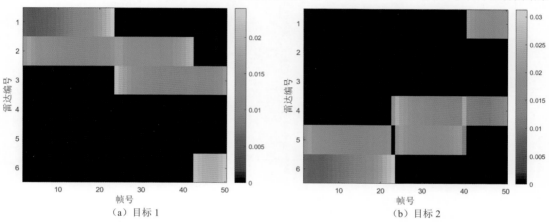

图 2.9　仿真场景 2 中机载网络化雷达针对各目标的机载雷达节点选择与驻留时间协同优化分配仿真结果

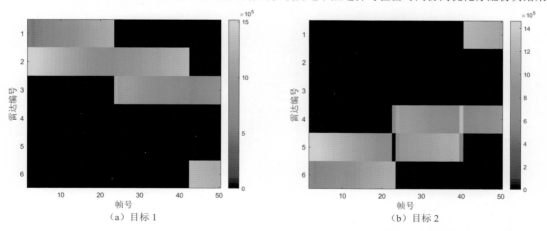

图 2.10　仿真场景 2 中机载网络化雷达针对各目标的机载雷达节点选择与信号带宽协同优化分配仿真结果

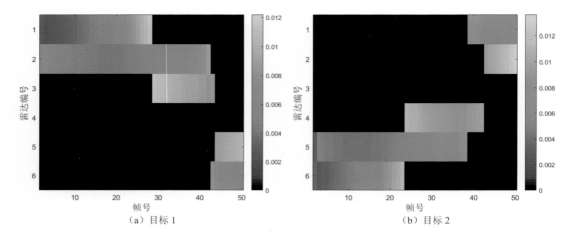

图 3.4　仿真场景 1 中机载网络化雷达针对各目标的机载雷达节点选择与辐射功率协同优化分配仿真结果

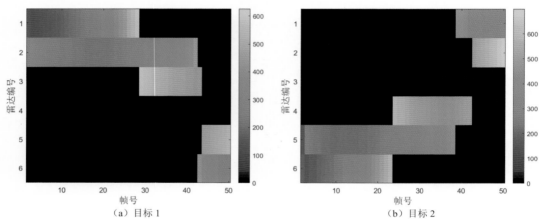

图 3.5　仿真场景 1 中机载网络化雷达针对各目标的机载雷达节点选择与驻留时间协同优化分配仿真结果

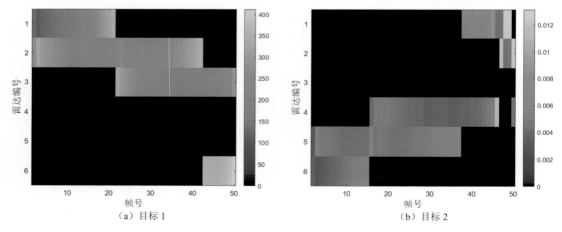

图 3.12　仿真场景 2 中机载网络化雷达针对各目标的机载雷达节点选择与辐射功率协同优化分配仿真结果

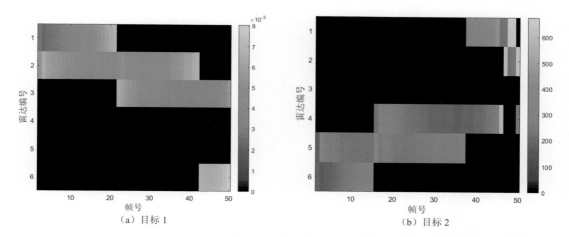

（a）目标1　　　　　　　　　　　　　　　　（b）目标2

图 3.13　仿真场景 2 中机载网络化雷达针对各目标的机载雷达节点选择与驻留时间协同优化分配仿真结果

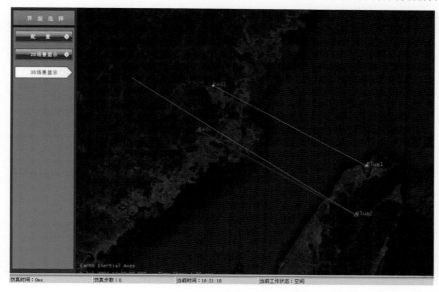

图 7.9　场景生成模块界面图

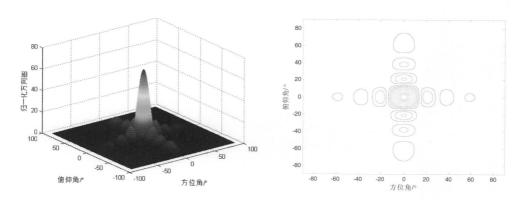

图 7.14　8×8 矩形平面阵的三维天线方向图和等高线图

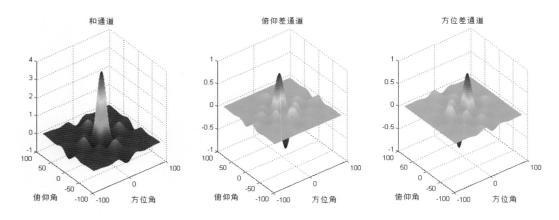

图 7.18　和通道、俯仰差通道和方位差通道天线波束仿真图

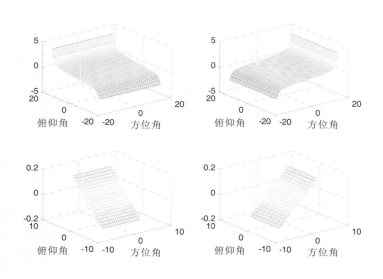

图 7.19　理想情况下的误差信号仿真图

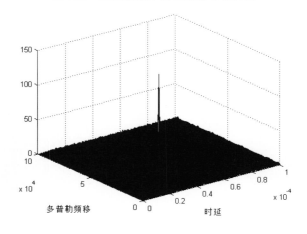

图 7.26　在给定场景中对雷达回波信号进行多普勒滤波的仿真结果

图 7.32　本节使用的 F22 战斗机模型

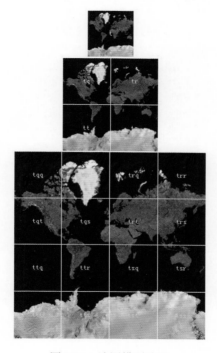

图 7.33　地图模型分层

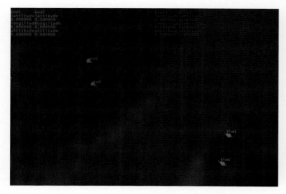

图 7.35　三维显示全局态势图

图 7.36　红方 1 飞行器的局部视图

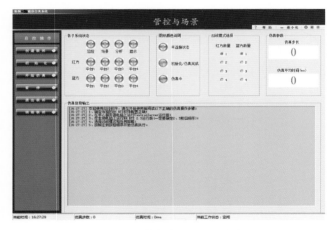

图 7.39　管控与场景界面图

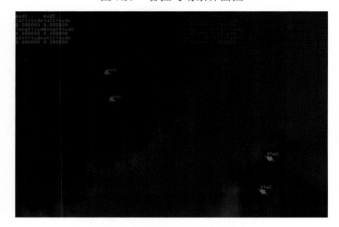

图 7.40　显示与记录界面图

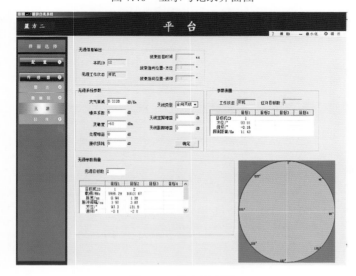

图 7.41　平台界面图

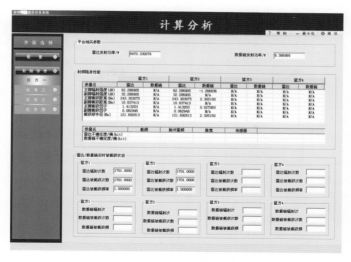

图 7.42　计算分析界面图

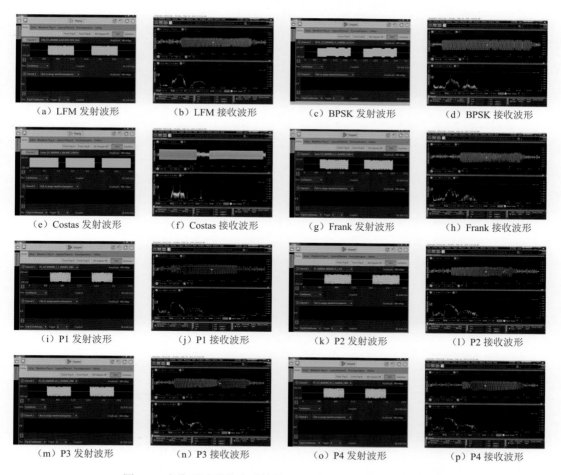

（a）LFM 发射波形　　（b）LFM 接收波形　　（c）BPSK 发射波形　　（d）BPSK 接收波形

（e）Costas 发射波形　　（f）Costas 接收波形　　（g）Frank 发射波形　　（h）Frank 接收波形

（i）P1 发射波形　　（j）P1 接收波形　　（k）P2 发射波形　　（l）P2 接收波形

（m）P3 发射波形　　（n）P3 接收波形　　（o）P4 发射波形　　（p）P4 接收波形

图 8.8　半物理试验仿真系统的 12 种信号发射与接收波形图

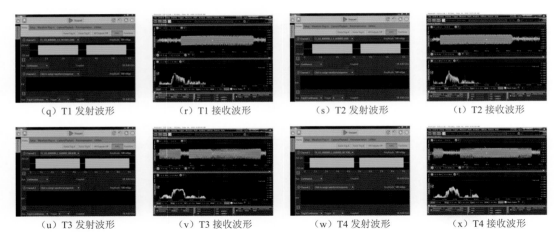

（q）T1 发射波形	（r）T1 接收波形	（s）T2 发射波形	（t）T2 接收波形
（u）T3 发射波形	（v）T3 接收波形	（w）T4 发射波形	（x）T4 接收波形

图 8.8　半物理试验仿真系统的 12 种信号发射与接收波形图（续）

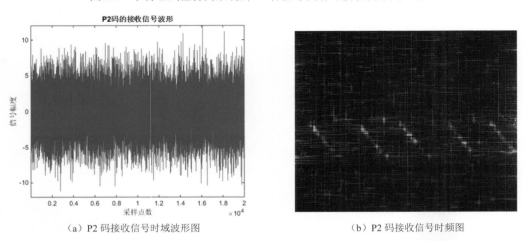

（a）P2 码接收信号时域波形图　　　　　　　　　　　（b）P2 码接收信号时频图

图 8.9　信噪比为−6dB 时的 P2 码接收信号时域波形与时频图

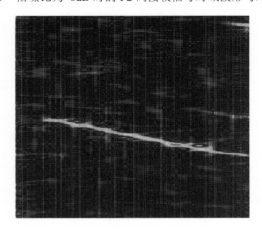

图 8.11　脉冲提取后的 P2 码时频图

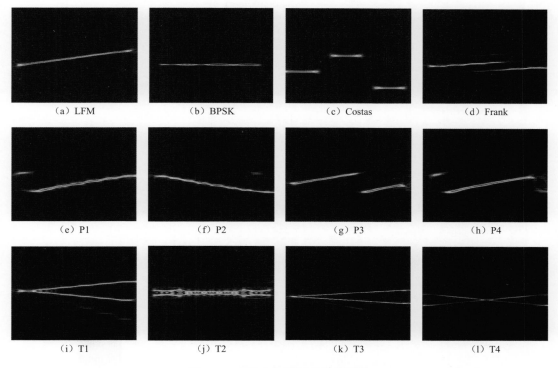

图 8.12　全数字仿真图中的时频图

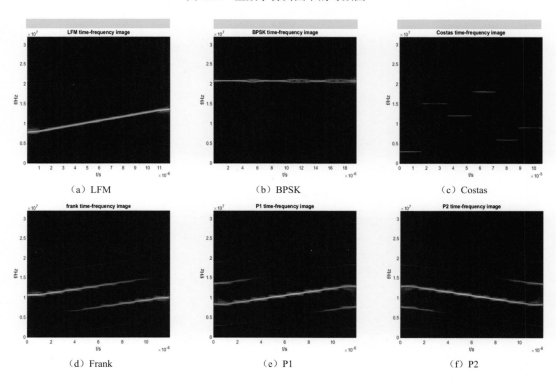

图 8.13　针对 12 种全数字仿真信号的 Choi-Williams 时频分布图

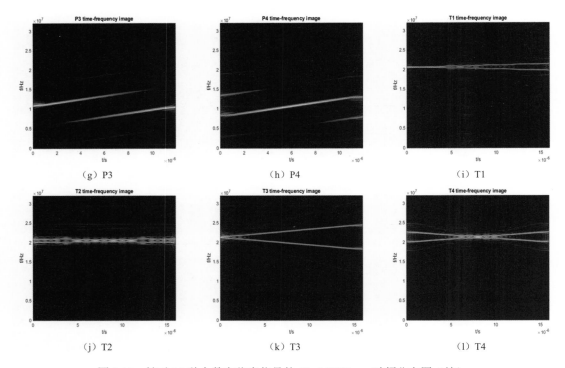

（g）P3　　　　　　　　　（h）P4　　　　　　　　　（i）T1

（j）T2　　　　　　　　　（k）T3　　　　　　　　　（l）T4

图 8.13　针对 12 种全数字仿真信号的 Choi-Williams 时频分布图（续）